航空工程材料及热处理

主　编　马　晶　张爱琴　马安博
副主编　李　艳　侯晓东
参　编　贾智敏　周晓虎
主　审　张　超

北京理工大学出版社
BEIJING INSTITUTE OF TECHNOLOGY PRESS

内容提要

本书落实立德树人根本任务，遵循职业教育教学规律和技术技能人才成长规律，以满足航空产业升级和数字化改造对技术技能人才需求为目标，依据职业教育国家教学标准，对接职业标准和岗位能力要求，联合航空行业、头部企业、院校等人员共同编制。

本书以学习者为中心，将航空工程材料与热处理知识内容重构为材料学理论基础、热处理实践操作、典型零件生产应用三大模块八个项目，第一个模块夯实理论基础，重点讲解航空金属材料学基础理论，包括航空金属材料的性能、微观结构和热处理工艺；第二个模块提升实践能力，以材料应用与热处理操作讲解为主，包括航空用碳钢及合金钢、有色金属及合金、复合材料、非金属材料等；第三个模块实践拓展，以航空用典型零件选材为例，重点考察学习者的知识应用创新能力。

本书可作为装备制造、能源与动力、交通运输等专业"工程材料"或"工程材料基础"课程的教材，也可以作为从事材料加工、热表处理、材料库管等岗位工作的社会学习者的培训教材或参考用书。

图书在版编目（CIP）数据

航空工程材料及热处理 / 马晶，张爱琴，马安博主编.--北京：北京理工大学出版社，2023.2（2023.8重印）
ISBN 978-7-5763-2699-4

Ⅰ.①航… Ⅱ.①马… ②张… ③马… Ⅲ.①航空材料 ②热处理 Ⅳ.①V25 ②TG15

中国国家版本馆CIP数据核字（2023）第137722号

责任编辑： 阎少华	**文案编辑：** 阎少华
责任校对： 周瑞红	**责任印制：** 王美丽

出版发行 /	北京理工大学出版社有限责任公司
社　　址 /	北京市丰台区四合庄路6号
邮　　编 /	100070
电　　话 /	（010）68914023（教材售后服务热线）
	（010）68944437（课件资源服务热线）
网　　址 /	http://www.bitpress.com.cn

版 印 次 /	2023年8月第1版第2次印刷
印　　刷 /	河北鑫彩博图印刷有限公司
开　　本 /	787mm×1092mm　1/16
印　　张 /	16
字　　数 /	362千字
定　　价 /	75.00元

前　言

本书贯彻党的二十大教育方针，落实立德树人根本任务，遵循高职教育教学规律、学生成长成才规律，岗课赛证融通重构"能力本位、育训结合"教材体系，以真实生产项目、典型任务构建"理实一体、虚实结合"教材内容，打造"学生中心　动态更新"的智慧教材框架，以满足航空产业升级和数字化改造对技术技能人才的需求。

工程材料是实现先进飞机高性能、轻量化、高可靠、长寿命、低成本等的重要技术保障，有"一代材料，一代飞机"之称。本书依托国家航空高技术产业基地核心区位优势，对接中航西安飞机工业集团股份有限公司、西安三角防务股份有限公司（专精特新"小巨人"企业）等头部企业，及时将中国大飞机 C919 选用的第三代铝锂合金、T800 级碳纤维复合材料、芳纶蜂窝材料和橡胶化合物等 7 种新材料，航空精密锻造、舱门精整工艺、热等静压等 8 道新工艺引入教材，分析其成分—组织与工艺—性能之间关系，真正做到"工学结合、理实一体，知行合一"。

本书坚持"夯实基础、突出重点、强化应用、适应面宽"原则，融入金属热处理工职业资格证书技能要求和金相分析大赛的 25 个技能点，引入 14 个典型航空零部件的材料选择、热处理实操，将传统教材内容重构为基础理论、能力提升和实践拓展 3 个模块 8 章。本书将思想政治教育贯穿人才培养全过程，深入挖掘神舟十六号、奋斗者号等 24 个工程案例，青铜器冶炼、神刀蒲元、《长空之王》等多载体形式的 54 个思政元素，引领学员"渐进式""渗透式"学习，实现课程思政、劳动教育、技能培养三者有机统一，培育具有航空报国理想信念、智能制造与绿色生产能力，能扎根一线的大国工匠、能工巧匠。

本书不仅适用于高等院校装备制造、能源与动力、交通运输等大类下设各类专业学生必修的"工程材料"或"工程材料基础"课程，还可作为从事材料加工、热表处理、材料库管等岗位工作的社会学习者的培训教材或参考用书。

为适应"互联网+职业教育"新要求，教材团队同步开发了陕西省精品在线开放课程航空通用零件选材及热处理，包含微课、动画等 67 个视频资源、14 项虚拟仿真教学资源、6 个教学模拟操作软件，满足学生可听、可视、可练、可互动的数字化教材需求。

　　本书由西安航空职业技术学院马晶、张爱琴、马安博担任主编，由西安航空职业技术学院李艳、侯晓东担任副主编，中航西安飞机工业集团股份有限公司质量工程部贾智敏、西安三角防务股份有限公司总工程师周晓虎参与编写，国家"万人计划"教学名师张超主审。其中马晶编写项目一、项目七；张爱琴编写项目二、项目三；马安博编写项目四、项目五；侯晓东编写项目六；李艳编写项目八；周晓虎从企业实际项目实施角度参与教材项目一、项目三、项目五、项目八的内容审核与修订；贾智敏从产品质量与工艺规范角度对项目二、项目四、项目六和项目七内容进行补充修订，引入 C919 大飞机真实生产蒙皮、肋板、梁等结构件的真实加工流程企业案例等。全书编写过程受到中航西安飞机工业集团股份有限公司、西安三角防务股份有限公司的工艺技术指导，西安航空职业技术学院教务处龚小涛、秦伟艳同志的大力支持和帮助，在此表示感谢。

　　由于编者水平有限，书中难免存在一些疏漏和错误，敬请读者批评指正。

编　者

目 录 Contents

第一部分 基础理论篇

01

项目一 航空金属材料性能

02　项目二　航空金属材料的微观结构

03

项目三　航空金属材料的热处理工艺

04

项目四 航空用碳钢及合金钢

05

项目五　航空用有色金属及合金

06 项目六　航空用复合材料

07　项目七　航空用非金属材料

第三部分　实践拓展篇

08

项目八　航空零件的选材及应用

第一部分
基础理论篇

航空金属材料性能

【学习目标】

【知识目标】

1. 掌握金属材料力学性能指标及基本概念；
2. 掌握拉伸曲线图，了解强度和塑性的指标及意义；
3. 掌握硬度测试方法及适用范围；
4. 了解韧性和疲劳强度的测试方法，掌握韧性和疲劳强度的指标及意义；
5. 了解金属材料的工艺性能。

【技能目标】

1. 能通过拉伸曲线图获得金属材料的强度、塑性指标值；
2. 能根据材料基本情况正确选择硬度测试方法；
3. 能根据力学性能和工艺性能的要求合理选用材料。

【素质目标】

1. 提升爱国情怀；
2. 具备"敬仰航空、敬重装备、敬畏生命"的精神。

【学习任务】

自飞机发明以来，材料和飞机一直在相互推动发展。1903年，莱特兄弟驾驶的飞机由木头和布做成，而今天人们乘坐的客机由大量金属和复合材料制成，飞机性能也有了极大的提升。作为飞机动力的航空发动机也极其依赖材料的改进，根据美国综合高性能涡轮发动机技术（IHPTET）计划，先进航空发动机项目的实现，70% ~ 80%需要依靠材料的改进，因此，业内有"一代材料，一代飞机"之称。

金属材料的性能包含了使用性能和工艺性能（图1-1）。使用性能是指金属材料在使用条件下所表现出来的性能，包括物理性能、化学性能和力学性能。物理性能包括密度、导电率、热膨胀系数等，是材料的固有属性；化学性能包括材料的耐腐蚀性能、热稳定性等；而力学性能是指金属材料受外力作用时所表现的性能，主要包括静强度、硬度、塑性、冲击韧性、断裂韧性、疲劳性能等。工艺性能是指在制造过程中金属材料适应加工的性能，如铸造性能、锻造性能等。

尽管大多数航空事故最终都是由疲劳损伤引起的，但金属材料的疲劳断裂是一个十分复杂的过程，疲劳断裂的方式也不是唯一的，可能是脆性的，也可能是延性的，与其各项性能有着不可分割的关系。所以，必须掌握金属材料性能的基础知识。

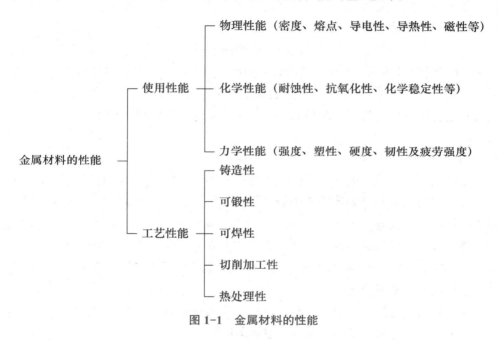

图1-1　金属材料的性能

任务 1.1　金属材料的基础性能

【课程情境导入】

"哥伦比亚"号航天飞机：裂痕

2003年2月1日，美国东部时间9：00，"哥伦比亚"号航天飞机在返航时失事解体，7名机组宇航员全部遇难。根据航天飞机残骸材料分析结果显示，左机翼隔热瓦受损是导致失事的主要原因。一块冷冻的隔热瓦发生脱落，砸在了左翼复合材料面板下半部分，造成了裂痕。在返航时，高温粒子进入裂痕，使机翼铝合金、铁基合金、镍基合金熔化，从而导致该航天飞机失控、解体。

【知识学习】

航空金属材料
的物理性能

1.1.1 金属材料的物理性能

金属材料的物理性能通常包括密度、熔点、导热性、导电性、热膨胀性和磁性。

1. 密度

密度是指单位体积的质量。密度是一种反映物质特性的物理量。物质特性是指物质本身具有的而又能相互区别的一种性质，人们往往感觉铁块重一些，木板轻一些，这里的重和轻实质上指的是密度的大小。密度是材料的特性之一，它不随质量、体积的改变而改变，同种物质的密度是恒定不变的。

例如，飞机发动机中要求质量轻和惯性小的活塞部分，常用密度小的铝合金制造。

金属材料根据密度不同，可分为轻金属和重金属，其中，轻金属：密度 $< 4.5 \times 10^3$ kg/m³；重金属：密度 $> 4.5 \times 10^3$ kg/m³；在航空航天领域中，比强度（比强度：抗拉强度 σ_b 与密度 ρ 之比）是选择材料的关键性能指标之一。比强度越大的材料，对于同样荷载所使用的材料越轻。

2. 熔点

熔点是物质固、液两种状态可以共存并处于平衡的温度。物质的熔点并不是固定不变的，影响熔点的因素有压力和物质中的杂质。人们平时所说的某物质的熔点，通常是指纯净物质的熔点。但在现实生活中，大部分物质不是纯净的，如冰中溶有盐，其熔点就会明显地下降，海水就是因为溶有盐，在冬天结冰温度才比河水低的。冬季北方的城市大雪时，常常往公路的积雪上撒盐，就是为了让雪的纯度降低更易熔化。同样的道理，金属合金的熔点总是低于纯金属的熔点。

纯金属都有固定的熔点，合金的熔点取决于它的化学成分。如钢和铸铁虽然都是铁碳合金，但是由于其中含碳量不同，所以熔点也不同。

（1）难熔金属（如钨、钼、钒等）：制造耐高温零件、燃气轮机、喷气发动机等方面。

（2）易熔金属（如锡、铅等）：制造印刷铅字（铅和锑合金）、熔丝（铅、锡、铋、镉的合金）和防火安全阀等零件。

金属的熔点对材料的熔炼、热加工有直接的影响。钢在切削加工时不会燃烧，但在切削镁合金时很容易发生镁燃烧的现象，这是因为镁合金的熔点低（镁的熔点是 650 ℃，镁合金的熔点低于这个温度）的缘故。图 1-2 所

图 1-2　金属铁达到熔点状态

示为金属铁达到熔点状态的情景。

3. 导热性

金属传导热量的能力称为导热性。金属导热能力的大小常用热导率（导热系数）λ 表示，单位为 W/（m·K）。

金属越纯，其导热能力越强，以银最好，铜、铝次之。

合金的导热能力比纯金属差。

导热性好的金属其散热性也好，可用于制造散热器、热交换器、活塞等。

在焊接、铸造、锻造和热处理时，必须考虑材料的导热性，防止在加热或冷却过程中形成较大的内应力，以避免金属变形和开裂。

4. 导电性

材料传导电流的能力称为导电性，与之相反的是绝缘性。导电性的好坏常用电阻率 ρ 表示。取长为 1 m、截面面积 1 mm² 的物体，在一定温度下所具有的电阻数叫作电阻率，单位为 $\Omega \cdot m$。

金属及合金一般具有良好的导电性。银的导电性最好，铜、铝次之，但铝的导电率比铜高。

高分子材料都是绝缘体，陶瓷材料更是良好的绝缘体。但有的高分子材料也有良好的导电性，某些特殊成分的陶瓷是半导体。

5. 热膨胀性

材料随着温度变化而膨胀、收缩的特性称为热膨胀性。一般来说，金属受热时膨胀而体积增大，冷却时收缩而体积缩小。热膨胀性的大小用线胀系数 α_l 和体胀系数 α_v 来表示。体胀系数近似为线胀系数的 3 倍。

（1）一般，陶瓷热膨胀系数最低，金属次之，高分子材料最高。

（2）应用中，常要在工件之间留有空隙，防止膨胀变形。

（3）在焊接、铸造、热处理时也必须考虑材料热膨胀性，减少工件的变形与开裂。

（4）测量工件的尺寸时也要注意热膨胀因素，减少测量误差。

6. 磁性

金属材料在磁场中被磁化而呈现磁性的强弱的能力称为磁性。通常用磁导率 μ（H/m）表示。金属材料根据在磁场中受到磁化强度的不同，可分为以下几种：

（1）铁磁性材料：在外加磁场中，能强烈地被磁化到很大程度的金属，如铁、镍、钴等。

（2）顺磁性材料：在外加磁场中，呈现十分微弱的磁性的金属，如锰、铬、钼等。

（3）抗磁性材料：能够抗拒或减弱外加磁场磁化作用的金属，如铜、金、银、铅、锌等。

在铁磁性材料中，铁及其合金（包括钢与铸铁）有明显磁性。镍与钴也具有磁性，但远不如铁。铁磁性材料可用于制造变压器、电动机、测量仪表等；抗磁性材料则可用作要求避免电磁场干扰的零件和结构材料。

常见金属材料的物理性能见表 1-1。

表 1-1 常见金属材料的物理性能

金属名称	元素符号	密度 ρ / ($g \cdot cm^{-3}$)	熔点 /℃	热导率 λ /[$W \cdot (m \cdot K^{-1})$]	线胀系数 α_1 / ($10^{-6} \cdot ℃^{-1}$)	电阻率 ρ / [($\Omega \cdot m$) $\times 10^{-8}$]
银	Ag	10.49	960.8	418.6	19.7	1.5
铝	Al	2.689	660.1	221.9	23.6	2.655
铜	Cu	8.96	1 083	393.5	17.0	1.67 ~ 1.68
铬	Cr	7.19	1 903	67	6.2	12.9
铁	Fe	7.84	1 538	75.4	11.76	9.7
镁	Mg	1.74	650	153.7	24.3	4.47
锰	Mn	7.43	1 244	4.98	37	185
镍	Ni	8.90	1 453	92.1	13.4	6.48
钛	Ti	4.508	1 677	15.1	8.2	42.1 ~ 47.8
锡	Sn	7.298	231.91	62.8	2.3	11.5
钨	W	19.3	3 380	166.2	4.6	5.1

1.1.2 金属材料的化学性能

金属材料在使用过程中，还需要注意其化学性能，尤其是要求具有良好的耐腐蚀性、耐高温性的机械零件，更应该重视材料的化学性能。

1. 耐腐蚀性

材料在常温下抵抗氧、水及其他化学介质腐蚀破坏作用的能力，称为耐腐蚀性。

金属材料的耐腐蚀性是一种重要指标，尤其对在腐蚀介质（如酸、碱、盐、有毒气体等）中工作的零件，其腐蚀性比在空气中更严重。

金属材料的化学性能

2. 化学腐蚀

化学腐蚀是金属与周围介质直接起化学作用的结果，它包括气体腐蚀和金属在非电解质中腐蚀两种腐蚀形式。其特点是腐蚀过程不产生电流，并且腐蚀产物沉积在金属表面上。如纯铁在水中或在高温下受蒸汽和气体的作用而引起的生锈现象，就是化学腐蚀的典型例子。

3. 电化学腐蚀

金属与酸、碱、盐等电解质溶液接触时发生作用而引起的腐蚀，称为电化学腐蚀。它的特点是腐蚀过程中有电流产生（所谓微电池作用），其腐蚀产物（铁锈）不覆盖在作为阳极的金属表面上，而是在距离阳极金属的一定距离处。引起电化学腐蚀的原因，一般认为与金属的电极电位有关。电化学腐蚀的过程比化学腐蚀要复杂得多，其危害性也比较大。金属材料遭受到腐蚀破坏，大多属于这一类型的腐蚀。

4. 抗氧化性

抗氧化性是指金属材料在加热过程中抵抗氧化作用的能力。

一般来说，金属材料的氧化随着温度的升高而加速。例如，钢铁材料在进行铸造、锻造、热处理、焊接等热加工时，若表面氧化十分严重，就会造成零件材料过量的消耗，同时，产生或形成各种质量缺陷的后果。

氧化不仅造成材料过量的损耗，也会形成各种缺陷，因此，上述各种工艺过程应在保护性介质或气氛中加热（如盐浴炉、可控气氛炉、流动粒子炉、保护气氛及真空炉等），可避免表面氧化现象的处理。

5. 化学稳定性

化学稳定性是材料的耐腐蚀性与抗氧化性的总称。

金属材料在高温下的化学稳定性称为热稳定性。因此，在高温条件下工作的设备（如锅炉、加热设备、汽轮机、喷气发动机等）上的部件需要选择热稳定性好的金属材料制造。

6. 高温腐蚀

随着工业的发展，高温作业逐渐渗透到人们的生活中。金属的高温腐蚀无论是在家用还是工业上都极为常见，简单来说，这是由于金属受环境介质的化学或电化学作用而被破坏的现象。

高温腐蚀没有严格的温度界限，通常认为，当金属的工作温度达到其熔点的30% ～ 40% 时，就可认为是高温腐蚀环境。

在高温下，金属材料与环境中的氧、硫、碳、氮等元素发生化学或电化学反应，导致材料的变质或破坏。而石油化工、能源、动力、冶金、航空航天等领域，普遍存在着高温腐蚀问题。金属若没有耐高温防腐涂料的保护，在高温环境下其氧化腐蚀的速度就会加快，不仅影响美观，还会导致化工生产中断，造成资源与成本的大量浪费。所以，耐高温防腐涂料对于高温防腐至关重要。

任务 1.2　金属材料的力学性能

【课程情境导入】

彗星式客机的陨落

1954 年 1 月 10 日，由彗星 1 型客机执飞的英国海外航空 781 号航班在地中海上空神秘解体。这次事故不仅彻底毁灭了彗星式喷气客机的名誉，还彻底改变了全世界飞机的设计与建造的工艺。

自问世以来，德·哈维兰公司生产的彗星式客机一直是航空业者乐于称道的行业楷模。彗星式客机是世界上首款喷气式客机，可以在空气稀薄的 30 000 英尺（1 英尺≈0.304 8 m）

高度，以前所未有的 740 km/h 速度巡航，同时，还不会像螺旋桨客机那样产生使乘客感觉不适的噪声和振动。毫不夸张地说，在那个年代，彗星式客机简直就是完美的化身（图1-3、图1-4）。

图1-3　彗星式客机（一）　　　　　　　　图1-4　彗星式客机（二）

　　但是，在经历了3年的安全运行后，彗星式客机身上的致命隐患终于暴露出来。1954年1月10日，由罗马出发前往伦敦的英国海外航空781号航班，在离地不久后便与罗马塔台失去联系。与此同时，一群在地中海沿岸捕鱼的意大利渔民，亲眼看到781号航班起火燃烧的碎片"如同彗星般"坠入海中。救援人员火速赶到坠机区域，但是没有发现任何幸存者。

　　事故发生后，英国海外航空公司立刻停飞了旗下所有彗星式客机，而皇家海军迅速派出舰船打捞沉至海底的781号航班残骸，为英国调查人员提供研究素材。但是，由于当时的技术手段限制，调查人员一直无法确定造成事故的原因。鉴于停飞导致的巨大经济压力，英国海外航空公司只好在3月23日批准旗下彗星式机队继续运营。不到两周后，另外一架由南非航空公司运营的彗星式客机，于4月8日在地中海上空再次神秘解体。接二连三的事故迫使英国政府吊销了彗星式客机的适航许可证，并且暂停了所有彗星式客机的生产工作（图1-5、图1-6）。

图1-5　凌空解体的英国海外航空781号航班　　图1-6　第二架神秘失事的彗星式客机，南非航空
　　　　（电脑模拟的画面）　　　　　　　　　201号班机，机身编号 G-ALYY

　　尽管调查人员已经通过残骸确认两起事故是由机身解体造成的，但是他们一直找不出导致机身解体的原因。为了找出彗星式机身上的设计缺陷，调查人员特别建造了一个足以容纳彗星式机身的大型水池，并且将一架彗星式客机的机身放入其中。随后，他们通过向飞机机舱反复灌水和放水，模拟在高空飞行过程中增压座舱来回加压和减压状态。经过

3 057 次增压测试后，用于测试的彗星客机座舱突然爆裂。在勘查受损部位后，调查人员终于确定了导致彗星式客机失事解体的罪魁祸首——金属疲劳（图1-7、图1-8）。

 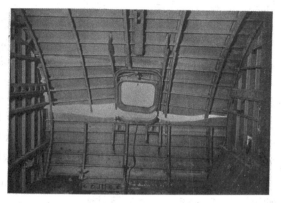

图1-7　为测试彗星式客机机身而建造的巨型水池　　图1-8　经历了3 057次增压后爆裂的彗星式客机机身，可以看到裂缝是沿着方形窗户的底边发展

　　在事故发生后的调查报告中，英国调查人员指出彗星式客机建造时采用的冲铆工艺，是导致事故发生的重要因素。因为一个有瑕疵的冲铆铆点很可能会导致压力积聚，产生金属疲劳，进而撕裂飞机机身。与此同时，调查人员还认为彗星式客机使用的方形机窗存在严重问题，这种外形的机窗会使飞机座舱增压时产生的压力积聚在窗户的四角上，其力度远超飞机座舱设计的承受极限。这会导致机窗产生金属疲劳，进而撕毁整架飞机（图1-9）。

图1-9　停放在波音707客机旁的彗星式客机，注意其窗户已经改为圆形，曾经引领世界走入喷气时代的元老，最终却在激烈的市场竞争中悲惨落败，可谓是航空史上最大的悲剧

　　调查结果出炉后，德·哈维兰公司迅速行动，更换了彗星式客机使用的机窗外形，并且大幅度改善了生产工艺。但是，事故所造成的名誉损失已经无法挽回。由于民众对彗星

式客机抱有恐惧心理，大多数航空公司大幅度削减了彗星式客机的订单数量，甚至拒绝采购该型飞机。与此同时，在大洋彼岸的美国，道格拉斯、波音等公司推出的新型喷气式客机百花齐放，使原本由彗星式客机包揽的喷气式客机市场受到严重冲击。曾经震惊世界的彗星式客机，最终只能以市场惨败草草收场，成为航空史上最大的悲剧。

（图片来源：引用网络点兵堂，图片版权归其所有）

【知识学习】

金属材料的力学性能是指金属材料在外力的作用下所表现出来的特性。最常用的力学性能指标有强度、塑性、弹性、刚度、硬度、韧性和疲劳强度等，这些力学性能指标一般被编入工程材料数据手册，工程师借助它们对材料在结构应用中的适用性进行比较，从而合理地、经济地选用材料。以下重点介绍常用力学性能指标（强度、塑性、弹性、刚度、硬度、韧性和疲劳强度）及其测定方法。

金属材料在外力的作用下会发生变形，一般可分为弹性变形和塑性变形。

（1）变形的金属材料当外应力去除后，能够恢复原状的变形称为弹性变形。

（2）变形的金属材料当外应力去除后，不能够恢复原状的变形称为塑性变形。

1.2.1 拉伸试验

拉伸试验是将一定形状和尺寸的金属试样装夹在拉伸试验机上，缓慢施加轴向拉伸荷载，同时，连续测量力和相应的伸长量，直至试样断裂，根据测得数据，即可计算出有关的力学性能。

拉伸试验

评价材料力学性能最简单和最有效的方法就是测定材料的拉伸曲线，试验所用试样形状、尺寸及加工要求、试验步骤参考《金属材料 拉伸试验 第 1 部分：室温试验方法》（GB/T 228.1—2021）。

1. 拉伸试样

拉伸试样一般有圆形试样和矩形试样两种，如图 1-10、图 1-11 所示。由于试样尺寸和形状对试验结果有影响，为了便于比较各种材料的机械性能，国家标准中对拉伸试样的形状和尺寸有统一规定，根据《金属材料 拉伸试验 第 1 部分：室温试验方法》（GB/T 228.1—2021），金属拉伸试样标准比例试样的尺寸见表 1-2。

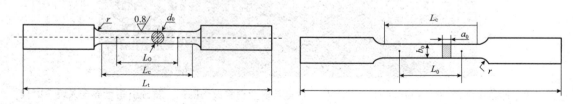

图 1-10 圆形试样示意

L_0—原始标距；L_c—平行长度；
L_t—试样总长度；d_0—平行长度的原始直径

图 1-11 矩形试样示意

L_0—原始标距；L_c—平行长度；L_t—试样总长度；
a_0—原始厚度；b_0—原始宽度

根据长度与直径之间的关系，试样可分为长试样 $L_0=10d_0$ 和短试样 $L_0=5d_0$ 两种。

表 1-2　金属拉伸试样标准比例试样的尺寸表

试样	标距长度 L_0	横截面面积 A_0
圆形	短试样：$5d_0$ 长试样：$10d_0$	$1/4\,\pi\,d_{02}$
矩形	短试样：$11.3\sqrt{A}$ 长试样：$5.65\sqrt{A}$	$a_0 \times b_0$

图中　原始标距 L_0——测定试样应变或长度变化的试样部分原始长度；

平行长度 L_c——试样两头部或两夹持部分（不带头试样）之间平行部分的长度，试样为未经加工的全截面试样，即平行长度指上下夹具之间的试样长度。

在拉伸试验开始前，需要测定标距长度和横截面面积，对于圆形截面试样，圆形试样在标距两端及中间三处横截面上相互垂直两个方向测量直径，以各处两个方向测量的直径的算术平均值计算横截面面积；取三处测得横截面面积平均值作为试样原始横截面面积。对于矩形截面试样，在标距两端及中间三处横截面上测量宽度和厚度，取三处测得横截面面积平均值作为试样原始横截面面积。

2. 拉伸试验设备

拉伸试验采用的设备为万能材料试验机，其上配有夹持装置和引伸计，如图 1-12～图 1-14 所示。其中，夹持装置用于对不同形状、尺寸和材质的试样进行试验。引伸计用于测定微小塑性变形的长度。在拉伸试验时，夹持装置需要与所用试样形状、尺寸相匹配，引伸计的两端分别夹持在试样确定的原始标距的两个端点上。

图 1-12　万能材料试验机实物

图 1-13 夹持装置实物　　　　　　　　　图 1-14 引伸计实物

3. 拉伸试验过程

将所选择的试样夹持到万能材料试验机上,并在原始标距端点处夹上引伸计,在准备完毕后,开动试验机,缓慢而均匀地加载,仔细观察测力指针转动和绘图装置绘出图的情况。注意捕捉屈服荷载值,并将其记录下来用以计算屈服点应力值 σ_s。过了屈服阶段,加载速度可以快些。将要达到最大值时,可观察到颈缩现象。试件断裂后立即停止试验,记录最大荷载值。引伸计原理如图 1-15 所示。

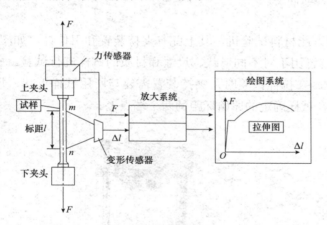

低碳钢拉伸试验

图 1-15 引伸计原理

4. 拉伸试验结果

试验件在应力的作用下经过数次循环最后断裂。图 1-16 所示为低碳钢轴向拉伸至断裂示意。

(1) F-ΔL 曲线。通常把拉伸力 F 作为纵坐标,伸长量 ΔL 作为横坐标。在每个拉伸试验完成后,都可以根据试样工作段长度变化量随着试验力大小的变化,绘制出一条力 - 伸长量曲线,即 F-ΔL 曲线。从完整的拉伸试验和 F-ΔL 曲线可以看出,试样从开始拉伸到断裂要经过弹性变形阶段 (OE)、屈服阶段

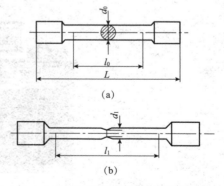

图 1-16 低碳钢轴向拉伸至断裂示意
(a) 拉伸前;(b) 拉伸后

（ES）、冷变形强化阶段（SB）、颈缩与断裂阶段（BK），如图 1-17 所示。

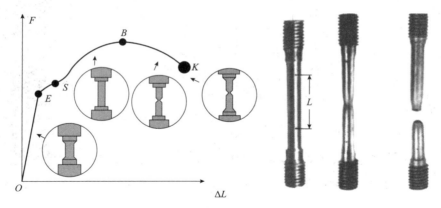

图 1-17　F-ΔL 曲线示意

1）弹性变形阶段。变形完全是弹性的，随着荷载的增加，应变随应力成正比增加。如卸去荷载，试件将恢复原状，表现为弹性变形。且 ΔL 与 F 呈线性关系，即此时材料的力学行为符合胡克定律（图 1-18）。

2）屈服阶段。屈服阶段的基本特征是不仅有弹性变形，还发生了塑性变形，外力释放之后再也回复不到初始材料的长度。此时应变增加的速度大于应力增长速度，材料抵抗外力的能力发生"屈服"现象，即 S 点处发生屈服现象，即外力不增加，试样却继续伸长（图 1-19）。

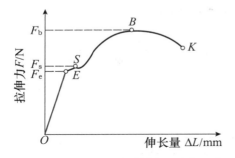

图 1-18　F-ΔL 曲线的弹性变形阶段示意

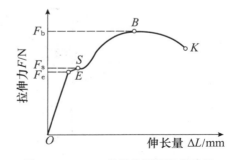

图 1-19　F-ΔL 曲线的屈服阶段示意

3）冷变形强化阶段。试样经过屈服阶段后，若要使其继续伸长，由于材料在塑性变形过程中不断强化，试样中抗力不断增长，这种现象称为加工硬化。此阶段变形以塑性变形为主，弹性变形为辅。此阶段变形较弹性变形阶段大。整个试样的横向尺寸在明显减小（图 1-20）。

4）颈缩与断裂阶段。当荷载达到最大值（B 点）时，试样的直径发生局部收缩，称为"颈缩"。此后变形所需的荷载逐渐降低。试样在 K 点断裂。该阶段的塑性变形为不均匀塑性变形。试件在拉断前，于薄弱处截面显著缩小，产生"颈缩现象"，如图 1-21 所示，直至断裂。

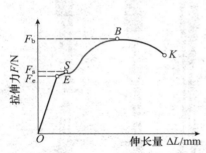

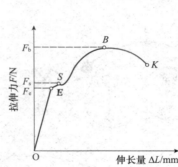

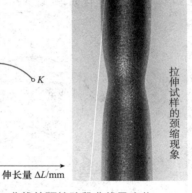

图 1-20　F-ΔL 曲线的强化阶段示意　　　图 1-21　F-ΔL 曲线的颈缩阶段曲线及实物

（2）σ-ε 曲线。σ-ε 曲线即应力－应变曲线，形状与拉伸曲线完全相似，只是坐标与数值不同，它不受试样尺寸的影响，将低碳钢试样拉伸图中的纵坐标 F 和横坐标 ΔL 换算为应力 σ 和应变 ε，即

$$\sigma = F/A, \quad \varepsilon = \Delta L/L$$

式中　A——试样横截面的原面积；

　　　L——试样工作段的原长。

由此，力－伸长量曲线即转换成了应力－应变曲线，如图 1-22 所示。

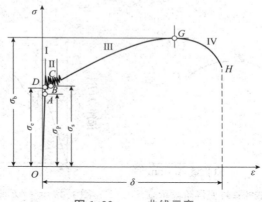

图 1-22　σ-ε 曲线示意

1）弹性极限。弹性极限 σ_e 是指金属材料受外力（拉力）到某一限度时，若除去外力，其变形（伸长）即消失而恢复原状，卸载后变形能完全消失的应力最大点，即材料的弹性极限，σ_e 描述了金属材料抵抗这一限度的外力的能力，如果继续使用拉力扩大，就会使这个物体产生塑性变形，直至断裂。弹性极限计算公式如下：

$$\sigma_e = F_e/S_0 \ （\text{MPa}）$$

式中　F_e——材料变形能完全消失的最大拉伸力；

　　　S_0——试样原始横截面面积（mm²）。

2）屈服极限。金属材料受外力到一定限度时，即使不增加负荷它仍继续发生明显的塑性变形。这种现象叫作屈服。发生屈服现象时的应力，称为屈服点或屈服极限，用 σ_s

表示。屈服极限计算公式如下：

$$\sigma_s = F_s/S_0 \text{（MPa）}$$

式中　F_s——试样屈服时所承受的拉伸力（N）；

　　　S_0——试样原始横截面面积（mm²）。

有些材料的屈服点并不明显。工程上常规定当残余变形达到 0.2% 时的应力值，作为"条件屈服极限"，以 $\sigma_{0.2}$ 表示，如图 1-23 所示。

3）强度极限。强度极限又称抗拉强度，用 σ_b 表示，它表示金属材料在拉力作用下抵抗破坏的最大能力。试样在拉伸过程中，材料经过屈服阶段进入强化阶段后随着横向截面尺寸明显缩小，在拉断时所承受的最大力（F_b）除以试样原横截面面积（S_0）所得的应力（σ），称为抗拉强度或强度极限（σ_b），单位为 N/mm²（MPa）。其计算公式如下：

$$\sigma_b = F_b/S_0$$

式中　F_b——试样拉断时所承受的最大力（N）；

　　　S_0——试样原始横截面面积（mm²）。

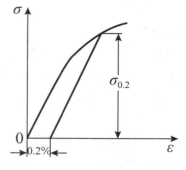

图 1-23　条件疲劳极限示意

1.2.2　弹性

任何金属材料在外力作用下，开始总会有弹性变形，而且大多数材料在正常服役条件下也都处于弹性状态。因此，金属材料的弹性是材料基本的力学性能之一。

1. 弹性的定义

材料在外力作用下发生变形，如果外力不超过某个限度，在外力卸除后恢复原状，材料的这种性能称为弹性。外力卸除后即可消失的变形，称为弹性变形。如弹簧在不超过其弹性极限内的变形都属于弹性变形。材料的弹性变形一般是原子系统在外力作用下离开平衡位置达到新的平衡状态的过程。从宏观上看，材料的弹性本构关系一般可以用胡克定理描述。

2. 弹性的表征方式

材料弹性的大小可用弹性极限 σ_e 进行表征。弹性极限 σ_e 越大，材料的弹性越好，表示材料越不容易发生塑性变形。空客 A350XWB 客机和波音 787 客机的机翼不易变形，表明其弹性均很好，弹性极限 σ_e 较高。机翼具有良好的弹性，可以优化气动性能，提高效率，降低油耗，更加环保。

1.2.3　刚度

1. 刚度的定义

刚度是指材料或结构在受力时抵抗弹性变形的能力，是材料或结构弹性变形难易程度的表征。在宏观的弹性范围内，刚度是零件荷载与位移成正比的比例系数，即引起单位位移所需的力。

2. 刚度的表征方法

材料在弹性变形阶段内，应力和应变的比值称为弹性模量，用 E 表示。弹性模量是表征材料弹性特征的力学指标。材料的弹性模量越大，在相同应力条件下材料的弹性变形越小。因此，弹性模量表征了材料对弹性变形的抗力，代表了材料的刚度。

E 实际上是 OA 线段的斜率：$E=\tan\alpha=\sigma/\varepsilon$（单位为 MPa），如图 1-24 所示。其物理意义是产生单位弹性变形时所需应力的大小。对于材料而言，弹性模量 E 越大，其刚度越大。弹性模量是材料最稳定的性质，其大小主要取

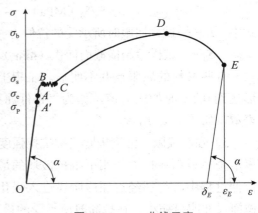

图 1-24　$\sigma-\varepsilon$ 曲线示意

决于材料的本性，除随温度升高而逐渐降低外，其他的材料强化手段（如热处理、冷热加工、合金化等）对弹性模量的影响很小。

而结构的刚度除取决于组成材料的弹性模量外，还与其几何形状、截面尺寸等因素及外力的作用形式有关。对于一些须严格限制变形的结构，如机翼、高精度的装配件等，须通过刚度分析来控制变形。许多建筑物、船体等结构也要通过控制刚度以防止发生振动、颤振或失稳。

1.2.4　强度

强度和塑性是两个描述金属材料力学性能的重要指标，它们是一对相互矛盾的性能指标。一般来说，强度越高，塑性越低；而塑性越高，强度越低。这对相互矛盾的性能指标可通过拉伸试验测定。

1. 强度的定义

材料的强度是指金属材料在静荷载作用下，抵抗塑性变形和断裂的能力，其大小通常用单位面积上所承受的力来表示。

2. 强度的性能指标

由于静荷载作用方式有拉伸、压缩、弯曲、剪切、扭转等，所以强度也可分为抗拉强度、抗压强度、抗弯强度、抗剪强度和扭转强度。一般情况下，以拉伸试验测得的屈服强度和抗拉强度两个指标应用最多。

（1）屈服强度。屈服强度是指金属材料在发生屈服现象时所受的最小应力值。由于金属材料在发生屈服时，其受力并非恒定，而是处于一个小范围震荡变化之中，如图 1-24 中的 BC 段所示，在屈服阶段 BC 段内的最高应力和最低应力分别称为上屈服极限和下屈服极限。一般将下屈服极限称为屈服极限或屈服点。

（2）抗拉强度。在图 1-24 中，CD 段为均匀塑性变形阶段。在这一阶段，应力随应变增加而增加，产生形变强化。D 点所对应的应力为材料断裂前所承受的最大应力，称为

抗拉强度。抗拉强度的物理意义是塑性材料抵抗大量均匀塑性变形的能力，反映了材料抵抗断裂破坏的能力，也是零件设计和材料评价的重要指标。

除屈服极限外，抗拉强度也是机械工程设计和选材的主要指标之一。特别是对于铸铁等脆性材料来说，其在拉伸过程中一般不出现颈缩现象。因此，抗拉强度就是材料的断裂强度。由于断裂是零件最严重的失效形式，所以，在选择材料时常将抗拉强度作为一个极其重要的指标。

1.2.5 塑性

1. 塑性的定义

塑性是指金属材料在静荷载作用下产生塑性变形而不致引起破坏的能力。金属材料断裂前所产生的塑性变形由均匀塑性变形和集中塑性变形两部分组成。试样拉伸至颈缩前的塑性变形是均匀塑性变形；颈缩后颈缩区的塑性变形是集中塑性变形。

2. 塑性的表征方式

试样拉断后，弹性变形消失，但塑性变形仍保留下来。工程上用试样拉断后遗留下来的变形表示材料的塑性指标。

常用的塑性指标有断后伸长率和断面收缩率两个。

（1）断后伸长率。试样拉断后，标距的伸长与原始标距的百分比，称为断后伸长率，用 δ 表示，一般写成百分比的形式。其计算公式如下：

$$\delta = \frac{L_1 - L_0}{L_0} \times 100\%$$

式中　L_0——试样的原始标距（mm）；

　　　L_1——试样拉断后的标距（mm）。

由于试样断裂前经历了局部塑性变形，所以断裂后伸长率的大小与试样原长和横截面面积有关。为了进行比较，对于圆形标准拉伸试样，规定长试样 $L_0 = 10d_0$，短试样 $L_0 = 5d_0$；采用长试样进行拉伸试验，所得伸长率用 $\delta 10$ 表示，短试样所得伸长率用 $\delta 5$ 表示。一般情况下，相同材料的 $\delta 5 > \delta 10$。通常，为了节省材料优先选用短试样进行拉伸试验。

（2）断面收缩率。试样拉断后，颈缩处的横截面面积的缩减量与原始横截面面积的百分比，称为断面收缩率，用 ψ 表示，一般写成百分比的形式。其计算公式如下：

$$\psi = \frac{S_1 - S_0}{S_0} \times 100\%$$

式中　S_0——试样原始横截面面积（mm²）；

　　　S_1——颈缩处的横截面面积（mm²）。

显然，δ 与 ψ 的数值越大，材料在断裂前发生的变形越大，说明材料的塑性越好。由于有些材料在进行拉伸试验时会出现局部颈缩，而有些材料不会，因此用 ψ 表示材料的塑性比用 δ 表示更接近真实情况。

1.2.6 硬度

硬度是指材料抵抗局部变形，特别是塑性变形、压痕或划痕的能力。它是衡量材料软硬的指标。硬度越高，材料的耐磨性就越好。硬度与强度之间有一定的内在联系。测量硬度比较简便迅速，而且硬度可以在零件的非工作面上直接测量，不会损坏零件。

金属材料最常见的布氏硬度、洛氏硬度和维氏硬度属于压入硬度，硬度值表示材料表面抵抗另一物体压入时所引起的塑性变形的能力；用回跳法（肖氏、里氏）测量硬度，硬度值代表金属弹性变形功能的大小。

1. 布氏硬度

用直径为 D 的淬火钢球或硬质合金球作压头，以相应的试验力 F 压入试件表面，经规定的保持时间后，卸除试验力，得到一直径为 d 的压痕。用试验力除以压痕表面积，所得值即布氏硬度值，符号用 HBS 或 HBW 表示，如图 1-25、图 1-26 所示。

布氏硬度测量原理

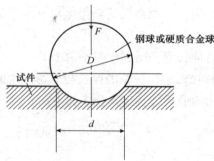

钢球或硬质合金球

试件

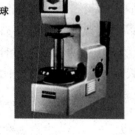

图 1-25 布氏硬度测试示意   图 1-26 布式硬度计

HBS 和 HBW 的区别是压头的不同。HBS 表示压头为淬硬钢球，用于测定布氏硬度值在 450 以下的材料，如软钢、灰铸铁和有色金属等；HBW 表示压头为硬质合金，用于测定布氏硬度值在 650 以下的材料。

布氏硬度值的表示方法非常直观，符号 HBS 或 HBW 之前的数字表示硬度值，符号后面的数字按顺序分别表示球体直径、荷载及荷载保持时间。例如，120 HBS10/1 000/30 表示直径为 10 mm 的钢球在 1 000 kgf（9.807 kN）荷载作用下保持 30 s 测得的布氏硬度值为 120。

同样的试样，当其他试验条件完全相同的情况下，两种试验结果不同，HBW 值往往大于 HBS 值，而且并无定量的规律所循。

2003 年以后，我国已经等效采用国际标准，取消了钢球压头，全部采用硬质合金球头，因此 HBS 停止使用，全部用 HBW 表示布氏硬度符号。很多时候布氏硬度仅用 HB 表示，指的就是 HBW。但是在文献论文中 HBS 仍时有所见。

布氏硬度的优点是测量误差小，数据稳定；缺点是压痕大，不能用于太薄测试样件或成品零件的工作表面。布氏硬度测量法适用于铸铁、非铁合金、各种退火及调质的钢材，不宜测定太硬、太小、太薄和表面不允许有较大压痕的试样或工件。

2. 洛氏硬度

用锥顶角为 120° 的金刚石圆锥或 $\phi 1.588$ mm 和 $\phi 3.176$ mm 淬火钢球做压头和荷载配合使用，在 10 kgf 初荷载和 60、100 或 150（kgf）力总荷载（初荷载加主荷载）先后作用下压入试样。在总荷载作用后，以卸除主荷载而保留主荷载时的压入深度与初荷载作用下压入深度之差来表示硬度，压痕越深，硬度就越低。洛氏硬度测试示意如图 1-27 所示。

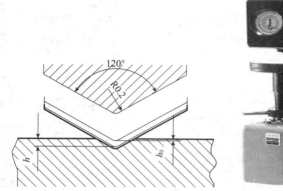

洛氏硬度测量原理

图 1-27　洛氏硬度测试示意

洛氏硬度试验采用 3 种试验力、3 种压头，它们共有 9 种组合，对应于洛氏硬度的 9 个标尺。这 9 个标尺的应用涵盖了绝大多数常用的金属材料。常用的有 A、B 和 C 三种标尺，其中 C 标尺应用最广泛。表 1-3 所示为常用洛氏硬度试验标尺应用表。

表 1-3　常用洛氏硬度试验标尺应用表

硬度符号	压头类型	初始荷载 /kgf	总荷载 /kgf	测量硬度范围	应用举例
HRA	顶角为 120° 的金刚石圆锥体	10	60	20～88	硬质合金、硬化薄钢板、表面薄层硬化钢
HRB	直径为 1.588 mm 的钢球		100	22～100	低碳钢、铜合金、铁素体可锻铸铁
HRC	顶角为 120° 的金刚石圆锥体	10	150	20～70	淬火钢、高硬度铸件、珠光体可锻铸铁

试验时，根据材料硬度选择相应的压头。当测定硬度较高的材料时，选用 120° 的金刚石圆锥压头；测定硬度较低的材料时，选用淬火钢球压头。硬度计上有一个表头，测量时表头上可直接读出被测件的硬度值，故比布氏法方便。而且压痕小，可以直接在成品零件上测试。洛氏硬度测量的缺点是测量结果分散度较大。

洛氏硬度的硬度值表示也十分简便，其数值写在符号 HR 的前面，如 50 HRC 表示用 C 标尺测定的洛氏硬度为 50。应当注意，不同级别的硬度值不能直接进行比较。

3. 维氏硬度

维氏硬度测量原理与布氏硬度相似。采用相对面夹角为 136°金刚石正四棱锥压头，以规定的试验力 F 压入材料的表面，保持规定时间后卸除试验力，用正四棱锥压痕单位表面积上所受的平均压力表示硬度值，标记符号为 HV，如图 1-28 所示。

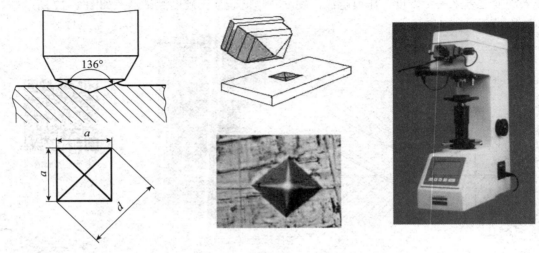

图 1-28　维氏硬度测试示意

维氏硬度值的表示方法是将表示硬度值的数字放在符号 HV 之前，符号后面的数字按顺序分别表示荷载和荷载保持时间。如 640 HV/30/20 表示采用面角为 136°金刚石正四棱锥压头钢球在 30 kgf（2.942 kN）荷载作用下保持 20 s 测得的维氏硬度值为 640。维氏硬度的荷载不是任意的，一般是 5 kgf、10 kgf、20 kgf、30 kgf、50 kgf、100 kgf 共 6 种，但当硬度值 >500 HV 时，不宜采用 50 kgf 以上的荷载，以防止损坏压头。

维氏硬度保留了布氏硬度和洛氏硬度的优点，其测量范围大，可测量硬度为 10 ～ 1 000 HV 范围的材料，且压痕小，特别适用于表面强化处理后的制件或试样，如氮化、渗碳、渗钒、渗硼、三元共渗及各种镀层试样的表层硬度测定。而由于其仅有一个标尺，因此，不同材料的维氏硬度值之间可以互相比较。而维氏硬度需要通过印痕测量后才可以计算或查表得到硬度值，其效率较洛氏硬度法低，且压头加工难度大，压头材料金刚石价格较高。

1.2.7　韧性

1. 冲击韧性

（1）冲击韧性的定义。材料抵抗冲击荷载的能力称为材料的冲击韧性。冲击荷载是指以较高的速度施加到零件上的荷载，当零件在承受冲击荷载时，瞬间冲击所引起的应力和变形比静荷载时要大得多，它反映材料内部的细微缺陷和抗冲击性能。冲击韧性用 α_k 表示，单位为 J/cm^2。影响材料冲击韧性的因素有材料的化学成分、热处理状态、冶炼方法、内在缺陷、加工工艺及环境温度等。

（2）冲击韧性的测定。冲击韧性是通过冲击试验来测定的。测定冲击韧性的试验方

冲击试验

法有多种，大多数国家所使用的常规试验为简支梁式的冲击弯曲试验，在我国，此试验一般采用《金属材料 夏比摆锤冲击试验方法》（GB/T 229—2020），在摆锤式冲击试验机上进行。图 1-29 所示为摆锤试验机实物图。

冲击试验是利用能量守恒原理，将具有一定形状和尺寸的带有 V 形或 U 形缺口的试样（图 1-30），在冲击荷载作用下冲断，以测定其吸收能量的一种试验方法。冲击试验对材料的缺陷很敏感，能灵敏地反映出材料的宏观缺陷、显微组织的微小变化和材料质量。

图 1-29 摆锤试验机实物图

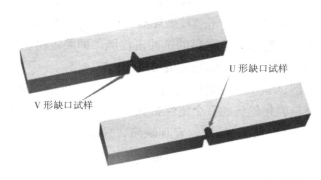

试样尺寸：10 mm × 10 mm × 55 mm

图 1-30 U 形和 V 形缺口试样实物

如图 1-31 所示，试验时，将带有缺口的试样安装在试验机的支座上，摆锤由规定高度 H_1 落下，在 2 处从试样缺口背面打断试样，同时推动刻度盘 4 上的指针转动，摆锤最终停止在 H_2 位置。显然试样吸收的能量不同，摆锤所能达到的高度不同。韧性越好的材料，断裂时吸收的能量越大，摆锤达到的高度 H_1 越小。最终刻度盘 4 上的指针所指示的数值便是摆锤打断试样时消耗的能量，以 A_k 表示，其大小 $A_k = GH_1 - GH_2$（J）。而材料的冲击韧性值 α_k 以试件缺口处单位截面面积的能量表示。即

$$\alpha_k = A_k / S \ (\text{J/cm}^2)$$

式中　A_k——摆锤冲断试样消耗；

　　　S——试样缺口处横截面面积。

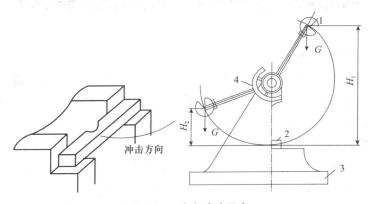

图 1-31 冲击试验示意

（3）冲击韧性的应用。冲击韧性不仅可用于控制材料的冶金质量和铸造、锻造、焊接及热处理等热加工工艺的质量，其实际意义更在于揭示材料的变脆倾向，用以评定材料的冷脆倾向（测定韧脆转变温度）。材料的 α_k 值随温度的降低而减小，且在某一温度范围内，α_k 值发生急剧降低，这种现象称为冷脆，此温度范围称为韧脆转变温度（T_k），设计时要求机件的服役温度必须高于材料的韧脆转变温度。

材料的 α_k 值不仅与材料的成分和组织有关，而且与试件形状、尺寸及试验温度等因素密切相关，所以，不同试验条件下测得的值无法进行比较。

此试验是在一次冲击荷载作用下显示试件缺口处的韧性或脆性。而承受冲击荷载的零件往往不是受一次冲击就被破坏的，而是承受多次冲击后才遭到破坏，为此提出以小能量多次冲击试验来测定材料的抗冲击性能，即测定材料的冲击破断次数 N 与冲击能量 A_k 之间的关系曲线，将它作为选用材料的依据。

虽然试验中测定的冲击吸收功或冲击韧性值不能直接用于工程计算，但它可以作为判断材料脆化趋势的一个定性指标，还可以作为检验材质热处理工艺的一个重要手段，这是因为它对材料的品质、宏观缺陷、显微组织十分敏感，而这点恰是静载试验所无法揭示的。

2. 断裂韧性

"脆断"是一种最危险的断裂，因为构件在断裂前一般不产生明显的塑性变形，很难预先发现征兆而加以预防，从而酿成重大事故，如泰坦尼克号沉没的悲剧（图1-32）。

图1-32 泰坦尼克号的沉没

经长期研究，人们认识到，过去将材料看作毫无缺陷的连续均匀介质是不准确的。材料内部在冶炼、轧制、热处理等各种制造过程中不可避免地会产生某种微裂纹，而且在无损检测时又没有被发现。而在使用过程中，由于应力集中、疲劳、腐蚀等原因，裂纹会进一步扩展，当裂纹尺寸达到临界尺寸时，就会发生低应力脆断的事故。

在裂纹扩展的过程中，裂纹按其力学特征可分为以下三类：

第一类为张开型裂纹，如图1-33（a）所示。构件承受垂直于裂纹面的拉力作用，裂纹表面的相对位移沿着自身平面的法线方向，若受拉板上有一条垂直于拉力方向而贯穿板厚的裂纹，则该裂纹就是张开型裂纹。

第二类为滑开型裂纹，如图 1-33（b）所示。构件承受平行裂纹面而垂直于裂纹前缘的剪力作用，裂纹表面的相对位移在裂纹面内，并且垂直于裂纹前缘，如齿轮或花键根部沿切线方向的裂纹就是滑开型裂纹。

第三类为撕开型裂纹，如图 1-33（c）所示。构件承受平行于裂纹前缘的剪力作用，裂纹表面的相对位移在裂纹面内，并平行于裂纹前缘的切线方向，如扭矩作用下圆轴的环形切槽或表面环形裂纹就是撕开型裂纹。

一般情况下，裂纹通常属于复合型裂纹，可以同时存在三种位移分量，也可以是任何两种位移分量的组合。在工程结构中，第一类裂纹最危险，也最常见。

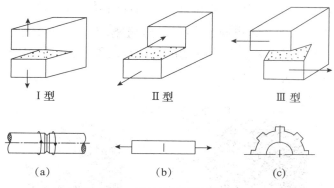

图 1-33　裂纹表面三种位移形式

（a）张开型裂纹；（b）滑开型裂纹；（c）撕开型裂纹

为了研究裂纹对材料断裂强度的影响，将刻有不同深度刻痕的试样进行拉伸试验，绘制出图 1-34 所示的裂纹深度 a 与实际断裂强度的关系曲线，且有公式 $K=\sigma_c\sqrt{a}$ 成立。对某种材料来说，K 是一个常数，它也是材料力学性能的指标，表示材料抵抗内部裂纹失稳扩展的能力，称为断裂韧性。

金属材料的疲劳强度

1.2.8　疲劳强度

1. 疲劳

金属材料在受到交变应力或重复循环应力时，往往在工作应力小于屈服强度的情况下突然断裂，这种现象称为疲劳。

2. 疲劳断裂和断口特征

零件在循环应力作用下，在一处或几处产生局部永久性累积损伤，经一定循环次数后突然产生断裂的过程，称为疲劳断裂。彗星式客机正是由于疲劳断裂造成了机毁人亡的惨剧。

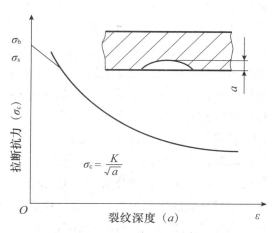

$$\sigma_c = \frac{K}{\sqrt{a}}$$

图 1-34　断裂强度与裂纹深度的关系曲线示意

疲劳断裂一般经过疲劳裂纹产生、裂纹扩展和瞬时断裂三个阶段，这三个阶段分别对应了疲劳断口上的三个区域，即裂纹源区、裂纹扩展区和瞬间断裂区。

零件在一定特征的交变荷载作用下，首先在其薄弱环节如应力集中或缺陷（划伤、夹渣、显微裂纹等）处产生微细的裂纹，这种微细裂纹称为疲劳源裂纹。随着交变荷载循环次数的增加，疲劳源裂纹不断开合，同时裂纹逐步呈扇形扩展，形成裂纹扩展区。由于裂纹在扩展过程中反复开合，两个裂纹面相互挤压和摩擦，所以，疲劳扩展区的形貌比较光亮，很像贝壳的内表面，所以也称为光滑区，这是裂纹扩展区最明显的特征。当裂纹扩展区达到一定的临界尺寸时，构件剩余截面面积较小，在交变荷载的某次拉伸力的作用下，材料应力超过抗拉强度，这时零件会发生突然的脆性断裂，最后脆断的区域称为瞬间断裂区，由于这一区域断口表面比较粗糙，所以也称为粗糙区。多数情况下，疲劳裂纹源位于构件表面，如图 1-35（a）所示。但有些情况下，裂纹源会在构件内部，同样断口也存在上述三个区域，如图 1-35（b）所示。

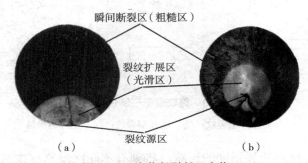

瞬间断裂区（粗糙区）

裂纹扩展区（光滑区）

裂纹源区

（a）   （b）

图 1-35　疲劳断裂断口实物

（a）疲劳源裂纹在表面；（b）疲劳源裂纹在内部

3. 疲劳强度的表示方法

材料的疲劳强度是由疲劳试验测定的。由于疲劳试验的分散度较大，试验时要用较多的试样，在不同交变荷载的作用下，测定其发生断裂时的荷载循环次数 N，最后将试验结果绘制成图 1-36 所示的应力 S 与次数 N 的关系曲线，称为疲劳曲线（S-N 曲线）。从疲劳曲线上可知，试验应力 S 降低，循环次数 N 增加。当应力降至某一数值时，曲线变成水平直线，即表示材料若承受低于该水平线所对应的应力值时，便可以经受无限次循环荷载也不发生疲劳断裂，将试样承受无限次应力循环仍不断裂时的最大应力作为材料的疲劳极限，记为 σ_R。

而对于航空领域常用的硬铝、镁合金等有色金属及其合金材料，即使应力循环的最大应力值很低，经一定应力循环次数后也会断裂，不存在真正意义上的疲劳极限。因此，对于这一类材料，常根据构件使用寿命的要求，取在某一规

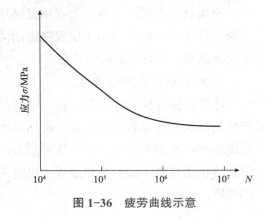

图 1-36　疲劳曲线示意

定应力循环次数下（如 10^7 次），材料所能承受的最大应力值作为名义疲劳极限，如一般低、中强度钢为 10^7 周次，高强度钢为 10^8 周次，铝合金、不锈钢为 10^8 周次，钛合金为 10^7 周次。

4. 影响疲劳强度的因素

影响零件疲劳寿命的因素很多，因此，提高构件疲劳强度的措施也是多方面的。构件的疲劳破坏总是从构件中应力最大的位置产生疲劳裂纹开始的。一般情况下，构件中应力最大部位都在构件横截面的最外边缘，或在有应力集中的地方。

5. 提高零件的疲劳强度的措施

（1）要合理设计构件的形状，尽量避免在构件上开出方形或带尖角的孔槽，设法避免构件外形急剧改变，尽可能地使其改变有一缓和的过渡，从而降低应力集中系数。

（2）降低构件表面的粗糙度，也可减小在表面上因加工时刀具切削伤痕所造成的应力集中的影响，从而提高构件的疲劳极限。另外，在运输、装配，特别是在飞机检修过程中，应尽量避免在构件表面造成伤痕，以减小产生应力集中的可能性。

（3）通过对构件中最大应力所在的表层采取表面强化工艺措施，如通过滚压、喷丸、表面淬火、渗碳和渗氮等方法，使构件表层强度增加，这对提高构件的疲劳极限会有显著的效果。

1.2.9　高温蠕变

在能源、化工、冶金、航空航天等领域，很多零部件必须长期在高温条件下服役，如电厂超临界火电机组运行参数可达 26.25 MPa，600 ℃。对于在此条件下服役的金属材料，如果仅以常温短时静载下的力学性能作为设计选材依据显然是不够的，因为在高温环境下服役，材料的力学性能会发生显著变化。图 1-37 所示为航空飞机发动机运行实物。

图 1-37　航空飞机发动机运行实物

小时候家里通常会使用白炽灯泡，如图 1-38 所示。这种灯泡在长时间燃点之后，往往会发现有些灯泡的灯丝有弯曲下垂现象，这其实就是灯丝长时间处于高温环境、在自重作用下的一种蠕变现象。

1. 高温蠕变的定义

高温下金属力学行为的一个重要特点就是产生蠕变。所谓蠕变，就是金属在长时间的恒温、恒荷载作用下缓慢地发生塑性变形的现象。严格来说，蠕变可以发生在任何温度，所谓的温度"高"或"低"是一个相对概念，是相对于金属熔点而言的，故采用"约比温度（T/T_m）"（T 为试验温度，T_m 为金属熔点，采用热力学温度表示）来表示更合理。通常，当 $T/T_m>0.3$ 时，蠕变现象会比较显著，如通常碳钢超过 300 ℃、合金钢超过 400 ℃时会出现蠕变效应。

图 1-38　小时候常见的白炽灯泡

2. 高温蠕变的机理

金属的蠕变变形主要是通过位错滑移、原子扩散等机理进行的。可以简化理解成高温环境为金属材料提供了额外的热激活能，使位错、空位等缺陷更活跃，更容易克服障碍。在长期应力作用下，缺陷的移动具有一定方向性，使变形不断产生，发生蠕变。当缺陷累积到一定程度时，在晶粒交会处或晶界上第二相质点等薄弱位置附近形成空洞，萌生裂纹并逐渐扩展，最终导致蠕变断裂。

想要很好地认识蠕变现象，还要从典型蠕变曲线开始说起。与人们平时熟悉的材料应力－应变曲线相比，金属的蠕变还需要考虑温度和时间两个因素。

3. 高温蠕变曲线

图 1-39 所示为典型的高温蠕变曲线图，表示在恒温、恒应力条件下，应变 ε 随时间 τ 的变化规律。图中 oa 段是试样在承受恒定拉应力 σ 时所产生的瞬间应变，从 a 点开始随时间 τ 增加而产生的应变属于蠕变。蠕变曲线上任一点的斜率表示该点的蠕变速率。根据蠕变速率的变化情况，可将蠕变过程分为以下三个阶段：

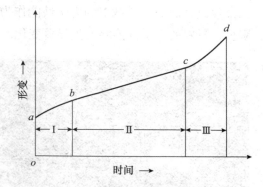

图 1-39　典型的高温蠕变曲线图

（1）减速蠕变阶段。减速蠕变阶段又称过渡蠕变阶段，这一阶段开始的蠕变速率很大，随着时间延长蠕变速率逐渐减小，到 b 点达最小值。这是一个加工硬化作用，由于蠕变变形使位错源开动的阻力及位错滑移的阻力逐渐增大，蠕变速率逐渐降低。

（2）恒速蠕变阶段。恒速蠕变阶段又称稳态蠕变阶段，这一阶段的特点是蠕变速率基本保持不变，一般所说的金属蠕变速率指的就是这一阶段的蠕变速率。由于应变硬化的发展，促进了动态回复，金属不断软化，当应变硬化与回复软化两者达到平衡时，蠕变速率趋于稳定。

（3）加速蠕变阶段。加速蠕变阶段的蠕变速率随时间增大，到 d 点时发生蠕变断裂。

空洞（可从第二阶段形成）长大、连接形成裂纹而迅速扩散，导致蠕变速度加快，直至发生蠕变断裂。至于温度和应力对蠕变曲线的影响，人们应该能够直观判断，应力越大或温度越高时，蠕变变形速度越快，蠕变寿命越短。

4. 高温蠕变性能表征

材料的蠕变性能可以用蠕变极限和持久强度极限表征，两者的定义和适用范围不同，也可根据实际需要选择（表 1-4）。

表 1-4　高温蠕变性能表征指标

序号	性能指标	定义	表征指标	适用范围
1	蠕变极限	在规定温度（t）下和规定时间（τ）内，使稳态蠕变率（ε）或试样产生的蠕变总伸长率不超过规定值的最大应力（σ_{ε}^{t} 或 $\sigma_{\delta/\tau}^{t}$）	阻碍蠕变变形的能力	限制过量蠕变变形
2	持久强度极限	在规定温度（t）下，达到规定的持续时间（τ）而不发生断裂的最大应力（σ_{τ}^{t}）	防止高温断裂的能力	要求使用期间不发生断裂

金属材料的工艺性能

任务 1.3　金属材料的工艺性能

【课程情境导入】

飞机中舱门的成型关系着整个飞机结构的完整性，同时，其也是供人员、货物和设备出入的门。现有一种通过熔炼、造型、铸造工艺及热处理等工艺，采用砂型铸造成型方法生产制造飞机舱门的方案，具体要求依次是使用 SR-1 精炼变质细化剂处理铝液和氩气加熔剂旋转喷吹复合精炼；使用"轮廓分型，内芯配打"的整体制芯技术配合组型方法，保证薄铸件壁厚尺寸精度和铸件的整体结构尺寸精度；采用差压铸造，保证铸件充型完整并获得更优的内部质量；采用创新的热处理方法防止如此薄壁铸件极易产生的变形问题。此方法根据材料的工艺特性开发了特殊的铸造方式，实现了低成本、短周期的复杂整体薄壁框架结构轻质铝合金铸件的铸造成型。

【知识学习】

工艺性能是指材料在被加工过程中适应各种冷热加工的性能，如铸造性能、锻压性能、焊接性能、热处理性能及切削加工性能等。

1.3.1　铸造性能

铸造是将熔融态的金属浇入铸型后，冷却凝固成为具有一定形状铸件的工艺方法。

铸造性（又称可铸性）是指金属材料能用铸造的方法获得合格铸件的性能。金属材料的铸造性能主要由铸造时金属的流动性、收缩性、偏析等来综合评定。

1. 流动性

流动性是指熔融金属的流动能力。流动性越好，越易于得到形状轮廓清晰、壁薄的铸件，不易产生冷隔、浇不足等铸造缺陷，如图1-40所示，并对防止其他类缺陷（如缩孔、夹渣、气孔等）的产生也较为有利。在设计铸件的结构形状和轮廓尺寸时，尤其在确定铸件壁厚时要充分考虑金属材质的流动性。

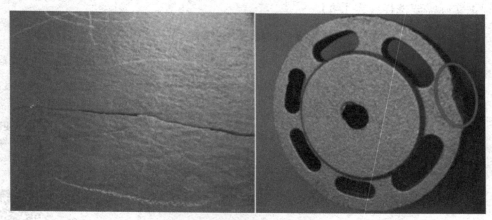

图1-40　冷隔和浇不足实物

2. 收缩性

收缩性是指铸件在凝固和冷却过程中，其体积和尺寸减小的现象。合金的收缩特性除与化学成分有关外，还主要与铸件的结构形状、浇注温度与浇注速度、冷却方式等工艺条件有关。因此，设计者在选择零件的合金时，要充分考虑它的收缩特性，优先选用收缩倾向小的合金，因此，在设计铸件结构时，也要避免采用厚大截面，或局部凸厚或热节集中的结构，以减少缩孔、缩松等铸造缺陷的产生，如图1-41所示。

3. 偏析

铸件凝固后，在截面上各个部分及晶粒内部往往出现化学成分不均匀的现象，该现象称为偏析，如图1-42所示，偏析可分为晶内偏析、区域偏析和比重偏析三种类型，后两者为宏观偏析，使铸件的各部分性能不一致，严重影响铸件质量，往往使铸件报废。

晶内偏析

图1-41　缩孔实物

图1-42　偏析实物

偏析的产生主要与合金的化学成分有关。不同化学成分的合金其结晶温度范围不同，范围越大越容易产生区域偏析。另外，偏析倾向还与冷却凝固速度和凝固时所受压力等工艺因素有关。在确定铸件材质时应认真考虑材质的偏析特性，若必须采用易产生偏析的合金时，则应在铸件断面结构设计和选择铸造方法时充分注意，采取措施减少偏析的产生。

1.3.2　锻压性能

锻压是锻造和冲压的合称，是利用锻压机械的锤头、砧块、冲头或通过模具对坯料施加压力，使其产生塑性变形，从而获得所需形状和尺寸的制件的成型加工方法。

锻压性是指金属材料能否用锻压方法制成优良锻压件的性能，也称为可锻性。锻压性一般与材料的塑性及其塑性变形抗力有关。一般情况下，材料的塑性好，变形抗力小，则锻压性也好。低碳钢的锻压性最好，中碳钢次之，高碳钢则较次。低合金钢的锻压性近似于中碳钢，高合金钢的锻压性比碳钢差。

1.3.3　焊接性能

焊接是指通过加热或加压或同时加热加压，并且使用或不使用填充材料使工件结合的一种工艺方法。

焊接性是指金属材料对焊接加工的适应性，主要指在一定的焊接工艺条件下，获得优质焊接接头的难易程度，或材料在限定的施工条件下，焊接成按规定设计要求的构件，并应满足预先服役要求的能力。焊接性受材料、焊接方法、构件类型及使用要求四个因素的影响。图 1-43 所示为焊接不合格和合格试样的实物。

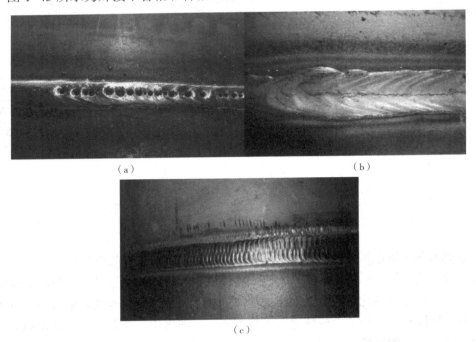

（a）　　　　　　　　　　　　　　　　　　　（b）

（c）

图 1-43　焊接实物
（a）不合格 - 缩孔；（b）不合格 - 裂纹；（c）合格

1.3.4 热处理性能

热处理是将材料在固态下加热到一定温度，进行必要的保温，并以适当的速度冷却到室温，以改变钢的内部组织，从而得到所需性能的工艺方法。它是强化金属材料，提高产品质量和寿命的主要途径之一。

绝大部分重要的机械零件在制造过程中都必须进行热处理。热处理性能反映钢热处理的难易程度和产生热处理缺陷的倾向，主要包括淬透性、回火稳定性、回火脆性及氧化脱碳倾向性和淬火变形开裂倾向性等。其中主要考虑淬透性，即钢接受淬火的能力。

（1）含锰、铬、镍等合金元素的合金钢淬透性比较好。

（2）碳钢的淬透性较差。

（3）铝合金的热处理要求较严，它进行固溶处理时加热温度距离熔点很近，温度波动必须保持在 ±5 ℃以内。

（4）铜合金只有几种可以用热处理强化。

1.3.5 切削加工性能

铸件切割

切削加工是指利用切削工具从工件上切除多余材料，获得符合预定技术要求的零件或半成品的加工方法。切削包含多种切割方式，如图1-44 所示。

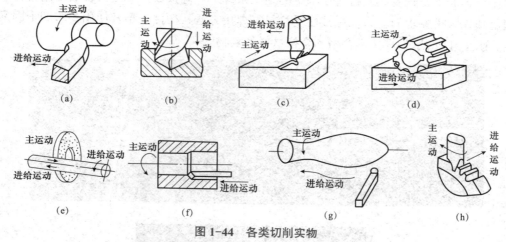

图 1-44　各类切削实物

（a）车削；（b）钻削；（c）刨削；（d）铣削；（e）外圆磨削；
（f）车床上镗孔；（g）车成型面；（h）铣齿轮

切削加工性是指金属材料被刀具切削加工后而成为合格工件的难易程度。

切削加工性好坏常用加工后工件的表面粗糙度、允许的切削速度及刀具的磨损程度来衡量。它与金属材料的化学成分、力学性能、导热性及加工硬化程度等诸多因素有关。通常用硬度和韧性对切削加工性好坏进行大致判断。一般来说，金属材料的硬度越高越难切削，硬度虽不高，但韧性大，切削也较困难。一般有色金属的切削加工性不如黑色金属的切削加工性好，铸铁的切削加工性不如钢的切削加工性好。

【学习小结】

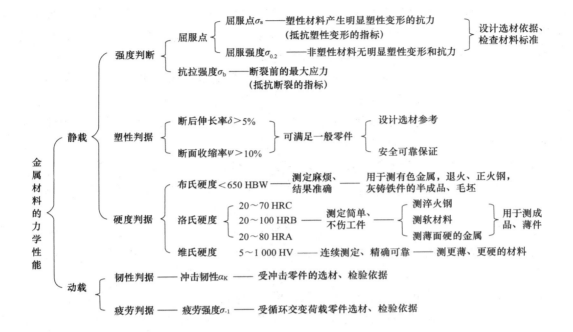

【拓展知识】

王彬文：让飞机强度"恰到好处"

王彬文，1974年10月出生，飞行器强度专家，现任中国航空工业飞行器强度领域首席技术专家、中国飞机强度研究所所长。长期从事飞行器强度领域基础技术研究、核心能力攻关，在重大飞机型号研制中立功8次，主持完成重点预研课题、核心能力攻关和重大型号研制项目数十项，获国家科技进步二等奖1项、省部级科技进步奖6项、国家级管理创新成果奖2项，获第五届冯如航空科技精英奖、第二届全国创新争先奖状等荣誉。

载客233人的俄航客机紧急迫降玉米地、萨利机长遭遇迁徙的大雁群迫降哈德逊河面……数人或许只关注这些新闻事件本身，而王彬文"纠结"于新闻背后的科学问题——着陆冲击、应急坠撞、飞鸟撞击、全机落震等。

"让飞机飞起来很难，安全落下来更不容易。"王彬文举例说，起飞时跑道上的砂石，飞行过程中突遇的鸟类、冰雹，还有降落时地面对起落架的冲击……生活中很多看似不起眼的现象，但在较高的相对速度下，却成为结构冲击领域要解决的问题。

王彬文带领团队创新性构建了航空结构冲击动力专业体系，解决了该领域一个又一个关键技术难题。作为中国航空工业飞行器强度领域首席技术专家、中国飞机强度所所长，近年来，他在大型客机C919、大型水陆两栖飞机AG600研制中任强度试验联合指挥部总指挥。

"我们要确保飞机以最小的重量代价应对服役过程中可能存在的破坏挑战，这涉及安全性、可靠性、经济性和舒适性等要求，强度是破坏与维护博弈的最佳平衡。"他这样阐释飞机强度科研工作。

结构冲击试验最典型的是鸟撞试验。2007年以前，国内的试验条件有限，要想按照国际规范要求进行一次系统性鸟撞试验只能去国外。王彬文对这一现状深感无力，决定带领团队自主研制一套具有国际领先水平的鸟撞试验系统。

"鸟撞试验要求严、难度大、风险高，40个大气压的高压、60 t的冲击力、100～300 m/s的速度、2%的速度正偏差，仅听这一串数字你就可想而知其难度。"王彬文告诉记者，气炮系统、控制系统和鸟弹制作是研制鸟撞试验系统的三大关键技术，每个都是需要解决的问题。

王彬文在飞机强度领域摸爬滚打了23年，当被问及其对行业的理解和感受时，他说："强度就是研究对象在设计状态下保持其目标品质的能力。"这是他自己对"强度"的科学定义。

"强度是最符合东方哲学中庸之道、和谐统一的专业，强而有度，张弛有道，从狭义的机械力到广义的自然力，强度专业的发展始终充满着生命力。"下午柔和的阳光从窗子中洒进来，照到他的脸上，说这话时，他眼睛里有光，就像是在对专业的热情表白。

"《礼记·中庸》中讲'中立而不倚，强哉矫！'《道德经》中讲'知人者智，自知者明。胜人者有力，自胜者强'。这些都是强度的哲学阐述。"在王彬文看来，科学是一门艺术，强度专业更具韵味，从哲学意义上讲，度是万物之灵魂，对强度而言，度是永恒之追求，过之一分显拙，欠之一分则险！从艺术与灵魂、韵与恒的角度诠释强度，是专业的最高境界，强之韵与度之恒是强度人永恒的追求。

强而有度，刚柔并济，这何尝不是他的人生写照？他就像是一位攀登者，兢兢业业地为国产飞机的研制攻下一个又一个"强度山头"。如今他正带领着千锤百炼的高水平团队，向着下一个高峰进发。

【学习自测】

1. 填空题

（1）弹性模量越大，刚度越_____。

（2）刚度越大，材料的弹性变形量越_____。

（3）塑性指标用_____和_____来表示。

（4）塑性是金属在_____作用下产生而不破坏的能力。

（5）在低碳钢拉伸试验中，经过_____阶段后，材料开始发生塑性变形。

（6）屈服点与抗拉强度的比值越小，零件的可靠性越_____（高/低）。

（7）金属材料的力学性能包括_____、_____、_____、_____和_____。

（8）在生产上最常用的硬度有_____、_____和_____。

（9）140 HBS10/1 000/30表示用的钢球做压头，在试验力作用下保持_____，所测得的布氏硬度值为_____。

2. 选择题

（1）对于经过淬火热处理的刀具，如锯条，其硬度应当采用（　　）指标表示。

A. HB　　　　　　B. HRC　　　　　　C. HV　　　　　　D. HRB

（2）硬度是衡量金属材料软硬的一个指标，它常用三种方法，其中（　　）应用最广。

A. HB　　　　　　B. HRC　　　　　　C. HV　　　　　　D. HRB

（3）关于材料冲击韧性定义的说法正确的选项是（　　）。

A. 抵抗弹性变形的能力　　　　　　　B. 抵抗断裂破坏的能力

C. 抵抗局部塑性变形的能力　　　　　D. 抵抗冲击荷载的能力

（4）金属材料在静荷载作用下抵抗破坏的能力称为（　　）。

A. 塑性　　　　　B. 硬度　　　　　C. 强度　　　　　D. 刚度

（5）金属材料在静荷载作用下产生永久变形而不破坏的能力称为（　　）。

A. 塑性　　　　　B. 硬度　　　　　C. 强度　　　　　D. 刚度

（6）为了保证飞机的安全，当飞机达到设计允许的使用时间（如 10 000 h）后，必须强行退役，这是考虑到材料的（　　）。

A. 塑性　　　　　B. 硬度　　　　　C. 强度　　　　　D. 疲劳强度

（7）做疲劳试验时，试样承受的荷载为（　　）。

A. 静荷载　　　　　B. 冲击荷载　　　　　C. 交变荷载

3. 简答题

（1）金属材料的力学性能指的是什么性能？常用的力学性能包括哪些方面的内容？

（2）试分析刚度对飞机选材的影响。

（3）可否通过增加零件的尺寸来提高其弹性模量？

（4）衡量金属材料强度、塑性及韧性应使用哪些性能指标？其各用什么符号和单位表示？

（5）什么情况下使用材料的名义屈服强度概念？它是如何定义的？

（6）伸长率和断面收缩率，哪个更能准确反映材料的塑性？为什么？

（7）强度和硬度分别是从什么角度衡量材料的性能的？

（8）什么叫作材料的冲击韧性，它是如何测量的？

（9）什么叫作疲劳断裂？导致疲劳断裂的荷载具有怎样的特征？

（10）疲劳断口一般具有几个区域？分别具有怎样的特征？这些特征又是怎样产生的？

（11）什么叫作疲劳极限？怎样提高构件的疲劳强度？

航空金属材料的微观结构

【学习目标】

【知识目标】

1. 掌握纯金属及合金材料的晶体结构；
2. 掌握金属材料晶体结构常见的缺陷类型；
3. 掌握金属材料塑性变形后的组织与性能变化。

【技能目标】

1. 熟知金属材料的性能与其组织结构之间的内在规律；
2. 能够判断常见冷热加工情况下金属材料的性能变化；
3. 能够针对毛坯材料的类型及使用要求确定其改性方法。

【素质目标】

1. 具备运用所学知识进行材料性能优化、改进与创新的意识；
2. 养成精雕细琢、精益求精、追求完美和极致的职业精神。

【学习任务】

任务 2.1 航空金属材料典型的晶体结构

【课程情境导入】

人们很早就开始注意一些具有规则几何外形的固体，如岩盐、石英等，并将其称为晶体。显然，这是不严谨的，它不能反映出晶体内部结构的本质。事实上，晶体在形成的过程中，由于受到外界条件的限制和干扰，往往并不是所有晶体都能表现出规则外形；一些非晶体，在某些情况下也能呈现规则的多面体外形。因此，晶体和非晶体的本质区别主要并不在于外形，而在于内部结构的规律性。

【知识学习】

金属材料通常是晶体材料。金属的晶体结构决定着材料的显微组织和材料的宏观性能。

2.1.1 纯金属的晶体结构

1. 晶体与非晶体

（1）晶体：材料中的原子（原子团或离子）在三维空间呈规则、周期性的固体（图 2-1），如固态金属、钻石、冰等。

（2）非晶体：材料中的原子（原子团或离子）在三维空间中无规则排列的物质（图 2-2），也称为玻璃态，如松香、玻璃、塑料等。

纯金属的晶体结构

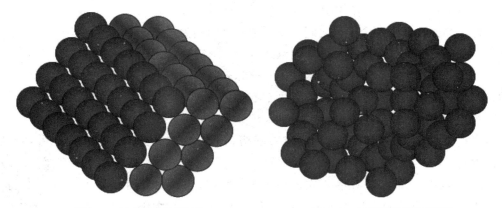

图 2-1　晶体的原子排列　　　　图 2-2　非晶体的原子排列

由于原子排列方式不同，晶体与非晶体的性能也有差异。晶体具有固定的熔点，其性能呈各向异性；非晶体没有固定熔点，性能表现为各向同性。

晶体的各向异性

2. 晶体结构

（1）晶体结构：晶体中原子（离子或分子）在空间规则排列的方式。在讨论晶体结构时，可以假设晶体内的原子（或离子）是一些静止不动的小球。则各种晶体结构就可以看成由这些小球按一定几何方式紧密排列堆积而成［图 2-3（a）］。

（2）晶格：为了表述晶体内部原子排列的细节，可将原子抽象为一个几何点，而将原子之间的相互作用假想为几何直线。这种用于描述原子在晶体中排列的三维空间几何点阵称为晶格。晶格中直线的交点称为结点［图 2-3（b）］。

晶格

（3）晶胞：构成晶格的最基本单元。晶胞在三维空间的重复排列构成晶格。晶胞的基本特性即反映该晶体结构（晶格）的特点［图 2-3（c）］。

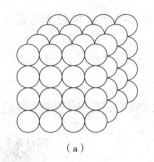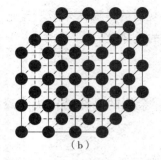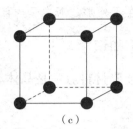

（a）　　　　　　　　（b）　　　　　　　　（c）

图 2-3　晶体结构、晶格、晶胞

（a）晶体结构；（b）晶格；（c）晶胞

（4）晶格常数：晶胞的棱边长度 a、b、c 和棱间夹角 α、β、γ 是衡量晶胞大小和形状的 6 个参数，称为晶格常数（图 2-4）。若 $a=b=c$，$\alpha=\beta=\gamma=90°$，这种晶胞就称为简单立方晶胞。具有简单立方晶胞的晶格叫作简单立方晶格。

（5）晶面与晶向：在晶体中，由一系列原子所组成的平面称为晶面，任意两个原子之间连线所指的方向称为晶向。为了确定晶向、晶面在晶体中的空间位向，就需要引入一个统一的规则来标志它们，这种统一的标志叫作晶向指数和晶面指数。国际上通用的是密勒（Miller）指数。

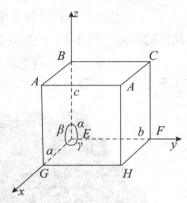

图 2-4　晶格常数

3. 纯金属的晶体结构

常见的纯金属的晶体结构有体心立方晶格、面心立方晶格、密排六方晶格等。

（1）体心立方晶格。在体心立方晶格的晶胞中，8 个原子处于立方体的角上，一个原子处于立方体的中心，角上 8 个原子与中心原子紧靠（图 2-5）。其主要特征如下：

1）晶格常数为 a（$a=b=c$），$\alpha=\beta=\gamma=90°$；

2）晶胞的原子数为 2 个（$1/8\times8+1$）；

3）属于这种晶格类型的金属有 α-Fe（912 ℃以下纯铁）、铬（Cr）、钨（W）、钼（Mo）、钒（V）等。

纯金属的结晶过程

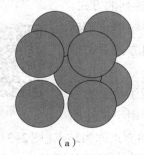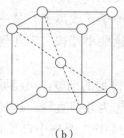

（a）　　　　　　　　（b）　　　　　　　　（c）

图 2-5　体心立方晶格

（a）原子模型；（b）晶胞；（c）晶胞原子数

工业纯铁的结晶过程

（2）面心立方晶格。金属原子分布在立方体的 8 个角上和 6 个面的中心。面中心的原子与该面 4 个角上的原子紧靠（图 2-6）。其主要特征如下：

1）晶格参数为 $a=b=c$；$\alpha=\beta=\gamma=90°$；

2）晶胞原子数为 4 个（$1/8\times8+1/2\times6$）；

3）属于这种晶格类型的金属有 $\gamma-Fe$（912 ℃～1 394 ℃ 的纯铁）、铜（Cu）、铝（Al）、镍（Ni）等。

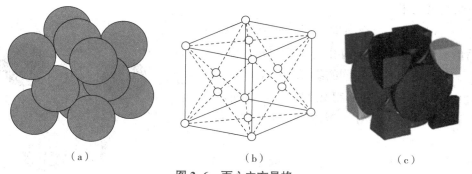

（a）　　　　　　　（b）　　　　　　　（c）

图 2-6　面心立方晶格

（a）原子模型；（b）晶胞；（c）晶胞原子数

（3）密排六方晶格。金属原子分布在立方体的 8 个角上和 6 个面的中心。面中心的原子与该面 4 个角上的原子紧靠（图 2-7）。其主要特征如下：

1）晶格参数 $a=b\neq c$；$\alpha=\beta$；$\gamma=120°$；

2）晶胞原子数为 6；

3）属于这种晶格类型的金属有镁（Mg）、锌（Zn）、铍（Be）、镉（Cd）等。

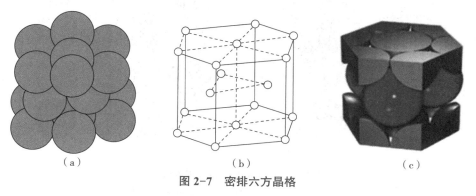

（a）　　　　　　　（b）　　　　　　　（c）

图 2-7　密排六方晶格

（a）原子模型；（b）晶胞；（c）晶胞原子数

2.1.2　合金相结构

1. 合金的概念

（1）合金。合金是指由两种或两种以上的金属元素或金属元素和非金属元素溶合在一起，形成的一种具有金属特性的新物质。如钢是 Fe 与 C 的合金（二元合金）。合金的性能一般都是由组成合金的各相成分、

合金的相结构

结构、形态、性能和各相的组合情况所决定的。

（2）组元。组元是组成合金的最基本的、独立存在的物质。合金中有几种组元就称为几元合金。

（3）相。相是指合金中化学成分相同、晶体结构相同，并以界面互相分开的各个均匀区域。液态物质为液相；固态物质为固相。

（4）显微组织。显微组织是在显微镜下看到的相和晶粒的形态、大小与分布。

2. 合金相结构

（1）固溶体。合金在固态下溶质原子溶入溶剂而形成的一种与溶剂有相同晶格的相，称为固溶体。与固溶体晶格相同的组元为溶剂，一般在合金中含量较多；另一组元为溶质，含量较少。图 2-8 所示为 Fe-Al 固溶体的晶体结构，就是在 Fe 晶体结构中融入 Al 原子。

固溶体的重要标志是它仍保持溶剂晶格。固溶体用 α、β、γ 等符号表示。

固溶体可分为间隙固溶体（如铁素体和奥氏体）和置换固溶体（如黄铜）两类，如图 2-9 所示。

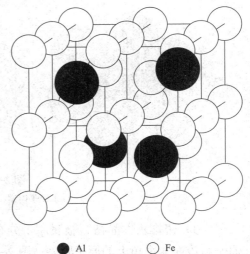

● Al　　○ Fe

图 2-8　Fe-Al 固溶体的晶体结构

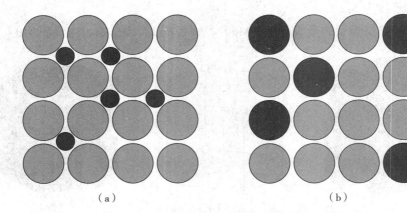

（a）　　　　　　　　　　（b）

图 2-9　间隙固溶体与置换固溶体

（a）间隙固溶体；（b）置换固溶体

● 溶剂原子；● 溶质原子

1）间隙固溶体：溶质原子分布于溶剂晶格间隙中所形成的固溶体。

间隙固溶体一般是由原子半径较小的非金属元素（如 C、N、B、O 等）溶入过渡族金属形成的（因晶格间隙通常都很小）。如钢中的奥氏体就是 C 原子溶到 γ-Fe 晶格的间隙中形成的固溶体。

溶质在间隙固溶体的溶解是有限的，因此都是有限固溶体。

在间隙固溶体中，溶质原子的排列是无序的，所以都是无序固溶体。

2）置换固溶体：溶质原子代替溶剂原子占据溶剂晶格结点位置而形成的固溶体。置换固溶体中溶质原子的分布一般也是无序分布的，通常也都是无序固溶体。但在一定条件下也会出现有序分布。溶质原子有规则分布的为有序固溶体；无规则分布的为无序固溶体。

3）固溶强化：无论是间隙固溶体还是置换固溶体，溶质原子的溶入都会使晶格发生畸变（图 2-10）。晶格畸变增大位错运动的阻力，使金属的滑移变形变得更加困难，从而提高合金的强度和硬度。这种通过溶入溶质形成固溶体使金属强度和硬度提高的现象称为固溶强化。

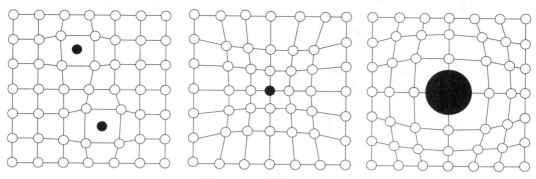

图 2-10　固溶体晶格畸变

固溶强化是金属强化的一种重要形式。在溶质含量适当时，可显著提高材料的强度和硬度，而塑性和韧性没有明显降低。当然仅靠固溶强化来提高金属材料的强度和硬度还是很有限的。但是，可以在固溶强化的基础上再适当配合其他强化手段，就会使金属材料获得所需的各种强韧性。

（2）金属化合物。金属化合物是组成合金的组元按一定原子数量比相互化合而形成的完全不同于原组元晶格的新相，且具有金属特性的固体合金。金属化合物一般都具有复杂的晶格结构、较高的硬度和较大的脆性。金属化合物根据黄相结构和性质上的差异，可分为正常价化合物、电子化合物、间隙化合物。

1）正常价化合物：严格遵守化合价规律的化合物。它们由元素周期表中相距较远、电负性相差较大的两元素组成，可用确定的化学式表示。这类化合物性能的特点是硬度高、脆性大。

2）电子化合物：不遵守化合价规律但符合于一定电子浓度（化合物中价电子数与原子数之比）的化合物。电子化合物主要以金属键结合，具有明显的金属特性，可以导电。它们的熔点和硬度较高，塑性较差，在许多有色金属中为重要的强化相。

3）间隙化合物：由过渡族金属元素与碳、氮、氢、硼等原子半径较小的非金属元素形成的化合物。尺寸较大的过渡族元素原子占据晶格的结点位置，尺寸较小的非金属原子则有规则地嵌入晶格的间隙。根据结构特点，间隙化合物可分为间隙相和具有复杂结构的间隙化合物两种。

①间隙相：当非金属原子直径与金属原子直径比值小于 0.59 时，形成简单晶格的间隙化合物，称为间隙相。图 2-11 所示为非金属原子 C 与金属原子 V 形成的间隙相。简单晶格间隙化合物的共同特点是具有极高的硬度和熔点，是硬质合金和高温金属陶瓷材料的重要组成部分。部分碳化物和所有的氮化物都属于间隙相。

②具有复杂结构的间隙化合物：当非金属原子直径与金晶原子直径之比大于 0.59 时，形成具有复杂晶格结构的间隙化合物。如 Fe_3C、$Cr_{23}C_6$、FeB 等均属此类化合物。

Fe_3C 是铁碳合金的重要组成相，具有复杂结构的斜方晶格，如图 2-12 所示。

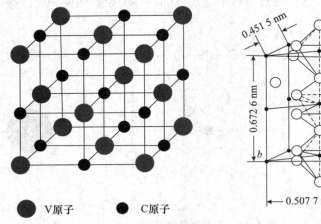

图 2-11　简单间隙相化合物　　　　图 2-12　Fe_3C 复杂结构间隙化合物

具有复杂结构的间隙化合物也具有很高的熔点和硬度，但比间隙相稍低些，稳定性也较差。

化合物也可溶入其他元素原子，形成以化合物为基的固溶体。

任务 2.2　航空金属材料常见的晶体缺陷

【课程情境导入】

航空航天铝材是一种超高强度变形铝合金，目前广泛应用于航空工业。飞机所用的铝合金与普通铝合金相比，对强度、硬度、韧性、抗疲劳性、塑性有较高的要求。航空铝合金具有较好的力学和加工性能，固溶处理后塑性好，热处理强化效果好，一般在 150 ℃（甚至更高）以下有高的强度，韧性好，是理想的航空结构材料。另外，航空铝合金最大的特点是可以通过变形热处理提高强度。变形热处理是将塑性变形的形变强化和热处理时的相变强化相结合，使成型工艺与成型性能相统一的一种综合工艺。航空铝合金在塑性变形过程中，晶体内部的缺陷密度增加，这些晶体缺陷会引发材料内部微观组织的变化，如动态回复、动态再结晶、亚动态再结晶、静态再结晶、静态回复等，这些晶体结构的变化，如控制得当，会显著提高材料的力学性能，增强材料的使用寿命。接下来，就让我们一起来了解航空金属材料常见的晶体缺陷。

【知识学习】

在实际晶体中，由于原子（或离子、分子）的热运动，以及晶体的形成条件、冷热加工过程和其他辐射、杂质等因素的影响，实际晶体中原子的排列不可能那样规则、完整，常存在各种偏离理想结构的情况，即晶体缺陷。

晶体缺陷对晶体的性能，特别是对那些结构敏感性能，如屈服强度、断裂强度、塑性、电阻率、磁导率等有很大影响。另外，晶体缺陷还与扩散、相变、塑性变形、再结晶、氧化、烧结等有密切关系。

晶体结构缺陷的类型按几何形态可分为点缺陷、线缺陷和面缺陷。

2.2.1 点缺陷

点缺陷是指在晶体空间中，其长、宽、高尺寸都很小（不超过原子直径）的一种缺陷。

晶体的点缺陷主要包括间隙原子、空位和置换原子三种形式。其中，间隙原子是在晶格间隙处插入原子；晶格空位则是晶格中某个结点处缺少原子；置换原子是在晶格结点处出现了异类原子，如图2-13所示。

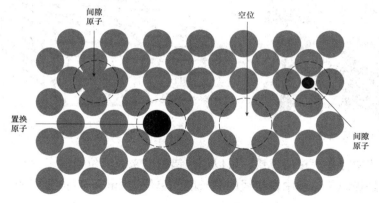

图2-13 间隙原子、空位与置换原子

点缺陷可促使周围原子发生靠拢或撑开的现象，从而造成固溶体晶格畸变（图2-14）。点缺陷造成局部晶格畸变（撑开或靠拢），使金属的电阻率、屈服强度增加，密度发生变化。晶体中的点缺陷都处在不断的变化和运动中，其位置随时在变。这是金属原子扩散的一种主要方式，也是金属在固态下"相变"和化学热处理工艺的基础。

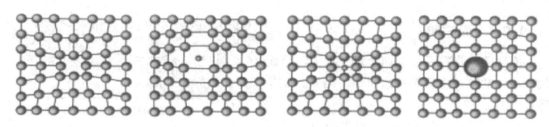

图2-14 固溶体晶格畸变

2.2.2　线缺陷

线缺陷是指原子排列的不规则区在一个方向上较大，而在另外二维方向上很小，其主要表现形式为位错。

位错是指晶体中某一列或若干列原子发生有规律的错排现象，由晶体中原子平面的错动引起。位错有刃型位错和螺型位错两种。

（1）刃型位错：在金属晶体中，由于某种原因，晶体的一部分相对于另一部分出现一个多余的半原子面。这个多余的半原子面犹如切入晶体的刀片，刀片的刃口线即位错线。这种线缺陷称为刃型位错，如图 2-15 所示。

（2）螺型位错：晶体右边上部点相对于下部点向后错动一个原子间距，即右边上部相对于下部沿晶面发生错动。若将错动区的原子用线连接起来，则具有螺旋型特征。这种线缺陷称为螺型位错，如图 2-16 所示。

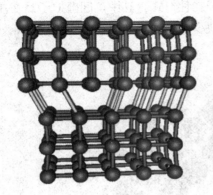

图 2-15　刃型位错

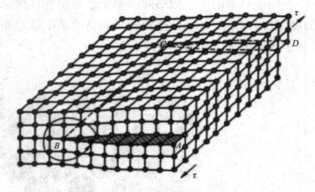

图 2-16　螺型位错

在实际晶体中存在大量的位错，可以用位错密度来表征位错的多少。

位错密度是指单位体积中位错线的总长度，单位为 cm^{-2}。退火金属的中位错密度一般为 $10^6 \sim 10^8 cm^{-2}$。

位错的存在极大地影响金属的力学性能。如图 2-17 所示，当金属为理想晶体或仅含极少量位错时，金属的屈服强度 σ_s 很高，当位错密度增加时，强度有所降低，降到最低点后，随着位错密度的增加，σ_s 将会增高。

2.2.3　面缺陷

面缺陷是指在两个方向上尺寸很大，呈面状分布的缺陷，主要是指金属中的晶界、亚晶界等（图 2-18）。

（1）晶界。晶界是指晶粒之间原子排列不规则的区域。它实际上是晶格位向不同的相

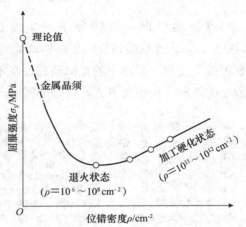

图 2-17　金属的强度与位错密度的关系

邻晶粒在原子排列上的过渡区。

（2）亚晶界。亚晶粒是组成晶粒的尺寸很小，位向差也很小（1°～2°）的小晶块（或称"亚结构"）。亚晶粒之间的交界面称为亚晶界。亚晶界的原子排列不规则，会产生晶格畸变。

面缺陷处的晶格畸变较大，界面处能量高，影响范围也较大。因此，晶界具有与晶粒内部不同的特性。

晶界和亚晶界均可提高金属的强度。晶粒越细，晶界越多，金属的强度越高，塑性越好。

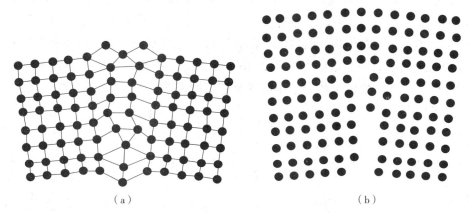

（a）　　　　　　　　　　　　　　　（b）

图 2-18　晶界、亚晶界等面缺陷

（a）晶界；（b）亚晶界

任务 2.3　航空金属材料的塑性变形

【课程情境导入】

装备制造领域，压力加工方法（如锻造、轧制、挤压、拉拔和冲压等）得到了广泛应用，其将金属材料按预定的要求进行塑性变形，获得所需的形状和尺寸，同时，金属材料的内部组织、结构和性能也发生了变化。因此，研究金属材料塑性变形及其在随后加热过程中组织、结构和性能的变化规律，能够充分挖掘金属材料的力学性能，确定合适的压力加工工艺和热处理工艺，从而提高机械产品寿命与可靠性（图 2-19）。

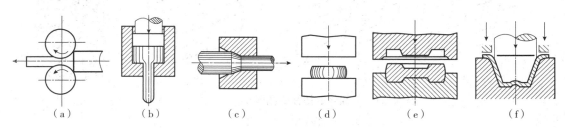

（a）　　　（b）　　　（c）　　　（d）　　　（e）　　　（f）

图 2-19　常用的金属材料变形加工

（a）轧制；（b）挤压；（c）拉拔；（d）锻压；（e）模锻；（f）冲压

2.3.1 塑性变形对材料组织与性能的影响

1. 金属材料的塑性变形与弹性变形

金属在外力作用下发生形状和尺寸的变化称为变形。金属的变形按其性质可分为弹性变形和塑性变形。弹性变形是指外力去除后能回复原来形状的变形；塑性变形是指外力去除后不能回复而保留下来的那部分变形。塑性变形又称永久变形或不可逆变形。

如图 2-20 所示为晶体在剪切应力作用下的变形情况。当切应力较小时，晶格发生弹性变形，如图 2-20（b）所示，若此时去除外力，晶格变形将消失，原子回复到原来的位置；当切应力增大到一定值后，晶体的一部分沿着某一晶面相对于另一部分产生滑动，滑动的距离为原子间距离的整数倍，如图 2-20（c）所示，若此时去除外力，晶格弹性变形的部分可以回复，但产生滑动的原子不能回复到它原来的位置，这样就产生了塑性变形，如图 2-20（d）所示。

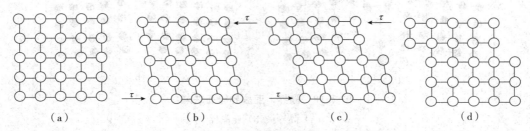

图 2-20　弹性变形－弹塑性变形－塑性变形
（a）变形前；（b）弹性变形；（c）弹塑性变形；（d）塑性变形

2. 金属单晶体的塑性变形

金属单晶体塑性变形的基本形式有滑移和孪生。滑移是指在切应力作用下，晶体的一部分沿一定的晶面和晶向相对于另一部分发生相对滑动位移的现象；孪生是指在切应力作用下，晶体的一部分沿一定的晶面和晶向相对于另一部分发生对称切变的现象。在大多数情况下，滑移是金属塑性变形的主要方式（图 2-21）。

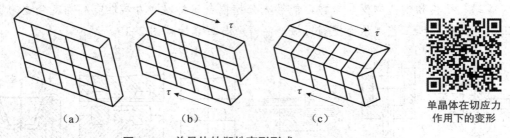

单晶体在切应力
作用下的变形

图 2-21　单晶体的塑性变形形式
（a）未变形；（b）滑移；（c）孪生

滑移通常沿着晶体中原子排列密度最大的晶面（密排面）和其上密度最大的晶向（密排方向）进行。一个滑移面与其上的一个滑移方向组成一个滑移系。滑移系越多，金属发生滑移的可能性越大，塑性就越好（图2-22）。

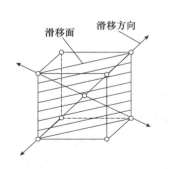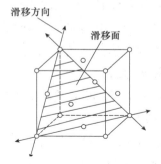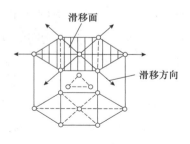

图 2-22　三种常见金属结构的滑移系

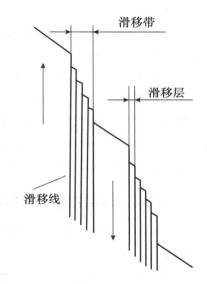

如果将试样表面抛光后进行塑性变形，然后用显微镜观察，可以在其表面看到许多平行的滑移痕迹，称为滑移带。图2-23所示为铝变形后出现的滑移带。如果进一步用电子显微镜观察，则可以看出每个滑移带都是由很多平行的、细的滑移线和台阶组成。滑移线实际上就是晶面（滑移面）经过滑移后留下的痕迹。两条滑移线之间的区域称为滑移层。

实践证明，晶体的滑移并不是整个滑移面上的全部原子一起移动，因为大量原子同时移动需要克服的滑移阻力十分大。由于晶体中存在着位错，实际上滑移是位错在滑移面上运动的结果，如图2-24所示。在外加切应力作用下，晶体中形成一个正刃位错，这个多出原子面会由左向右逐步移动；当这个位错移动到晶体的右边缘时，移出晶体的上半部就相对于下半部移动了一个原子间距，形成一个原子间距的滑移量。大量位错移出晶体表面，就形成了宏观的塑性变形。

图 2-23　滑移线、滑移带与滑移层

不难看出，位错运动越困难，则金属的强度越高；反之强度越低，塑性越好。

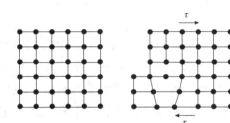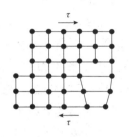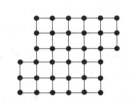

图 2-24　位错导致的滑移

3. 多晶体的塑性变形

实际的金属材料大多为多晶体，多晶体由于其包含大量的晶粒与晶界，所以，其变形机理要比晶体复杂。

（1）晶粒位向的影响。在多晶体中由于晶粒位向比较复杂，有些晶粒处于容易发生滑移的位置，有些晶粒则处于不易发生滑移的位置，因此晶粒的滑移受到邻近晶粒的制约，由于不同位向晶粒之间的互相约束，多晶体的变形抗力大幅度提高，晶粒越细，相同体积内晶粒越多，晶粒位向的影响就越显著。

（2）晶界的影响。晶界是相邻晶粒的过渡区域，由于晶界区域原子排列紊乱，缺陷和杂质较多，能够很大程度上阻碍位错运动的进行。因此，金属如受到外力的拉伸作用时，在晶界附近不易发生变形，这也说明晶界处塑性变形抗力远比晶粒本身要高。

同一材料多晶体的强度高，但塑性较低，单晶塑性高。这是由于多晶体中晶粒的取向不同及晶界的影响，因而只有加大外力，才能使那些滑移面位向不利的晶粒逐渐加入滑移。

材料晶粒越细，晶界总面积越大，晶界对变形的阻碍作用越明显，对塑性变形的抗力便越大，金属的强度越高。晶粒越细，单位体积中晶粒数量越多，变形时同样的变形量便可分散在更多的晶粒中发生，晶粒转动的阻力小，晶粒之间易于协调，产生较均匀的变形，不致造成局部的应力集中，而引起裂纹的过早产生和发展。因而，断裂前便可发生较大的塑性变形量，塑性韧性增加。

所以，生产中通过各种方法（凝固、压力加工、热处理）使材料获得细而均匀的晶粒，细化晶粒是目前提高材料力学性能的有效途径之一。

2.3.2　冷塑性变形对材料组织与性能影响

金属的冷变形是指在结晶温度以下的变形。变形后具有明显的加工硬化现象（冷变形强化，如冷挤压、冷轧、冷冲压等）。金属发生冷塑性变形后，不仅其结构和尺寸会发生变化，其材料内部的组织与性能也会随之变化。

1. 冷塑性变形对材料结构和组织的影响

金属发生冷塑性变形，沿变形方向晶粒也会发生压扁或拉长，变形量越大，晶粒形状的变化也就越大，当变形量很大时，晶粒被拉成细条状，形成所谓的"纤维组织"，会导致金属的性能出现明显的方向性。如图 2-25 所示，沿横向（纤维方向）的强度要远大于沿纵向（垂直纤维方向）的强度。

金属发生冷塑性变形，当变形量非常大时，原来多晶体中任意位向的晶体会趋近方向一致，这种有序化结构称为"变形织构"，又称为"择优取向"，如图 2-26 所示。轧制时形成的织构称为板织构；拉拔时形成的织构称为丝织构。形变织构会使金属性能呈明显的各向异性，在多数情况下对金属的后续加工或使用不利。由于不同方向上的塑性差别很大，使变形不均匀，导致零件边缘不齐，厚薄不均匀，即出现"制耳"现象。

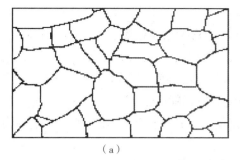 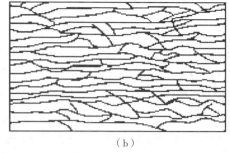

（a） （b）

图 2-25 冷塑性变形后金属材料的组织

（a）变形前； （b）变形后

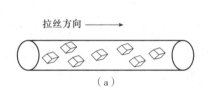 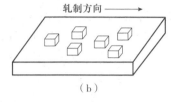

（a） （b）

图 2-26 冷塑性变形后的变形织构

（a）丝织构； （b）板织构

金属发生冷塑性变形，因滑移、孪生等过程的复杂作用及各晶粒所产生的相对转动与移动，造成了在晶粒内部及晶粒间界处出现一些微裂纹、空洞等缺陷使该处金属密度减少，这是造成金属微裂纹的根源。

2. 冷塑性变形对材料性能的影响

（1）加工硬化。金属材料在塑性变形过程中，随变形量的增加，亚晶粒增多和位错密度增加，位错间的交互作用增强，位错滑移发生困难，使金属塑性变形的抗力增大，其强度和硬度不断上升，而塑性和韧性不断下降，这种现象称为加工硬化或冷作硬化。例如，含碳量为 0.3% 的碳素钢，当变形伸长率为 20% 时，抗拉强度由原来的 500 MPa 升高到约 700 MPa，而当伸长率为 60% 时，抗拉强度可升高到 900 MPa 以上。

加工硬化可以提高金属的强度，是强化金属的重要手段，尤其对于那些不能用热处理强化的金属材料显得更为重要。如铝、铜或不锈钢等单相合金，加工硬化是提高强度的有效方法。

总的来看，加工硬化是金属冷加工变形的保证，而且能够使金属具有偶然的抗超载能力，提高了构件的安全性。当然，加工硬化后金属的塑性降低，难以进行下一步的塑性变形，因而可以通过中间热处理消除金属的加工硬化。

（2）物理、化学性能。金属经塑性变形后，晶格发生畸变，空位和位错密度增加，导致金属电阻增大、磁导率下降。另外，变形导致金属内能增加，原子活动能力增加，因此耐蚀性降低。

（3）残余内应力。残余内应力是指外力去除后，残留于金属内部且平衡于金属内部的应力。它是由于金属在外力作用下各部分发生不均匀的塑性变形而产生的。内应力一般可分为以下三种类型。

第一类内应力：金属表层和心部之间变形不均匀而形成的宏观范围内的应力称为宏观残余应力。这类内应力会使工件尺寸不稳定，严重时会引起工件开裂。

第二类内应力：相邻晶粒之间或晶粒内部不同部位之间变形不均匀形成的微观范围内的应力称为微观残余应力。这类内应力会导致金属产生晶间腐蚀。

第三类内应力：由于位错等晶体缺陷的增加而形成晶格畸变产生的残余应力称为晶格畸变应力。其是金属产生加工硬化的主要原因。

上述三类残余应力中第三类内应力占绝大部分，为了消除和降低残余应力通常要对工件进行退火处理。当然，在有些情况下，残余内应力也是可以利用的，如对零件进行喷丸、表面滚压等处理，使其表面产生一定量的残余压应力，可以提高零件的疲劳强度。

3. 冷塑性变形后的回复与再结晶

金属冷塑性变形后，其组织处于不稳定状态，有回复到变形前的组织状态的倾向。然后常温下，回复过程是无法实现的，但如果对金属进行加热，其组织会随着加热温度的提高经历回复、再结晶和晶粒长大三个过程，如图2-27、图2-28所示。

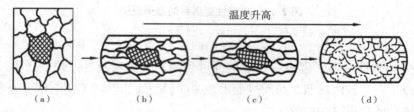

图 2-27　冷变形金属加热过程组织

（a）原金属组织；（b）塑性变形后组织；（c）金属回复后组织；（d）金属再结晶后组织

（1）回复。当加热温度不太高时，由于原子的活动受限，因此，金属的显微组织不会发生太明显的变化，只是晶格畸变程度有所缓解，残余内应力降低，将该过程称为回复。

在回复过程中，晶粒的大小与形状，金属的力学性能如强度、硬度、塑性与韧性等均基本不变。残余内应力、应力腐蚀与电阻等均为降低，因此，可以通过回复在保持金属冷变形的强化状态的前提下，降低冷变形金属的残余内应力。

（2）再结晶。当冷变形金属加热到较高温度后，原子活动能力增强，塑性变形时被破碎、拉长的晶粒重新形核和长大形成均匀而细小的、无畸变的等轴晶粒（晶粒在各方向上尺寸相差较小）的过程称为再结晶。待变形金属的晶粒全部变成细等轴晶后，即认为再结晶过程结束。

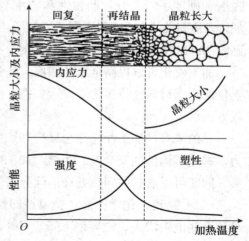

图 2-28　冷变形金属加热过程性能变化曲线

再结晶后金属的强度、硬度显著降低，塑性、韧性提高，加工硬化得以消除。再结晶过程不是一个恒温过程，而是在一定温度范围进行的。通常所说的再结晶温度是指再结晶开始的温度（发生再结晶所需的最低温度）。它与金属的预变形及纯度等因素有关。

金属的预变形度越大，晶体缺陷就越多，则组织越不稳定，即变形的驱动力越大，再结晶开始温度则越低。当预变形达到一定量后，再结晶温度趋于某一低值，这一温度称为最低再结晶温度。试验数据表明，纯金属的最低再结晶温度一般约为其熔点的40%倍。同样，当金属中存在其他合金元素或杂质时，原子的扩散与晶界的迁移往往受到了约束。从宏观来看，即再结晶的温度显著提升。

在工业生产中，一般将再结晶温度定得比理论再结晶温度高出 100 ℃～200 ℃，以缩短再结晶退火周期。这是由于当再结晶在较高温度下完成时，其需要的时间会降低。同样，如果延长加热保温的时间，则会使原子的扩散较为充分，这样，就可以在较低的温度下进行再结晶。

（3）晶粒的长大。再结晶结束后，随着加热温度的升高或保温时间的延长，均匀细小的等轴再结晶晶粒会逐渐长大。晶粒长大是通过晶界迁移来实现的，如图 2-29 所示。当晶粒 A、晶粒 B、晶粒 C 突破晶界形成更大的晶粒。

再结晶后的晶粒长大会使金属材料组织性能恶化，塑性、韧性明显下降，所以，在进行再结晶退火时应严格控制在再结晶温度范围内，而且保温时间不宜过长，避免晶粒粗化。

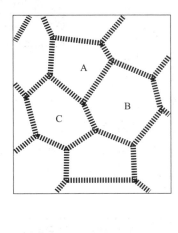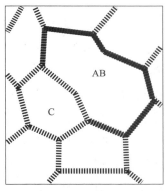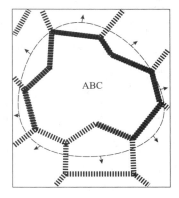

图 2-29　晶粒的长大过程

2.3.3　热塑性变形对材料组织与性能影响

1. 金属的热塑性变形与热加工

金属的热塑性变形是指在再结晶温度之上的塑性变形，其主要目的是金属材料的成型加工及改善材料的组织与性能。以金属钨为例，其再结晶温度约为 1 200 ℃，如果在 1 200 ℃以下，对钨进行的加工称为冷加工；而在 1 200 ℃以上对钨进行的加工称为热加工。

在实际的热塑性加工中，为了保证再结晶过程的顺利完成及操作上的需要等，其变形温度通常远比再结晶温度高。一般在热变形时金属所处温度范围是其熔点绝对温度的75%～95%，热锻、热轧和热挤压等即属于这一类。由于热加工温度在再结晶温度之上，因而，金属发生热塑性变形时，随即发生再结晶过程，塑性变形引起的加工硬化效应也随即被再结晶过程所消除，使材料保持高塑性、低变形抗力的塑性状态。

2. 热塑性变形对材料组织与结构的影响

（1）改善铸态金属的组织和性能。热加工（如热锻造、热轮制等）能消除金属铸态的某些缺陷，如使气孔和疏松焊合；部分消除某些偏析；将粗大的柱状晶破碎变为细小均匀的等轴晶粒；改善夹杂物和碳化物的形状、大小与分布等，从而使金属材料晶粒的致密度与力学性能得到提高。因此，在机械加工过程中，对于铸造毛坯件，一般先进行预先的热加工工序，从而改善材料的组织。

（2）细化晶粒。金属材料经过热加工后，其晶粒一般会得到细化，力学性能得到显著的提高，但这并不是一成不变的，热加工后金属的晶粒大小取决于加工温度和热加工变形量的大小。如果加工温度过高且金属的变形量小，反而会得到较为粗大的晶粒。

细化晶粒的方法

（3）形成锻造流线。在热加工过程中，钢锭铸态组织中树枝晶沿着金属的变形流动方向伸长，形成纤维组织（又称为流线）。由于锻造流线的存在，金属会表现出明显的各向异性，通常是沿流线方向的强度、塑性和韧性高，抗剪强度低，垂直于流线方向上的则相反。图 2-30 所示为曲轴晶格切削加工和锻造加工形成的流线，显然，经过切削加工后，组织中的离线在轴肩处被切断，材料容易在轴线处发生断裂，而锻造后的流线沿曲轴形状进行变化，曲轴则不容易断裂。

树枝晶的形成与长大

（4）形成带状组织。如果钢在铸态下存在严重的夹杂物偏析或热加工时的温度偏低，则在钢中会出现沿变形方向呈带状或层状分布的显微组织，称为带状组织。带状组织使材料产生各向异性，特别是横向塑性和冲击韧性明显下降（图 2-31）。热加工中可以使用交替改变变形方向的方法来消除带状组织。使用高温加热、长时间保温及提高热加工后的冷却速度等热处理方法也可以减轻或消除带状组织。

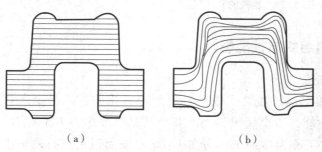

图 2-30　金属加工的流线

（a）切削加工后的曲轴流线；（b）锻造加工后的曲轴流线

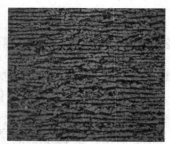

图 2-31　带状组织

【学习小结】

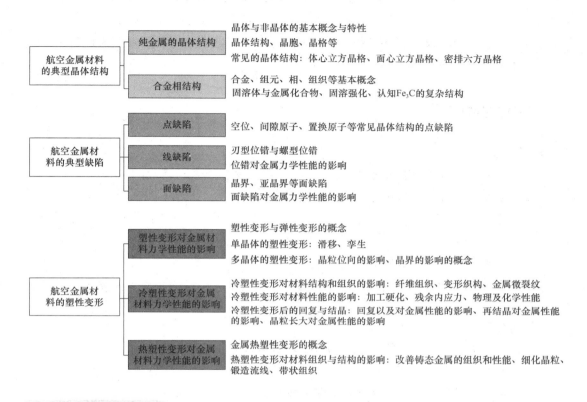

航空金属材料的典型晶体结构	纯金属的晶体结构	晶体与非晶体的基本概念与特性 晶体结构、晶胞、晶格等 常见的晶体结构：体心立方晶格、面心立方晶格、密排六方晶格
	合金相结构	合金、组元、相、组织等基本概念 固溶体与金属化合物、固溶强化、认知Fe₃C的复杂结构
航空金属材料的典型缺陷	点缺陷	空位、间隙原子、置换原子等常见晶体结构的点缺陷
	线缺陷	刃型位错与螺型位错 位错对金属力学性能的影响
	面缺陷	晶界、亚晶界等面缺陷 面缺陷对金属力学性能的影响
航空金属材料的塑性变形	塑性变形对金属材料力学性能的影响	塑性变形与弹性变形的概念 单晶体的塑性变形：滑移、孪生 多晶体的塑性变形：晶粒位向的影响、晶界的影响的概念
	冷塑性变形对金属材料力学性能的影响	冷塑性变形对材料结构和组织的影响：纤维组织、变形织构、金属微裂纹 冷塑性变形对材料性能的影响：加工硬化、残余内应力、物理及化学性能 冷塑性变形后的回复与结晶：回复以及对金属性能的影响、再结晶对金属性能的影响、晶粒长大对金属性能的影响
	热塑性变形对金属材料力学性能的影响	金属热塑性变形的概念 热塑性变形对材料组织与结构的影响：改善铸态金属的组织和性能、细化晶粒、锻造流线、带状组织

【拓展知识】

如果航空发动机被称为飞机的"心脏"，那么被应用于航空发动机风扇、压气机、涡轮、燃烧室等主要部件的航空"难变形"金属材料环形锻件，则像骨骼一般，以机匣、安装边、封严环、承力环等形式，起到包容、连接、支撑及密封的作用，并成为航空发动机中的重要零部件。环形锻件采用碾轧技术成型，具有组织致密、强度高、韧性好等优点，是铸造或其他制造技术所不能替代的。与此同时，环形锻件的性能和质量，在相当大的程度上，决定着航空关键构件的使用性能和服役行为，并往往直接关系到飞机的使用寿命和可靠性。按照价值计算，环形锻件约占航空发动机整体价值的 6%。

与以碳钢、结构钢等材料为主的普通锻件不同的是，航空发动机环形锻件多采用高温合金、钛合金、高强度钢等"难变形"金属材料，因此在锻造过程中，需要克服材料变形抗力大、变形温度窄、塑性差等技术难关。

航空发动机环形锻件需要面临的是一个高温度、高气压、高腐蚀及高强度的工作环境，这也要求航空发动机环形锻件在整个使用周期内具有足够的强度、刚度和稳定度。为攻克航空"难变形"金属材料环形锻件成型制造过程中遇到的塑性差、材料变形抗力大、锻造温度范围窄、微观组织复杂等难题，我国贵州的某企业通过利用全流程的工艺智能数字仿真设计与优化关键技术，突破了"难变形"复杂异形环形锻件成型一体化制造关键核心技术。除材料组织均匀性控制技术、变形路径优化技术、热处理与性能检测技术等工艺技术外，还实现了环形锻件的整体轧制技术，相比后续需要焊接组装而成的产品，能更好地提高产品的安全性与精密性，也使该企业成为航空发动机环形锻件的主要研制单位之一、国产大飞机 C919 发动机环形锻件核心研制单位。其也是全球商用航空发动机机匣及环形锻件在亚太地区的主要供应商之一。

【学习自测】

1. 填空题

（1）常见金属的晶格类型有_____、_____和_____三种。

（2）合金的两大基本相是_____和_____。

（3）实际金属中存在_____、_____、_____缺陷。其中，位错是_____缺陷，晶界是_____缺陷。

（4）金属塑性变形的基本方式有_____和_____两种。

（5）冷变形金属经重新加热时，根据组织与性能的变化，大体可以分为_____、_____和_____三个阶段。

2. 选择题

（1）合金中具有相同化学成分、相同晶体结构的均匀部分称为（　　）。

　　A. 组织　　　　　　B. 相　　　　　　　　C. 组元　　　　　　D. 合金

（2）合金应用非常广泛，以下关于合金的说法正确的选项是（　　）。

　　A. 合金属于化合物

　　B. 合金的熔点一般比组成它们的纯金属高

　　C. 合金的硬度一般比组成它们的纯金属小

　　D. 合金的性能要视情况而定

（3）从金属学的观点来看，冷加工和热加工是以（　　）温度为界限区分的。

　　A. 结晶　　　　　　B. 再结晶　　　　　　C. 相变　　　　　　D. 25 ℃

（4）多晶体的晶粒越细小，则其（　　）。

　　A. 强度越高，塑性越好　　　　　　　B. 强度越高，塑性越差

　　C. 强度越低，塑性越好　　　　　　　D. 强度越低，塑性越差

（5）金属的冷变形产生加工硬化现象，其性能（　　）。

　　A. 强度硬度增大，塑性越好　　　　　B. 强度硬度增大，塑性越差

　　C. 强度硬度降低，塑性越好　　　　　D. 强度硬度降低，塑性越差

3. 简答题

（1）何为固溶强化？

（2）金属材料发生冷塑性变形后，其性能会发生哪些变化？

（3）金属材料发生热塑性变形后，其材料组织会发生哪些变化？

航空金属材料的热处理工艺

【学习目标】

【知识目标】

1. 以铁碳合金的成分、组织、温度、性能为主线，了解四者的相互关系和变化规律；

2. 熟知铁碳合金相图的基础知识，能够看懂铁碳合金相图上的重要点、线与区域，能够根据铁碳合金相图判断成分、组织、温度与性能的转变过程；

3. 掌握退火、正火的基础知识，了解材料经过退火、正火后其组织与性能变化；

4. 掌握淬火工艺及应用，熟悉淬透性和淬硬性的含义；

5. 掌握钢材的回火工艺的基础知识，了解回火的工艺参数对钢材组织和性能的影响；

6. 熟悉常见表面热处理的类型、基本原理与热处理设备；

7. 熟悉常见特种热处理技术的类型、基本原理与热处理设备。

【技能目标】

1. 具备生产中常用的热处理工艺知识及相关工艺实施技术的能力，具备应用所学理论知识分析解决实际问题的能力；

2. 清楚不同热处理方法的工艺目的及应用，具有根据零件的使用要求选择合理的热处理方法的能力；

3. 能够通过小组协作完成热处理工艺的编制、设备的选择及实践操作等工艺过程；

4. 掌握热处理岗位的关键技术，具有较强的实践动手能力，具备从事企业热处理生产岗位工作的能力；

5. 能够快速查阅专业的相关资料和文献，能够快速自学掌握专业领域的一些新技术。

【素质目标】

1. 具有发现问题、提出问题，并运用所学的综合知识去努力思考、积极探索，并且创造性地解决问题的能力；

2. 具有良好的社会责任感、团队协作精神、良好的职业道德。

任务 3.1　合金相变

相图概述

金相试样的制备
与观察

【课程情境导入】

工艺、成分、组织、性能四者之间的联系是材料研究生产过程中的底层逻辑。铁碳合金相图提供了平衡状态下温度（工艺）、成分、相（组织）之间关系。作为目前为止应用最为广泛的钢铁材料，其主要特点就是不同成分的相组成具备不同性能可应用不同工况条件，因此，铁碳合金相图可以提供一个直观的参考。

【知识学习】

碳钢与铸铁是使用最为广泛的金属材料，是铁和碳组成的合金，不同成分的碳钢与铸铁，组织和性能也不同。研究和使用钢铁材料、制定其热加工和热处理工艺及分析工艺废品的原因时，都需要深入了解铁碳合金的基本知识及铁碳合金相图。

纯铁同素异构转
变过程

3.1.1　铁的同素异构转变

铁（Fe）是元素周期表中第 26 号元素，分子量为 56、密度为 7.8 g/cm³、熔点为 1 538 ℃。一般常说的工业纯铁是指含杂质 0.10% ~ 0.20% 的纯铁。其力学性能参数：抗拉强度 σ_b 为 180 ~ 230 MPa，条件屈服强度 $\sigma_{0.2}$ 为 100 ~ 170 MPa，断后伸长率 δ 为 30% ~ 50%，断面收缩率 Ψ 为 70% ~ 80%，冲击韧性 A_k 为 128 ~ 160 J/cm²，硬度为 HBS 50 ~ 80。

铁（Fe）有三种不同的晶体结构，随温度的变化会发生同素异构转变，以下公式为同素异构转变公式：

$$\delta - \mathrm{Fe} \xleftrightarrow{\ 1\,394\ ℃\ } \gamma - \mathrm{Fe} \xleftrightarrow{\ 912\ ℃\ } \alpha - \mathrm{Fe}$$

纯铁的冷却曲线如图 3-1 所示。纯铁在 1 538 ℃时结晶为体心立方晶格（bcc）的 δ-Fe，当温度下降至 1 394 ℃时，其结构转变为面心立方结构的 γ-Fe，在 912 ℃时，转变为具有体心立方结构的 α-Fe。

金属的同素异构转变为其热处理提供基础，钢能够进行多种热处理就是因为铁能够在固态下发生同素异构转变。我国古代的先辈们就发现了钢铁热处理的奥秘，春秋战国时期的刀剑之所以非常锋利，一方面与冶炼技术有密切关系，同时，与热处理技术分不开，即将金属加热到一定温度，然后用各种不用的冷却速度加以冷却，以改变它的内部组织，提高金属性能的一种加工方法，河北易县燕下都战国墓出土的剑都经过了淬火热处理。

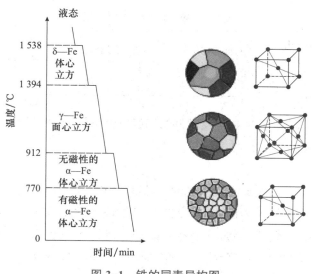

图 3-1 铁的同素异构图

铁碳合金相图

3.1.2 铁碳合金的相及组织

铁碳合金中的 Fe 和 C 可形成铁素体（F）、奥氏体（A）、渗碳体（Fe_3C）三个基本相。这些基本相以机械混合物的形式结合还可形成珠光体（P）和莱氏体（L_d）组织。这些基本相与组织是研究铁碳合金性能以及铁碳合金相图的基础。

1. 铁素体

（1）α 铁素体：即 α-Fe 铁中溶入碳元素构成的间隙固溶体，用符号 F 或 α 表示。它仍保持溶剂 α-Fe 的体心立方晶格结构。

由于 α-Fe 内原子间的空隙比较小，仅有 0.072 nm，远小于碳原子的直径（0.154 nm）。所以，碳在 α-Fe 中的溶解度很小。室温时溶解度低于 0.000 8%，727 ℃时，溶解度达到最大，约为 0.021 8%。其晶体结构及显微组织如图 3-2、图 3-3 所示。

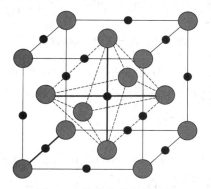

图 3-2 铁素体的晶体结构

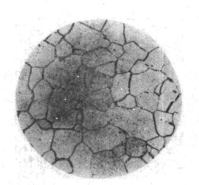

图 3-3 铁素体的显微组织

铁素体室温时的性能与纯铁相似，强度、硬度低，塑性、韧性则比较好。其主要力学性能指标见表 3-1。

表 3-1　铁素体的力学性能表

表 3-1　铁素体的力学性能表

抗拉强度 σ_b/MPa	屈服强度 $\sigma_{0.2}$ /MPa	断后伸长率 δ	断面收缩率 Ψ	冲击韧性 A_k / ($J \cdot cm^{-2}$)	硬度 /HBS
180～230	100～170	30%～50%	70%～80%	128～160	50～80

（2）δ 铁素体：碳溶于 δ-Fe 中所形成的间隙固溶体，用符号 δ 表示，其最大溶解度约为 0.09%（1 495 ℃）。

2. 奥氏体

奥氏体，即 γ-Fe 中溶入碳元素构成的间隙固溶体，用符号 A 表示。它仍保持 γ-Fe 的晶体结构，为面心立方结构。其间隙的直径较大，最大间隙直径为 0.104 nm，接近于碳原子直径。所以，碳原子在 γ-Fe 中的溶解度大于在 α-Fe 中的溶解度，在 727 ℃时，碳的溶解度约为 0.77%，在 1 148 ℃时，碳的最大溶解度约为 2.11%。

奥氏体的形成
过程

奥氏体是一种强度不高，塑性很好的高温相，是热变形加工所需要的相，一般情况下，奥氏体不存在于室温，通常在对钢铁材料进行热变形加工如锻造、热轧等时，都应将其加热成奥氏体状态，所谓"趁热打铁"正是这个意思。其晶体结构与显微组织如图 3-4、图 3-5 所示。

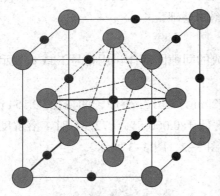

图 3-4　奥氏体的晶体结构

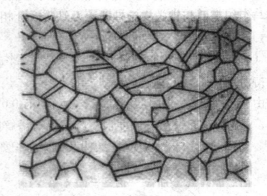

图 3-5　奥氏体的显微组织

奥氏体的形貌与铁素体相似，呈多边形晶粒，但晶界较为平直，且常有孪晶存在。其具有一定的强度，塑性很好，易锻压成型，主要力学性能参数抗拉强度 σ_b 约为 400 MPa，硬度 HBS 为 170～220，断后伸长率 δ 为 40%～50%。

3. 渗碳体

渗碳体是化学式为 Fe_3C 的间隙金属化合物。渗碳体中碳的质量分数为 6.69%，熔点为 1 227 ℃，晶格结构复杂。渗碳体属于正交晶系，渗碳体晶胞内含有 12 个铁原子和 4 个碳原子，符合 Fe∶C =3∶1 的关系。

渗碳体是钢中的强化相，常作为钢的第二相弥散强化的强化相，根据生成条件不同渗碳体有条状、网状、片状、粒状等形态，它们的大小、数量、分布对铁碳合金性能有很大影响。渗碳体是亚稳定化合物，条件适当时，会分解出单质状态的石墨 C。

渗碳体是具有高硬度、高脆性、低强度和低塑性的相，硬度很高，而塑性极差。其主要力学性能参数：抗拉强度 σ_b 约为 30 MPa，硬度 HBS 约为 800，断后伸长率 δ 和断面收缩率 Ψ 约为 0（图 3-6、图 3-7）。

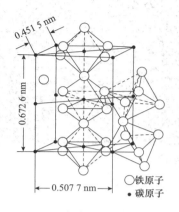

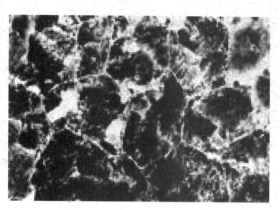

图 3-6　渗碳体的晶体结构　　　　　图 3-7　过共析钢中的渗碳体

4. 珠光体（金相组织）

珠光体是由铁素体和渗碳体以层片状结构组成的机械混合物，是钢中的重要组织。用符号 P 表示。平均含碳量为 0.77%，在珠光体中铁素体占 88%，渗碳体占 12%，由于铁素体的数量大大多于渗碳体，所以铁素体的层片要比渗碳体厚得多。

在球化退火条件下，珠光体中的渗碳体也可呈粒状，这样的珠光体称为粒状珠光体（图 3-8、图 3-9）。

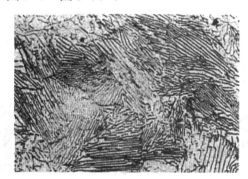

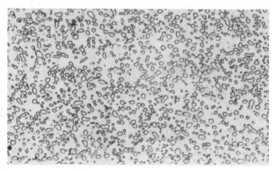

图 3-8　片状珠光体的显微组织　　　　图 3-9　球状珠光体的显微组织

珠光体的力学性能介于铁素体与渗碳体之间，强度较高，硬度适中，塑性和韧性较好。其主要力学性能参数：抗拉强度 σ_b 为 750 ～ 900 MPa，硬度 HBS 为 180 ～ 280，断后伸长率 δ 为 20% ～ 35%，击韧性 A_k 为 24 ～ 32 J/cm^2。

5. 莱氏体（金相组织）

莱氏体通常是在高温下由奥氏体与渗碳体组成的机械混合物，又叫作高温莱氏体，用符号 L_d 表示，其碳的质量分数为 4.3%。当温度下降至 727 ℃以下，其中的奥氏体发生共析转变生成珠光体，故其室温组织是由珠光体和渗碳体组成的混合物，又叫作低温莱氏体，用符号 L_d' 表示。

莱氏体由于其基体相为渗碳体，因而其力学性能与渗碳体相似，硬度很高，塑性、韧性极差（图3-10）。

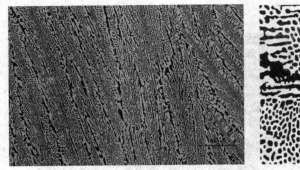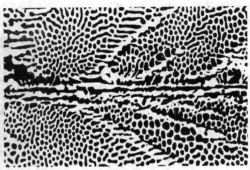

图3-10　莱氏体的显微组织

3.1.3　铁碳合金相图

铁碳合金相图表示在缓慢冷却（或缓慢加热）的条件下，不同成分的铁碳合金的状态或组织随温度变化的图形（图3-11）。目前应用的铁碳合金状态图是含碳量为0～6.69%的铁碳合金部分（Fe-Fe₃C部分），因为含碳量大于6.69%的铁碳合金在工业上无使用价值。

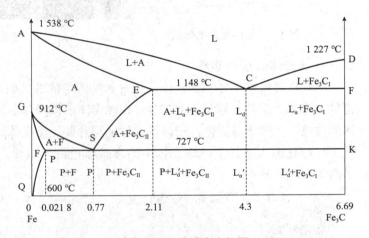

图3-11　铁碳合金相图

1. 铁碳合金相图上的点、线及相区

（1）铁碳合金相图中点的含义。

1）A点：纯铁的熔点，温度为1 538 ℃，$W_c=0$。

2）G点：纯铁的同素异晶转变点，冷却到912 ℃时，发生 γ-Fe → α-Fe。

相图的建立　　铁碳合金相图的
　　　　　　　　特征点、特征线
　　　　　　　　及相区组织

3）Q点：600 ℃时，碳在 α-Fe 中的溶度，$W_c=0.005\ 7\%$。

4）D点：渗碳体熔点，温度为1 227 ℃，$W_c=6.69\%$。

5）C点：共晶点，温度1 148 ℃，$W_c=4.3\%$，成分为C的液相，冷却到此温度时，发生共晶反应 L_c → A+Fe₃C。

6）E点：碳在 γ-Fe 中的最大溶解度，温度为1 148℃，$W_c=2.11\%$。

7）S点：共析点，温度727 ℃，$W_c=0.77\%$，成分为S点的奥氏体，冷却到此温度时，发生共析反应：As → P（F+Fe₃C）。

8）P点：碳在 α-Fe 中的最大溶解度，温度为727 ℃，$W_c=0.021\ 8\%$。

（2）相图中的特征线。

1）ACD 线（结晶温度开始线）：液相线，由各成分合金开始结晶温度点所组成的线，铁碳合金在此线以上处于液相。

2）AECF 线（结晶温度终止线）：固相线，由各成分合金结晶结束温度点所组成的线。在此线以下，合金完成结晶，全部变为固体状态。

3）ECF 水平线：共晶线，$W_c > 2.11\%$ 的铁碳合金，缓冷至该线（1 148 ℃）时，均发生共晶转变，生成莱氏体。

4）ES 线：碳在奥氏体中的溶解度曲线，通常称为 Acm 线。碳在奥氏体中最大溶解度是 E 点（$W_c = 2.11\%$），随着温度的降低，碳在奥氏体中的溶解度减小，将由奥氏体中析出二次渗碳体 Fe_3C_{II}。

5）GS 线：奥氏体冷却时开始向铁素体转变的温度线，通常称为 A3 线。

6）PSK 水平线：共析线，通常称为 A1 线。奥氏体冷却到共析线温度（727 ℃）时，将发生共析转变生成珠光体（P），$W_c > 0.021\,8\%$ 的铁碳合金均会发生共析转变。

（3）相图中的相区。

1）单相区：有 F、A、L 和 Fe_3C 四个单相区。

2）两相区：有五个两相区，L ＋ A 两相区、$L+Fe_3C_{I}$ 两相区、$A+Fe_3C_{II}$ 两相区、A ＋ F 两相区、$F+Fe_3C$ 两相区。

3）三相区：ECF 共晶线是液相、奥氏体、渗碳体的三相共存线（L、A、Fe_3C）。PSK 共析线是奥氏体、铁素体、渗碳体的三相共存线（A、F、Fe_3C）。

（4）相图中的两个重要转变线。

1）共晶反应：是指一定成分的液体合金，在一定温度下，同时结晶出成分和晶格均不相同的两种晶体。相图中 ECF 线即为共晶线，含碳量为 2.11% ～ 6.69% 的铁碳合金，缓冷至 1 148 ℃时，将发生共晶转变：

$$L_c \rightleftarrows L_d\,(A+Fe_3C_{II})$$

2）共析反应：由特定成分的单相固态合金，在恒定的温度下，分解成两个新的、具有一定晶体结构的固相。相图中的 PSK 线即为共析线，含碳量大于 0.021 8% 的铁碳合金，缓冷至 727 ℃都将发生共析转变：

$$A \rightleftarrows P\,(F+Fe_3C_{II})$$

2. 典型铁碳合金

（1）铁碳合金的分类。按铁碳合金中碳的含量及室温组织的不同，铁碳合金可分为工业纯铁、钢和铸铁三类。

1）工业纯铁（$W_c \le 0.021\,8\%$）。

2）钢（$0.021\,8\% < W_c \le 2.11\%$）。

①亚共析钢：$0.021\,8\% < W_c \le 0.77\%$，室温组织为 F+P。

②共析钢：$W_c = 0.77\%$，室温组织为 P。

③过共析钢：$0.77\% < W_c \le 2.11\%$，室温组织为 $P+Fe_3C_{II}$。

3）铸铁（$2.11\% < W_c \le 6.69\%$）。

①亚共晶铸铁：$2.11\% < W_c \le 4.3\%$。

②共晶铸铁：$W_c = 4.3\%$。

③过共晶铸铁：$4.3\% < W_c \le 6.69\%$。

（2）铁碳合金的室温组织。铁碳合金相图平衡组织明细见表3-2。

表3-2 铁碳合金相图平衡组织明细

合金类别	纯铁	钢			白口铸铁		
		亚共析钢	共析钢	过共析钢	亚共晶铸铁	共晶铸铁	过共晶铸铁
含碳量	<0.021 8%	0.021 8%～2.11%			2.11%～6.69%		
		0.021 8%～0.77%	0.77%	0.77%～2.11%	2.11%～4.3%	4.3%	4.3%～6.69%
室温组织	F	F+P	P	P+Fe$_3$C$_{II}$	P+Fe$_3$C$_{II}$+L$_{d'}$	L$_{d'}$	L$_{d'}$+Fe$_3$C$_{I}$
显微组织							
组织	单相铁素体	白色相为铁素体，黑色为珠光体	珠光体（F白+Fe$_3$C黑）	珠光体+网状二次渗碳体	珠光体+二次渗碳体+低温莱氏体	低温莱氏体（P黑+Fe$_3$C白）	一次渗碳体+低温莱氏体
性能特点	强度、硬度低，塑性好	强度、硬度逐渐提高，有较好的塑性和韧性	强度较高，硬度适中，具有一定的塑性和韧性	硬度较高，塑性差，随着网状二次渗碳体增加，强度降低	硬度高，脆性大，几乎没有塑性		

3. 典型铁碳合金的结晶过程

现以 6 种典型的铁碳合金为例，分析其结晶过程和室温组织。

（1）共析钢的结晶过程（合金Ⅰ）。即当合金Ⅰ液相冷却到 1 点对应的温度时，开始从液相结晶出奥氏体，随着温度的下降，奥氏体量越来越多。当冷却到 2 点温度时，液相全部结晶成与原合金成分相同的奥氏体。从 2 点冷却到 3 点温度时，奥氏体的状态和组织没有变化。当冷却到 3 点温度（共晶温度，727 ℃）时，奥氏体发生共析转变，即 $A \rightarrow F+Fe_3C$，形成珠光体 P（图 3-12）。

共析钢的结晶过程

共析钢的冷却转变

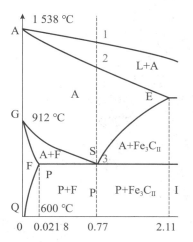 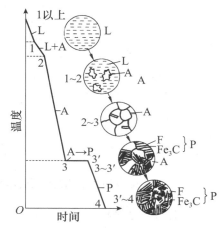

图 3-12　共析钢的结晶过程与冷却组织转变

（2）亚共析钢的结晶过程（合金Ⅱ）。合金Ⅱ在 3 点以上冷却的分析方法和共析钢相同。当合金冷却到 3 点温度时，奥氏体开始转变成铁素体。随着温度的下降，铁素体量越来越多（先析铁素体）。当冷却到 4 点温度（共析温度，727 ℃）时，剩余的奥氏体发生共析转变形成珠光体。因此，亚共析钢的室温组织为铁素体＋珠光体（图 3-13）。

亚共析钢的结晶过程

亚共析钢的冷却转变

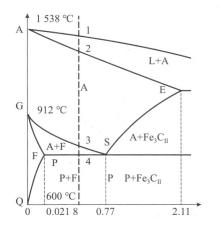 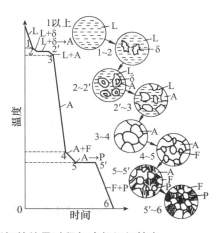

图 3-13　亚共析钢的结晶过程与冷却组织转变

（3）过共析钢的结晶过程（合金Ⅲ）。合金在3点以上冷却的分析方法和共析钢相同。当合金冷却到3点温度时，奥氏体开始转变成渗碳体（称为二次渗碳体Fe_3C_{II}），在奥氏体晶界上以网状析出。随着温度的下降，二次渗碳体量越来越多，而剩余奥氏体量越来越少。当冷却到4点温度（共晶温度，727 ℃）时，剩余的奥氏体发生共析转变形成珠光体。因此，过共析钢的室温组织为二次渗碳体＋珠光体（图3-14）。

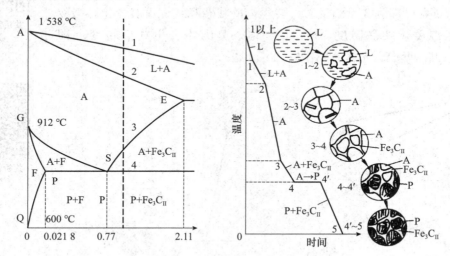

图3-14 过共析钢的结晶过程与冷却组织转变

（4）共晶白口铸铁的结晶过程（合金Ⅳ）。合金液相冷却到1点温度（共晶温度，1 148 ℃）时，液相在恒温下发生共晶转变，形成高温莱氏体。当温度继续下降时，继续从奥氏体中析出二次渗碳体Fe_3C_{II}（沿ES线），当温度下降到2点温度（共析温度，727 ℃）时，高温莱氏体中的奥氏体发生共析转变，形成珠光体，因此，共晶白口铸铁的室温组织为珠光体、共晶渗碳体和二次渗碳体（图3-15）。

共晶白口铸铁
的结晶过程

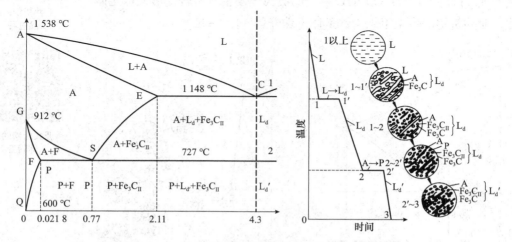

图3-15 共晶白口铸铁结晶过程与冷却组织转变

（5）亚共晶白口铸铁的结晶过程（合金Ⅴ）。合金液相冷却到1点时，开始从液相结晶出奥氏体（又称初晶奥氏体），随着温度的下降，初晶奥氏体量越来越多，而剩余液相越来越少。当冷却到 2 点温度（共晶温度，1 148 ℃）时，剩余液相发生共晶转变，形成高温莱氏体。在 2 点温度到 3 点温度的冷却过程中，与共晶白口铸铁相同，初晶奥氏体和共晶奥氏体中都析出二次渗碳体 Fe_3C_{II}（沿 ES 线）。当温度下降到 3 点温度时，剩余奥氏体及高温莱氏体中的奥氏体发生共析反应生成珠光体，高温莱氏体即变成低温莱氏体。因此，亚共晶白口铸铁的室温组织是由珠光体、二次渗碳体和低温莱氏体组成的（图 3-16）。

亚共晶白口铸铁的结晶过程

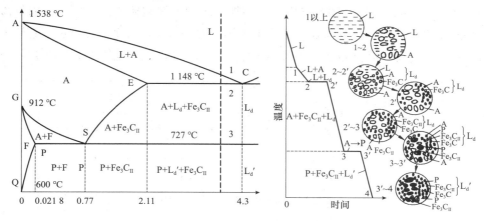

图 3-16　亚共晶白口铸铁结晶过程与冷却组织转变

（6）过共晶白口铸铁的结晶过程。合金液相冷却到 1 点时，开始从液相结晶出渗碳体（称为一次渗碳体 Fe_3C_I）。当冷却到 2 点温度（共晶温度，1 148 ℃）时，剩余液相发生共晶转变，形成高温莱氏体。在 2 点温度到 3 点温度的冷却过程中，从奥氏体中析出二次渗碳体 Fe_3C_{II}（沿 ES 线）。当温度下降到 3 点温度（共析温度，727 ℃）时，高温莱氏体中的奥氏体发生共析反应，高温莱氏体即变成低温莱氏体。因此，过共晶白口铸铁的室温组织是由一次渗碳体和低温莱氏体组成的（图 3-17）。

过共晶白口铸铁的结晶过程

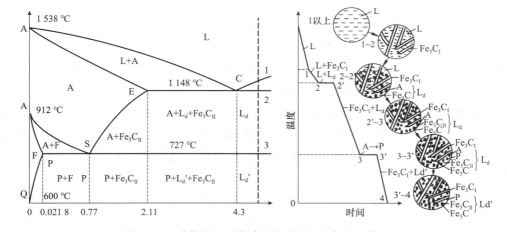

图 3-17　过共晶白口铸铁结晶过程与冷却组织转变

4. 碳对铁碳合金平衡组织和性能的影响

（1）含碳量对铁碳合金平衡组织的影响。任何成分的铁碳合金在室温下的组织均由铁素体和渗碳体两相组成。只是随含碳量的增加，铁素体量相对减少，而渗碳体量相对增多，并且渗碳体的形状和分布也发生变化，因而形成不同的组织。室温时，随含碳量的增加，铁碳合金的组织变化如下：

$$F + Fe_3C_{III} \rightarrow F + P \rightarrow P \rightarrow P + Fe_3C_{II} \rightarrow P + Fe_3C_{II} + L_d' \rightarrow L_d' \rightarrow L_d' + Fe_3C_I$$

从图 3-18 中可以看出，随着含碳量的增加，组织中渗碳体的数量增加，而且渗碳体的形态也发生着变化。先是分布在 F 晶界上的细小的 Fe_3C_{III}，后变为分布在 F 基体上的层片状渗碳体，进而是网状分布在原奥氏体晶界上的 Fe_3C_{II}，最后是作为 L_d' 基体的 Fe_3C。

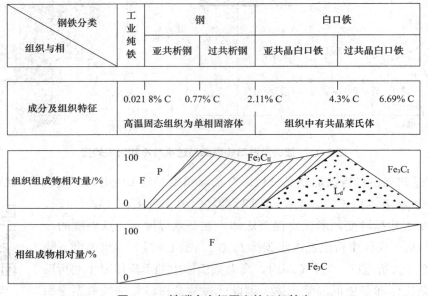

图 3-18　铁碳合金相图上的组织转变

（2）含碳量对铁碳合金工艺性能的影响。

1）铸造性能：合金的铸造性能取决于共晶体数量，共晶成分（含碳量为 4.3%）附近的铸铁铸造性能好，而钢的铸造性能比较差。

2）压力加工性能：钢加热到高温，能够获得奥氏体组织，压力加工性能好。铸铁在低温、高温下都含硬而脆的渗碳体，性能差。

3）切削加工性能：当含碳量 ≤ 0.25% 时，含大量铁素体，硬度低，塑性好，切屑易粘刀；当含碳量 ≥ 0.6%，含大量渗碳体，硬度高，刀具易磨损；当含碳量为 0.25%～0.6% 时，铁素体与渗碳体比例适中，性能好；当含碳量 ≥ 2.11% 时，白口铸铁硬而脆，难以切削加工。

（3）含碳量对铁碳合金使用性能的影响。随着含碳量的增加，钢的塑性、韧性下降；当含碳量 < 0.9% 时，随含碳量的增加，钢的强度、硬度上升；当含碳量 > 0.9% 时，随含碳量增加，钢的强度、硬度下降（图3-19）。

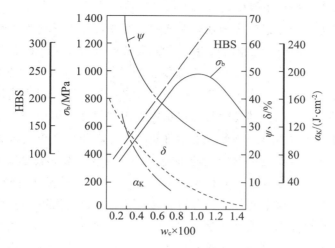

图3-19 碳钢的性能随含碳量的变化曲线

5. 相图的实际应用

（1）为选材提供成分依据。

1）塑性、韧性高的材料，选用铁素体低碳钢（含碳量＜0.25%）。

2）强度、塑性和韧性等均好的材料，应选用组织为铁素体和珠光体的中碳钢（0.25%＜碳量＜0.6%）。

3）硬度、耐磨性好的材料，应选用组织为珠光体或珠光体和二次渗碳体的高碳钢（1.3%＞含碳量＞0.6%）。

4）形状复杂的及其底座和箱体等零件，可选用熔点低、流动性好的铸铁材料，成分为共晶或接近共晶。

（2）为制定热加工工艺提供依据。

1）铸造：确定铸造温度，根据相图上液相线和固相线间距离估计铸造性能的好坏。

2）锻造：确定锻造温度。

3）焊接：根据相图来分析碳钢焊缝组织，并用适当热处理方法来减轻或消除组织的不均匀性。

任务 3.2 航空用钢的普通热处理

钢的四把火

【课程情境导入】

为使金属工件具有所需要的力学性能、物理性能和化学性能，除合理选用材料和各种成型工艺外，热处理工艺往往是必不可少的。钢铁是机械工业中应用最广泛的材料，钢铁显微组织复杂，可以通过热处理予以控制，所以，钢铁的热处理是金属热处理的主要内容。另外，铝、铜、镁、钛等及其合金也都可以通过热处理改变其力学性能、物理性能和化学性能，以获得不同的使用性能。

在从石器时代进展到铜器时代和铁器时代的过程中，热处理的作用逐渐为人们认识。早在东周时期公元前770—公元前222年，中国人在生产实践中就已发现，铜铁的性能会因温度和加压变形影响而变化。白口铸铁的柔化处理就是制造农具的重要工艺。公元前6世纪，钢铁兵器逐渐被采用，为了提高钢的硬度，淬火工艺遂得到迅速发展。河北省易县燕下都出土的两剑和一把戟，其显微组织中都有马氏体存在，说明是经过淬火的。三国时期蜀国人蒲元曾在今陕西斜谷为诸葛亮打制3 000把刀，相传是派人到成都取水淬火的，这说明中国在古代就注意到不同水质的冷却能力了。西汉（公元前206—公元8年）出土的中山靖王墓宝剑，心部含碳量为0.15%～0.4%，而表面含碳量达0.6%以上，说明当时已应用了渗碳工艺，但作为个人"手艺"的秘密，不肯外传，因而发展很慢。

热处理是机械零件和工模具制造过程中的重要工序之一。大体上说，它可以保证和提高工件的性能，还可以改善毛坯的组织和应力状态，以利于进行各种冷、热加工。例如，白口铸铁经过长时间退火处理可以获得可锻铸铁，提高塑性；齿轮采用正确的热处理工艺，使用寿命可以比不经热处理齿轮成倍或几十倍的提高；价格低的碳钢通过渗入某些合金元素就具有某些价格高的合金钢性能，可以代替某些耐热钢、不锈钢；工模具绝大多数都需要经过热处理方可使用。

随着先进飞机对钛合金、复合材料等用量大幅提升，钢在飞机结构中的比例有所减少。由于钢具有高强度和高模量优势，在结构空间受限、局部刚度要求高的部位仍有重要用途，如飞机起落架主支柱、重要部位连接螺栓等。在航空厂，由于钢材料的采购状态一般为预备热处理状态，需要在粗加工或精加工后进行最终热处理，或进行工序间除氢、消除应力等热处理，因此，钢目前仍然是航空主机厂中热处理种类最多、热处理工作量最大的材料。因此，就让我们一起来探索金属热处理的奥秘。

【知识学习】

3.2.1　热处理的基本知识

1. 热处理

热处理是指金属在固态下经加热、保温和冷却，以改变金属的内部组织和结构，从而获得所需性能的一种工艺过程。

（1）加热：目的是获得均匀细小的奥氏体组织。

（2）保温：目的是保证工件烧透，并防止脱碳和氧化等。

（3）冷却：目的是使奥氏体转变为不同的组织。

加热、保温后的奥氏体在随后的冷却过程中，根据冷却速度的不同将转变成不同的组织。不同的组织具有不同的性能（图3-20）。

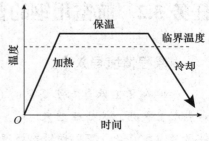

图3-20　钢的热处理曲线

热处理不改变工件的形状，仅改变钢的内部组织和结构，从而改善钢（工件）的力学性能或工艺性能，充分发挥钢的性能潜力，提高工件质量，延长工件寿命。因而，材料是否能够通过热处理而改善其性能，关键条件是材料在加热和冷却过程中是否发生组织与结构的变化。

2. 热处理的分类

（1）按加热、冷却方式及钢的组织、性能不同，热处理的分类，如图 3-21 所示。

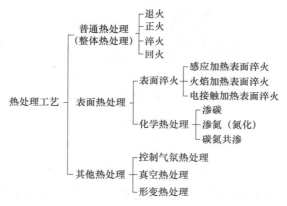

图 3-21　热处理工艺的分类图谱

（2）按热处理在工件生产过程中的位置和作用不同，热处理可分为预备热处理和最终热处理。预备热处理是为随后的加工或热处理作准备；而最终热处理是赋予工件所需的力学性能。

一般来说，机械零件的典型加工工艺路线要经过如图 3-22 所示的步骤，其中热处理有着非常重要的作用。

图 3-22　机械零件的典型加工工艺路线

3. 钢在加热过程中的组织转变

钢的临界转变温度是钢在热处理时制定加热、保温、冷却工艺的重要依据，由铁碳合金相图确定。在实际加热或冷却过程中，钢的实际临界转变温度总是滞后于理论临界转变温度，即加热时需要过热，冷却时需要过冷。

（1）奥氏体的形成过程。由图 3-23 所示的相图可知，钢的加热过程可分为两种，一是加热方式发生在临界温度 A_{c1} 以上，一定有组织转变，是一种相变过程；二是加热方式发生在临界温度 A_{c1} 以下，不一定有组织转变。本章内容主要围绕第一种加热

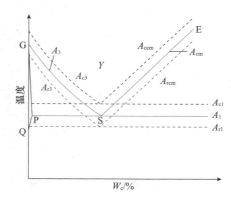

图 3-23　Fe-Fe₃C 相图的共析转变部分

方式，即钢从室温组织（如珠光体）转变为奥氏体，即获得均匀细小的奥氏体组织。该过程又称为钢的奥氏体化。以共析钢为例，钢热处理加热的临界温度为 727 ℃，将共析钢加热至 727 ℃以上，将会获得奥氏体组织。

奥氏体的形成过程包括奥氏体晶核形成、奥氏体晶核长大、残余 Fe₃C 溶解、奥氏体成分均匀化四个过程（图 3-24）。

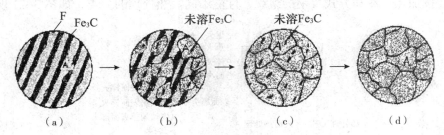

图 3-24　奥氏体晶粒的形成

（a）A 晶核形成；（b）A 晶核长大；（c）残余 Fe₃C 溶解；（d）A 成分均匀化

（2）奥氏体晶粒的长大及其影响因素。奥氏体晶粒大小一般可用晶粒的平均直径（d）、单位面积内的晶粒数目（n）和晶粒度等级（N）等参数来表征。以晶粒度等级（N）为例，是根据标准晶粒度等级图确定钢的奥氏体晶粒大小，标准晶粒度等级分为 8 级，1～4 级为粗晶粒度，5～8 级为细晶粒度。在 100 倍显微镜下晶粒与标准评级图来比对确定晶粒度级别 N（图 3-25）。

1）起始晶粒度：珠光体向奥氏体的转变刚刚完成时，奥氏体晶粒的大小一般细而均匀。

2）实际晶粒度：某一具体热处理或热加工条件下奥氏体的晶粒度。

3）本质晶粒度：钢在加热时奥氏体晶粒长大的倾向。

钢加热到 930 ℃±10 ℃、保温 8 h、冷却后测得的晶粒度叫作本质晶粒度。如果测得的晶粒细小，则该钢称为本质细晶粒钢；反之称为本质粗晶粒钢（图 3-26）。

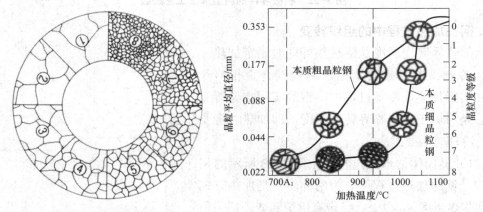

图 3-25　晶粒度等级　　　　图 3-26　本质细晶粒钢与本质粗晶粒钢

一般来说，奥氏体晶粒均匀细小，热处理后钢的力学性能提高。粗大的奥氏体晶粒在淬火时容易引起工件产生较大的变形甚至开裂。而影响奥氏体晶粒大小的因素主要有以下几个方面：

1）温度越高，保温时间越长，奥氏体晶粒长大越明显；

2）晶界上存在未溶的碳化物时，会对晶粒长大起阻碍作用，使奥氏体晶粒长大倾向减小；

3）合金元素也会影响奥氏体晶粒长大，除锰、磷外，绝大多数合金元素阻碍奥氏体晶粒长大。

4. 钢在冷却过程中的组织转变

冷却是热处理的最后一个工序，也是最关键的工序，它决定了钢热处理后的组织和性能。同一种钢，加热温度和保温时间相同，冷却方法不同，热处理后的性能截然不同。表 3-3 是不同冷却方式下钢的性能差异对比。

表 3-3　不同冷却方式下钢的性能差异比较

冷却方式	屈服强度 /MPa	抗拉强度 /MPa	断面伸长率 /%	硬度 HRC
随炉冷却	280	530	32.5	15 ～ 18
空气冷却	340	670 ～ 720	15 ～ 18	18 ～ 24
油中冷却	620	900	18 ～ 20	40 ～ 50
水中冷却	720	1100	7 ～ 8	52 ～ 60

（1）过冷奥氏体。过冷奥氏体是处于临界点 A_1 以下的奥氏体。钢在冷却时的转变，实质上是过冷奥氏体的转变。过冷奥氏体的转变产物取决于它的转变温度，而转变温度又主要与冷却的方式和速度有关。

结晶的过冷现象

过冷奥氏体的冷却有两种方式：一种是等温冷却转变，即将钢件奥氏体化后，迅速冷却至临界点 A_1 或 A_1 以下某一温度并保温，使奥氏体在该温度下发生组织转变，然后冷却到室温；另一种是连续冷却转变，即将钢件奥氏体化后，以不同的冷却速度连续冷却至室温，在连续冷却过程中奥氏体发生组织转变（图 3-27）。

（2）过冷奥氏体的等温转变。奥氏体在相变点 A_1 以下处于不稳定状态，必定会发生相变。但过冷到 A 以下的奥氏体并不是立即发生相变，而是要经过一个孕育期后才开始转变，过冷奥氏体在不同温度下的等温转变，将使钢的组织与性能发生明显的变化，而奥氏体等温转变曲线是研究过冷奥氏体等温转变的工具。

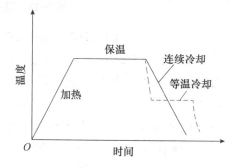

图 3-27　等温冷却与连续冷却

1）C曲线的建立。把用共析钢制的试样分成若干组，使其奥氏体化后让其在不同温度下进行等温转变，并每隔一段时间取下观察试样的组织变化。测定奥氏体在各个温度下组织转变开始、终了时间及最终的组织和性能。将测定结果绘制在温度－时间坐标图中，将各试样转变开始点连接起来即转变开始线，将各试样转变终了点连接起来即转变终了线。这样就得到过冷奥氏体等温转变曲线，如图3-28所示。由于曲线形状像英文字母C，也称C曲线。因为过冷奥氏体等温转变曲线是反映时间－温度－组织转变关系的曲线，又称TTT曲线。在等温转变开始线的左边为过冷奥氏体区，处于尚未转变而准备转变阶段，这段时间称为"孕育期"。在不同等温温度下，孕育期的长短不同。对于共析钢来讲，过冷奥氏体在等温转变的"鼻尖"（约550 ℃）附近等温时，孕育期最短，即说明过冷奥氏体最不稳定，易分解。在高于或低于550 ℃时，孕育期由短变长，即过冷奥氏体稳定性增加。转变终了线右边为转变结束区，两条C曲线之间为转变过渡区。在C曲线下面还有两条水平线：一条是马氏体开始转变线 M_s；另一条是马氏体转变终了线 M_f，在两条水平线之间为马氏体转变区。

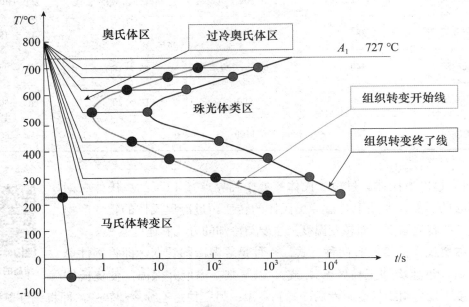

图 3-28　过奥氏体等温转变曲线（C 曲线）

2）等温转变的产物及组织性能。

①珠光体型转变是过冷奥氏体在 A_1 → 550 ℃温度范围内转变为珠光体类型的组织，即铁素体与渗碳体片层相间的机械混合组织（图3-29、图3-30）。其主要可分为以下几类：

a.珠光体（P）：当转换温度为 A_1 ～ 650 ℃时，生成片层较厚的珠光体；

b.索氏体（S）：当转换温度为650 ℃～600 ℃时，生成片层较薄的珠光体；

c.屈氏体（T）：当转换温度为600 ℃～550 ℃时，生成片层极薄的珠光体。

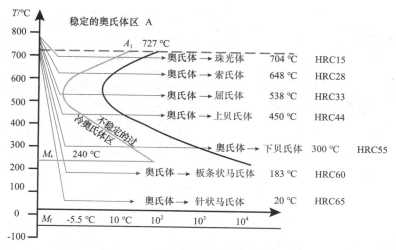

图 3-29　过冷奥氏体的等温转变产物

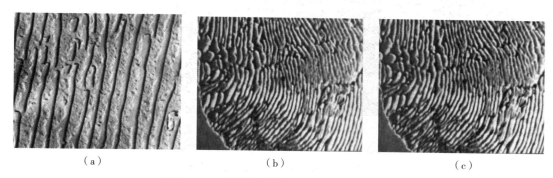

（a）　　　　　　　　（b）　　　　　　　　（c）

图 3-30　珠光体型转变的产物的显微组织

（a）珠光体 P；（b）索氏体 S；（c）屈氏体 T

②贝氏体型转变：过冷奥氏体在 550 ℃～M_s 温度范围内转变为珠光体类型的组织，即 Fe_3C 与含碳过饱和铁素体的两相机械混合物，主要可分为上贝氏体和下贝氏体（图 3-31）。

a. 上贝氏体 $B_上$：当转换温度为 550 ℃～350 ℃时，生成上贝氏体，其组织呈羽毛状，为一束大致平行的铁素体板条，碳化物呈棒状或片状分布在铁素体板条间。

b. 下贝氏体 $B_下$：当转换温度为 350 ℃～M_s 时，生成下贝氏体，其组织内铁素体呈针状，碳化物细小且均匀弥散分布在铁素体内。其强度和硬度高，且具有良好的塑性和韧性，综合力学性能较好。

③马氏体型转变：马氏体型转变是指钢从奥氏体状态快速冷却，来不及发生扩散分解而产生的无扩散型的相变，转变产物称为马氏体。其为碳在 α-Fe 中的过饱和间隙固溶体。转变的温度区间低于 M_s～M_f。

马氏体形态主要有板条马氏体和片状马氏体两种。当碳质量分数在 0.25% 以下时，基本上是板条马氏体（也称低碳马氏体），当碳质量分数大于 1.0% 时，则大多数是针状马氏体，当碳质量分数为 0.25%～1.0% 时，为板条马氏体和针状马氏体的混合组织（图 3-32）。

板条马氏体的形成

球状珠光体加热形成针状马氏体

71

（a） （b）

图 3-31 贝氏体体型转变的产物的显微组织

（a）上贝氏体的羽毛组织；（b）下贝氏体的针状组织

（a） （b）

图 3-32 马氏体型转变的产物的显微组织

（a）片状马氏体；（b）板条状马氏体

马氏体是钢中最硬的组织，高硬度是马氏体的最大特点。但当含碳量增大到 0.6% 时，马氏体的硬度不再继续升高，为 60～64 HR。马氏体形成时，马氏体的比体积最大，奥氏体的比体积最小。体积膨胀在钢中造成很大的内应力，严重时可导致开裂。

过冷奥氏体的等温转变见表 3-4。

表 3-4 过冷奥氏体的等温转变

转变类型	转变产物	温度 /℃	转变机制	显微组织特征	HRC	工艺
珠光体	P	A_1～650	扩散型	粗片状，铁素体、渗碳体相间分布	5～20	退火
	S	650～600		细片状铁素体、渗碳体相间分布	20～30	正火
	T	600～550		极细片状，铁素体、渗碳体相间分布	30～40	等温处理
贝氏体	$B_上$	550～350	半扩散型	羽毛状短棒状渗碳体分布于过饱和铁素体条之间	40～50	等温处理
	$B_下$	350～M_s		竹叶状，细片状渗碳体分布于过饱和 F 针上	50～60	等温淬火
马氏体	$M_针$	M_s～M_f	无扩散型	针状	60～65	淬火
	$M^*_板条$	M_s～M_f		板条状	50	淬火

3）影响过冷奥氏体等温转变的因素。

①合金元素：除钴外，所有的合金元素溶入奥氏体后均能增大过冷奥氏体的稳定性，使 C 曲线右移。其中一些元素（如铬、钨、钒等）不仅能够使 C 曲线右移，而且还会使 C 曲线形状发生改变。

②加热温度和保温时间：加热温度越高，保温时间越长，奥氏体成分越均匀，晶粒也越粗大，晶界面积越少，使过冷奥氏体稳定性提高，C 曲线右移。

③含碳量：在过冷奥氏体转变为珠光体之前，亚共析钢有先共析铁素体析出，过共析钢有先共析渗碳体析出。因此，分别在 C 曲线左上部多了一条先共析铁素体析出线和先共析渗碳体析出线（图 3-33）。

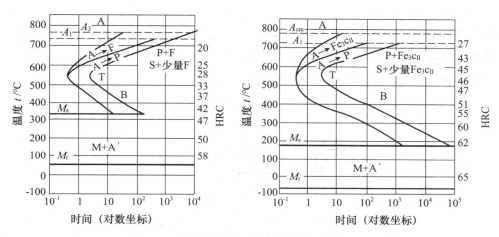

图 3-33 亚共析钢和过共析钢的等温转变曲线

3.2.2 钢的退火与正火

1. 退火

（1）退火的定义。退火是将钢加热至临界点 A_{c1} 以上或以下温度，保温后缓慢冷却下来以获得近于平衡状态组织的热处理工艺。

（2）退火的目的。

1）调整硬度以便切削加工：适用于机加工的硬度为 HB170～230。

2）消除残余内应力：防止工件淬火时变形或开裂。

3）细化晶粒，改善组织。

4）为最终热处理（淬火和回火）做组织准备：获得粒（球）状珠光体。

（3）退火的种类。根据钢的成分、组织状态和退火目的的不同，退火可分为第一类退火和第二类退火。其中，第一类退火是不以组织转变为目的，使钢的不平衡状态过渡到平衡状态，包括扩散退火、再结晶退火、去应力退火；第二类退火则是以改变组织和性能为目的，获得以珠光体为主的组织，并使钢中的珠光体、铁素体和碳化物等组织形态及分布达到要求，包括完全退火、等温退火、球化退火、去应力退火、扩散退火、再结晶退火等。

1）完全退火。

①定义：将钢件或钢材加热到 A_{c3} 点以上 30 ℃～50 ℃，使之完全奥氏体化，然后随炉冷却，获得接近于平衡组织的热处理工艺。

②目的：细化晶粒，降低硬度，改善切削性能，消除内应力。

③适用范围：含碳 0.30%～0.60% 的亚共析钢（中碳钢）及低、中碳合金结构钢的锻件、铸件、热轧型材，有时也用于焊接件。

2）等温退火。

①定义：将工件加热到 A_{c3} 以上 30 ℃～50 ℃，保温一定时间后，先以较快的冷速冷却到珠光体的形成温度等温，使奥氏体转变成珠光体，待等温转变结束再快速冷却。这样就可大大缩短退火的时间。

②目的：解决了完全退火时间长的问题，等温退火能够缩短冷却时间，提高工作效率。等温温度越高，则珠光体组织越粗大，钢的硬度越低。

完全退火与等温退火工艺曲线如图 3-34 所示。

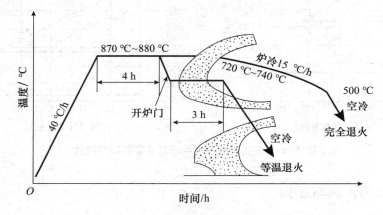

图 3-34　完全退火与等温退火工艺曲线

3）球化退火。

①定义：使钢中的碳化物球化，或获得球状珠光体的退火工艺。加热温度：A_{c1} + 20 ℃～30 ℃；冷却速度：不大于 50 ℃/h。

②目的：降低硬度，便于切削加工，防止淬火加热时奥氏体晶粒粗大，减小工件变形和开裂倾向。

③说明：将片层的珠光体转变为球状形细小颗粒的渗碳体，弥散分布在铁素体之中。

4）去应力退火。

①定义：为去除由于形变加工、锻造、焊接等所引起的及铸件内存在的残余应力（但不引起组织的变化）而进行的退火。

②目的：去除残余应力。

③适用范围：铸造、锻造、焊接等存在残余应力的工件。

④温度的确定：去应力退火的温度范围很宽，应根据具体情况而定（500 ℃～650 ℃）。

⑤冷却方式：去应力退火均应缓慢冷却到室温，以免产生新的应力。

5）扩散退火。

①定义：将铸锭、铸件或锻坯加热到 A_{c3} 以上 150 ℃～200 ℃，保温 10～15 h，然后随炉缓冷至 350 ℃，出炉空冷的工艺。

②目的：使钢中的成分能够充分扩散而达到均匀化。由于其加热温度高、保温时间长，造成晶粒粗大，所以，随后往往还要进行一次完全退火。

铸锭组织的形成
过程

③适用范围：优质合金钢的铸锭、铸件或锻坯。

6）再结晶退火。

①定义：将冷变形后的金属加热到再结晶温度以上保持适当时间，使变形晶粒重新转变为均匀等轴晶粒而消除加工硬化和残余应力的热处理工艺。

②目的：金属在冷加工（冷冲、冷压、冷拉、冷轧等）过程中随变形量的增加，冷加工后，晶格会发生歪扭，晶粒被破坏、破碎或拉长，晶粒之间发生相对滑移，同时产生加工硬化现象，使钢铁等金属的硬度、强度增加，而延展性和塑性降低，难以继续加工，需要利用再结晶退火来消除。

几种不同类型的退火工艺简图如图 3-35 所示。

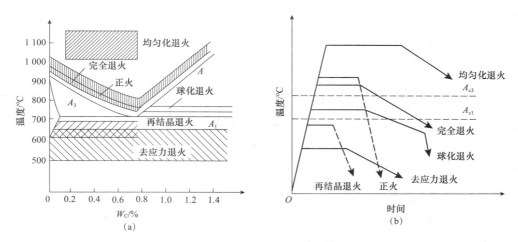

图 3-35　几种不同类型的退火工艺简图

2. 正火

（1）正火的定义。正火是将钢加热至 A_{c3} 或 A_{ccm}+30 ℃～50 ℃，保温后空冷以获得近于平衡状态组织的热处理工艺。与退火相比，正火冷却速度快，得到较细的珠光体，强度和硬度也较高。

（2）正火的目的。

1）为消除网状碳化物，过共析钢的球化退火提供细片状球光体。

2）改善组织，消除热加工缺陷。如消除粗大铁素体块、消除魏氏组织。

3）提高硬度，改善切削加工性能。

4）作为普通零件的最终热处理。

（3）退火和正火的选择。

1）切削加工性：金属的最佳切削硬度为 170～230 HB。如果硬度过高，则难以加工，且刀具磨损快；如果硬度过低，则切屑不易断，造成刀具发热和磨损加工后的零件表面粗糙度值很大。因而，对于低、中碳结构钢以正火作为预先热处理比较合适，高碳结构钢和工具钢则以退火为宜。由于合金元素的加入，使钢的硬度有所提高，故中碳以上的合金钢一般采用退火以改善切削性。

2）使用性能：如工件性能要求不太高，随后不再进行淬火和回火，那么往往采用正火来提高其力学性能，但若零件的形状比较复杂，正火的冷却速度有形成裂纹的危险，应采用退火。

3）经济性：正火比退火的生产周期短，耗能少，且操作简便，故在可能的条件下，应优先考虑以正火代替退火。

（4）退火和正火的比较。退火和正火得到的均是珠光体型组织。正火得到的珠光体，过冷度较大，片间距细小。完全退火得到的珠光体片间距较大。对于亚共析钢来说，正火的强度、硬度、韧性要比退火较高，塑性则相仿；对于过共析钢来说，退火后强度、硬度、韧性均低于正火的，只有球化退火的，因其所得组织为球状珠光体，故其综合性能优于正火。

3.2.3 钢的淬火与回火

1. 淬火

（1）淬火的定义。将钢件加热到 A_{c3} 或 A_{c1} 以上 30 ℃～50 ℃，保温一定时间，然后快速冷却（一般为油冷或水冷），从而得马氏体（或下贝氏体）的一种操作，称为淬火。

（2）淬火的目的。获得马氏体或下贝氏体组织，提高钢的硬度和耐磨性，是钢最重要的热处理方式。

（3）淬火的工艺参数。

1）淬火温度：或称淬火加热温度，即钢的奥氏体化温度。确定合理的淬火温度主要是为了获得均匀细小的奥氏体。一般来说，亚共析钢的淬火温度为 A_{c3} 以上 30 ℃～50 ℃，共析钢和过共析钢则为 A_{c1} 以上 30 ℃～50 ℃。这是由于对共析钢和过共析钢来说，如果加热温度过高，渗碳体溶解过多，奥氏体晶粒粗大，会使淬火组织中的马氏体针变粗，渗碳体量减少，残余奥氏体量增多，从而降低钢的硬度和耐磨性。

2）淬火的冷却介质：淬火冷却介质的选择主要是考虑冷却的速度大小，如果冷却速度大，容易获得马氏体。但是同时也会使工件内应力大，变形和开裂的倾向大。图 3-36 所示为钢的理想淬火速度曲线，即当冷却至"鼻尖"温度前冷却较慢，以充分降低热应力，在"鼻尖"温度附近具有较大的冷却能力，避免产生非马氏体组织，在 M_s 点附近冷却尽量缓慢，以减少马氏体转变时产生的组织应力。生产中常用的淬火介质包括水、盐水、油及碱／硝盐浴等。

（4）常用的淬火方法（图3-37）。

1）单液淬火：是将奥氏体化后的钢件淬入一种介质中连续冷却获得马氏体组织的一种淬火方法。其操作简单，易实现机械化，适用于尺寸不大、形状简单的工件。

2）双液淬火：是先将奥氏体化后的钢件淬入冷却能力较强的介质中冷至接近 M_s 点温度时快速转入冷却能力较弱的介质中冷却，直至完成马氏体转变。其操作复杂，不易掌握，适用于形状复杂的高碳钢及尺寸较大的合金钢工件。

3）分级淬火：是将奥氏体化后的钢件淬入稍高于 M_s 点温度的盐浴中，保持到工件内外温度接近后取出，使其在缓慢冷却条件下发生马氏体转变。其工艺较复杂，适用于尺寸较大、形状复杂的合金钢工件。

4）等温淬火：是将奥氏体化后的钢件淬入高于 M_s 点温度的盐浴中，等温保持，以获得下贝氏体组织的一种淬火工艺。其适用于形状复杂和要求较高的小工件。

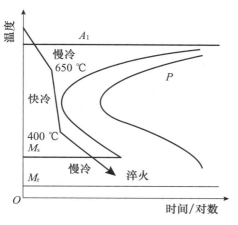

图 3-36　钢的理想淬火速度曲线

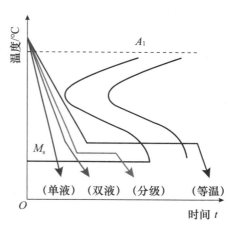

图 3-37　不同的淬火类型

（5）淬透性和淬硬性。

1）淬透性：是指钢在淬火时获得淬硬层的能力。淬硬层一般规定为工件表面至半马氏体（马氏体量占50%）之间的区域，它的深度叫作淬硬层深度，不同的钢在同样的条件下淬硬层深度不同，说明不同的钢淬透性不同，淬硬层较深的钢淬透性较好。

2）淬硬性：是指钢以大于临界冷却速度冷却时，获得的马氏体组织所能达到的最高硬度。钢的淬硬性主要取决于马氏体的含碳量，即取决于淬火前奥氏体的含碳量。

2. 回火

（1）回火的定义。回火是将淬火钢加热到 A_{c1} 以下某一温度，保温后再冷却到室温的一种热处理工艺。

（2）回火的目的。钢淬火后的组织是马氏体＋残余奥氏体，均为亚稳定的组织，在一定情况下会发生转变。马氏体硬度高、脆性大（尤其是高碳针状马氏体），其性能不能满足工件的使用要求。另外，马氏体转变速度极快，工件淬火后内部有残余内应力，会导致工件的变形或开裂。因此，钢淬火后要及时进行回火。其主要目的如下：

网状渗碳体和珠光体加热形成针状马氏体

1）降低或消除残余内应力，防止工件变形或开裂。

2）减少或消除残余奥氏体，稳定组织，稳定工件的尺寸。

3）消除淬火钢的脆性，调整工件的组织和性能，满足工件的使用要求。

（3）回火的种类。

1）低温回火。

①回火温度：150 ℃～250 ℃。

②回火组织：回火马氏体。

③性能特点：部分降低了钢中残余应力和脆性，而保持钢在淬火后所得到的高强度、硬度和耐磨性，58～65 HRC。

④主要应用：要求硬度高、耐磨性好的工具、量具、滚动轴承、渗碳工件及表面淬火工件等。

2）中温回火。

①回火温度：150 ℃～250 ℃。

②回火组织：回火托氏体。

③性能特点：内应力基本消除，具有极高的弹性极限和良好的韧性，35～45 HRC。

④主要应用：要求弹性极好的弹簧零件、发条及热锻模具。

3）高温回火。

①回火温度：500 ℃～600 ℃。

②回火组织：回火索氏体。

③性能特点：内应力基本消除，强度和硬度降低，塑性和韧性提高，具有较高的综合力学性能，25～35 HRC。

④主要应用：要求综合力学性能好的中碳结构钢和低合金结构钢制造的各种重要的结构零件，特别是在交变荷载下工作的连杆、螺栓及轴类等。

⑤调质处理：淬火加高温回火称为调质处理。钢经调质处理后，具有良好的综合性能，应用广泛。

（4）回火脆性。淬火钢在某些温度回火时，其冲击韧性显著下降的现象称为回火脆性。回火脆性可分为第一类回火脆性和第二类回火脆性（图3-38）。

1）第一类回火脆性。第一类回火脆性又称为低温回火脆性、不可逆回火脆性。

①出现的温度范围：250 ℃～350 ℃。

②特点：淬火钢一旦在这一温度范围回火，就极可能产生这类回火脆性，且无法消除。

③解决办法：避免将淬火钢在该温度范围内回火。

2）第二类回火脆性。第二类回火脆性又称为高温回火脆性、可逆回火脆性。

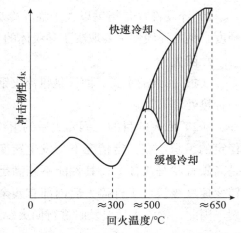

图 3-38　第一类回火脆性与第二类回火脆性

①出现的温度范围：500 ℃～650 ℃。

②特点：淬火钢在这一温度范围内回火后，如果缓慢冷却则会出现回火脆性，如果快速冷却则不产生回火脆性。

③解决办法：产生第二类回火脆性的钢可重新回火后进行快速冷却。

任务 3.3　航空金属材料的表面热处理

钢的化学热处理

【课程情境导入】

在生产中，有不少零件是在冲击荷载、扭转荷载及摩擦条件下工作的，如汽车变速齿轮、传动齿轮轴、火车的车轮等。它们的表层承受着比心部高的应力，而且表面还要不断地被磨损，因此，这些零件的表层必须进行强化，使其具有高的强度、硬度、耐磨性和疲劳强度，而心部保持足够的塑性和韧性。这种要求如果仅从选材方面和前面所讲的普通热处理方法来解决是十分困难的，为了满足上述要求，实际生产，一般通过选材和普通热处理满足心部的力学性能，然后通过表面热处理方法强化零件表面的力学性能。

而典型的如航空齿轮、轴承的发展史从一定意义上说是一部表层硬化技术的发展史、表层硬度的提高史。热处理对其实现长寿命、高可靠性具有独特的作用。航空发动机主轴承最早用 AISI52100 钢制造，表面硬度达到 58～62 HRC；随着发动机性能提高，主轴承承载和寿命要求提高，改用 M50 钢制造主轴承，硬度达到 62～64 HRC，寿命随之提高了 3.2 倍；20 世纪末，又改用 CSS-42L 钢制造主轴承，表面硬度达到超高硬度 68～72 HRC，寿命再提高 24 倍，接下来，让我们一起学习航空金属材料的表面热处理。

【知识学习】

3.3.1　感应加热表面淬火

1. 定义

感应加热表面淬火是工件中引入一定频率的感应电流（涡流），使工件表面层快速加热到淬火温度后立即喷水冷却的方法。

2. 基本原理

感应加热表面淬火的基本原理如图 3-39 所示，将工件放在感应线圈中，在高频交流磁场的作用下，产生很大的感应电流，并由于集肤效应而集中分布于工件表面，使受热区迅速加热到钢的相变临界温度 A_{c3} 或 A_{ccm} 之上，然后在冷却介

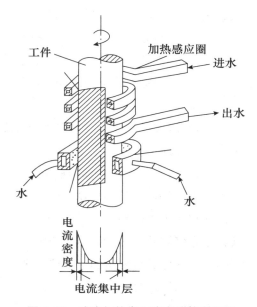

图 3-39　感应加热表面淬火的基本原理

质中快速冷却，使工件表层获得马氏体。

3. 感应加热方法的分类

按照电流频率不同，感应加热可分为高频、中频、超高频、工频。不同的加热方法，其感应电流透入深度也不同。

（1）高频：感应电流透入深度很小，约为 0.5 mm，主要用于小模数齿轮和小轴类零件；

（2）中频：感应电流透入深度为 5 ～ 10 mm，主要用于中、小模数齿轮、凸轮轴、曲轴等；

（3）超高频：感应电流透入深度极小，主要用于锯齿、刀刃、薄件的表面淬火；

（4）工频：电流透入深度大于 10 mm，主要用于冷轧辊表面淬火感应加热表面淬火后的组织和性能。

4. 感应加热淬火的组织以及性能特点

感应加热表面淬火获得的表面组织呈细小隐晶马氏体，碳化物呈弥散分布，表面硬度是普通淬火的 2 ～ 3 倍，耐磨性也提高，这是快速加热时细小的奥氏体内有大量亚结构残留在马氏体中所致。喷水冷却时，这种差别会更大。表层因相变体积膨胀而产生压应力，降低了缺口敏感性，大大提高了疲劳强度。

感应加热表面淬火工件表面氧化、脱碳小，变形小，质量稳定。感应加热表面淬火加热速度快、热效率高、生产率高，易实现机械化和自动化。

3.3.2　表面化学热处理

表面化学热处理是使某些元素渗入工件表层，以改变其表面层化学成分而获得所需性能的热处理工艺。化学热处理可分为渗碳、氮化、碳氮共渗、渗硼、渗铬、渗铝等。化学热处理由以下三个基本过程组成：

（1）介质分解出渗入元素的活性原子，如 $CH_4 \rightarrow 2H_2+[C]$　$2NH_3 \rightarrow 3H_2+2[N]$。

（2）零件表面吸收活性原子，进入晶格内形成固溶体或化合物。

（3）在一定温度下由表面向内部扩散。

1. 渗碳

（1）渗碳的定义。渗碳就是将低碳钢放入高碳介质中加热、保温，以获得高碳表层的化学热处理工艺。

（2）渗碳的方法。渗碳的方法主要有气体渗碳法、固体渗碳法及真空渗碳法三种。气体渗碳法是使工件在高温（900 ℃ ～ 950 ℃）的渗碳气氛进行渗碳的；固体渗碳法是将工件埋在固体渗碳剂中，装箱密封，加热到渗碳温度保温以使工件表层增碳的工艺；真空渗碳法是将零件放入特制的真空渗碳炉中，先抽真空，然后升温至渗碳温度，再通入一定量的渗碳气体进行渗碳的一种热处理工艺。

（3）渗碳的成分和厚度。工件渗碳后表面含碳量可超过共析钢的含碳量，由表向里碳浓度逐渐降低，机器零件渗碳层的厚度通常为 0.5 ～ 2 mm（图 3-40）。

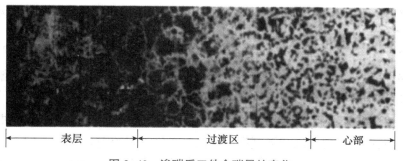

表层　　　　　　　　过渡区　　　　　　心部

图 3-40　渗碳后工件含碳量的变化

（4）渗碳后的热处理。渗碳后的热处理方法有直接淬火法、一次淬火法及两次淬火法三种。

1）直接淬火法：将零件渗碳出炉后冷却至约 830 ℃，直接放入冷却介质中淬火，然后进行低温回火。

2）一次淬火法：将零件渗碳出炉后缓冷，再加热到淬火温度进行淬火和回火。

3）两次淬火法：将工件渗碳后缓冷再进行两次淬火。

2. 渗氮

（1）渗氮的定义。渗氮是指向工件表面渗入氮原子，以形成高氮硬化层的化学热处理工艺。氮化用钢通常含有 Al、Cr、Mo、Tie、V 等的合金钢。应用最广泛的是 38CrMoAl。工件在氮化前进行调质处理，氮化后不进行热处理。

（2）渗氮的方法。

1）气体渗氮：在专门设备中通入氨气并加热至 560 ℃～ 570 ℃。氮化时间为 20 ～ 50 h，氮化层深度一般为 0.1 ～ 0.6 mm。

2）离子渗氮：在低真空度容器内，稀薄的氮气在高电压作用下，迫使电离后的氮离子高速冲击工件，使其渗入工件表面。离子氮化的优点是氮化时间短、变形小。

（3）渗氮后的性能特点。

1）氮化后工件表面硬度高 1 000 ～ 1 200 HV、耐磨性高和热硬性高。

2）氮化后工件的疲劳强度显著提高。

3）氮化工件变形小，耐腐蚀能力高。

4）氮化工艺复杂，成本高。

目前，氮化工艺主要用于耐磨性和精度均要求很高的零件。

3. 碳氮共渗

（1）碳氮共渗的定义。碳氮共渗是使工件表面同时渗入碳和氮的化学热处理工艺。

（2）碳氮共渗的方法。

1）中温气体碳氮共渗（氰化）：滴入煤油并通入氨气，加热温度为 830 ℃～ 850 ℃。保温时间为 3 ～ 4 h 时，氰化层厚度可达 0.5 ～ 0.6 mm。目前主要用于形状复杂、要求变形小、受力不大的小型零件的处理。

2）低温气体碳氮共渗（氮软化）：共渗介质有尿素、甲酰胺和三乙醇胺等，处理温度不超过 570 ℃，处理时间为 1 ～ 3 h，硬度可达 50 ～ 67 HRC，现普遍用于模具、刃具、量具及耐磨零件的处理。

（3）碳氮共渗后的性能特点。

1）渗层性能好：碳氮共渗与渗碳相比，其渗层硬度差别不大，但其耐磨性、耐蚀性及疲劳强度比渗碳层高。

2）渗入速度快：在碳氮共渗的情况下，由于碳氮原子能互相促进渗入过程，因此在相同温度下，共渗速度比渗碳和渗氮都快，仅是渗氮时间的 1/4 ～ 1/3。

3）工件变形小：由于氮的渗入提高了共渗层奥氏体的稳定性，故使渗层的淬透性得到提高，这样不仅可以用较缓慢的淬火介质进行淬火而减少变形，而且可以用价格较低的碳素钢来代替合金钢制造某些工模具。

4）不受钢种的限制。

任务 3.4　航空材料的特种热处理

钢的特种热处理

【课程情境导入】

　　航空工业作为一种高尖端高精密化的制造业，近年来，先进的热处理技术不断地被引进，热处理技术标准不断地系统化，过程的控制与管理水平不断提高，热处理技术在航空工业中保持了良好的发展态势。未来航空热处理的发展趋势主要体现为真空热处理技术、可控气氛热处理技术、多功能复合化学热处理技术，以及热处理清洁生产技术等特种热处理技术等方面。真空热处理正以每年约 30% 的速度增长，可控渗碳已取代传统的滴注式渗碳，约占 50%。铝合金用空气多次电炉已得到广泛应用，并已成为铝合金热处理的主要炉型。除此之外，计算机信息技术的发展，也开始逐渐地渗透到航空热处理技术之中，通过信息化的过程控制及技术分析，繁杂的热处理流程更为系统与精密。接下来，我们来了解常见的航空材料热处理技术。

【知识学习】

真空热处理

3.4.1　真空热处理

1. 定义

　　真空热处理是指热处理的加热和冷却过程均在真空中进行的热处理工艺。真空是指大气压强小于当地大气压强的任何气态空间。处于真空状态下的气体稀薄程度通常用真空度来衡量。气压越低，真空度越高；气压越高，真空度越低。真空度的标示方法有绝对压力和绝对真空度两种。根据真空度的大小通常可以将其划分为低真空、中真空、高真空、超高真空四级。

（1）低真空：$10^5 \sim 10^2$ Pa；

（2）中真空：$10^2 \sim 10^{-1}$ Pa；

（3）高真空：$10^{-1} \sim 10^{-5}$ Pa；

（4）超高真空：10^{-5} Pa。

2. 真空在热处理炉中的作用

与普通热处理相比，经真空热处理后的工件具有较高的机械性能，真空在热处理中主要有以下几个方面的作用：

（1）除气。气体在金属中的溶解度随着温度的升高而增大。金属材料熔炼时，液态金属吸收氢气、氧气、氮气、一氧化碳等气体。当液态金属冷却凝固时，由于气体在金属中的溶解度降低，以及冷却速度较快，溶解在液态金属中的气体没有全部释放出来而是留在固态金属的内部，造成金属内部气孔、白点等冶金缺陷或固溶在金属内部。采用真空熔炼，提高真空热处理炉的真空度，可减小气体在金属中的溶解度。

（2）脱脂。工件在热处理之前，由于在机械加工、压力成型等过程中使用了各种冷却剂和润滑剂，即使经过仔细的清洗、除油、烘干等工序，但是仍有部分油脂残存在工件表面。在一般热处理过程中，这些油脂与工件表面发生反应，产生斑痕、腐蚀等缺陷使其性能下降，更有甚者造成工件报废。采用真空热处理炉加热时，残留的油脂由于具有较高的蒸气压，真空加热时挥发或分解成水、氢气和二氧化碳等气体，随后被真空泵抽走，可以获得无氧化、无腐蚀、表面光洁的表面。

（3）净化。真空净化是指金属表面的氧化膜、锈蚀、氮化物、氢化物等在真空加热过程中被还原、分解或挥发而消失，使金属表面具有较高的光洁度。金属表面净化后，活性增强，有利于碳、氮、硼等原子吸收，使其化学热处理速度加快且成分分布均匀。

3. 真空热处理炉的分类

真空热处理炉的种类繁多，一般分为以下几类：

（1）按真空度可分为低真空热处理炉、中真空热处理炉、高真空热处理炉和超高真空热处理炉。

（2）按工作温度可分为低温真空热处理炉（＜700 ℃）、中温真空热处理炉（700 ℃～1 000 ℃）、高温真空热处理炉（＞1 000 ℃）。

（3）按加热源性质可分为电阻加热真空热处理炉、感应加热真空热处理炉、电子束加热真空热处理炉、等离子加热真空热处理炉和燃气加热真空热处理炉。使用较多的是电阻加热真空热处理炉。

（4）按作业性质可分为周期式作业真空热处理炉和连续式作业真空热处理炉。

真空热处理炉的共同特点体现在加热和冷却两个方面。在加热方面，真空热处理炉的升温速度快，这主要是由于隔热材料采用了石磨毡和陶瓷纤维，加热时储热较少，保温性能良好，热损失小，一般在空载条件下从室温全功率升温至1 300 ℃只需30 min。但是工件在真空热处理炉中的加热速度比在盐浴炉、空气炉和其他气氛炉中的加热速度慢，这主要是因为在真空热处理炉中，气体极为稀薄，工件主要依靠辐射换热的方式进行热量传输，尤其在600 ℃以下，这种现象更加明显。

真空热处理的冷却方式有气冷和油冷两种。提高气冷的冷却速度主要从气体的种类、气体流量、气体压力和装炉量等几个方面来考虑。冷却气体一般选用氮气或氩气，以保护工件表面不发生氧化，而且具有较高的光洁度，冷却用气体的纯度应大于或等于99.99%。作为真空淬火用的真空淬火油和工件应具备以下条件：蒸汽压低不易挥发；冷却性能好；热稳定性能好；抗老化性能好；使用寿命长。

4. 真空热处理炉的工艺参数

（1）真空度。在真空热处理过程中，真空度至关重要，需要合理选择。真空度和加热温度越高，钢中的合金元素蒸发越严重，使工件性能降低或工件粘连在一起。黑色金属加热温度与真空度的关系见表 3-5。

表 3-5　黑色金属加热温度与真空度的关系

加热温度 /℃	< 900	1 000 ～ 1 100	1 100 ～ 1 300
真空度 /Pa	> 0.1	1.3 ～ 13.3	13.3 ～ 666

（2）加热和预热温度。真空热处理的加热温度为 1 000 ℃～ 1 100 ℃时，在 800 ℃左右进行一次预热；加热温度高于 1 200 ℃时，形状简单的工件在 850 ℃进行次预热，较大或形状较复杂的工件则在 500 ℃～ 600 ℃和 850 ℃左右进行两次预热。

5. 常见的真空热处理

（1）真空退火。真空退火是为了获得洁净的表面，降低工件硬度，消除内应力和改变晶粒结构；去除工件中吸收的气体，提高工件的机械性能。经真空退火后的工件表面粗糙度与真空度、退火温度和出炉温度有关。真空度一定时，随着退火温度的提高，工件表面的光洁程度也随之提高。因此，在工件进行真空退火时，为了获得较好的表面粗糙度，一般退火温度较低时，采用较高的真空度；退火温度较高时，采用稍低的真空度。

（2）真空淬火。真空淬火是为了获得较好的表面粗糙度，增大钢的硬度和耐磨性；先淬火后回火，可以提高钢的强度、韧性、塑性等较高的机械性能。真空淬火是在真空状态下加热，在适当的淬火介质中冷却，冷却速度快。真空淬火的冷却介质有惰性气体、淬火油水、硝盐等，其中，水淬和硝盐等温淬火的应用较少，一般采用气体淬火和油淬。

（3）真空回火。真空回火的过程中，由于 600 ℃以下在真空中加热缓慢，而回火温度大部分在此温度范围，因此真空回火热处理时应在排气、升温后，立即通入惰性气体。惰性气体可以进行强制对流换热。

3.4.2　可控气氛热处理

可控气氛热处理是指向炉内通入一种或几种一定成分的气体，通过对气体成分的控制，工件在热处理工程中不发生氧化和脱碳的热处理。采用可控气氛热处理是当前热处理的发展方向之一，可改善工件表面的组织结构，提高机器零件的使用性能；减少工件的加工余量或加工工序，节约金属材料消耗；可控气氛热处理炉的机械化自动程度较高，可明显提高劳动生产率和改善劳动条件。

根据气体与钢及钢中化合物的化学反应不同，可控气氛热处理可分为以下几种：

（1）具有氧化与脱碳作用的气体（如 O_2、CO_2 和 H_2O 等）。它们在高温下都会使工件表面发生强烈的氧化和脱碳，在气氛中应严格控制。

（2）具有还原作用的气体（如 H_2 和 CO）。它们不仅能保护工件在高温下不发生氧化反应，而且能将已氧化的铁还原。另外，CO 还具有弱渗碳的作用。

（3）中性气体（如 N_2）。中性气体在高温下与工件既不发生氧化、脱碳，也不增碳，一般做保护气氛使用。

（4）具有强烈渗碳作用的气体（如 CH_4 及其他碳氢化合物）。CH_4 在高温下能分解出大量的碳原子，渗入钢表面使之增碳。

（5）一般可控气氛往往是由 CO、H_2、N_2 及微量的 CO_2 和 H_2O 与 CH_4 等多种气体混合而成的。适当调整混合气体的成分，可以控制气氛的性质，达到无氧化脱碳或渗碳的目的。

用于热处理的可控气氛名称和种类很多，我国目前常用的可控气氛主要有以下四类：

（1）放热式气氛。放热式气氛是指将原料气和空气按一定比例混合，空气过剩系数为 0.5 ～ 0.9，经燃烧反应制备成的气氛。由于反应温度是靠自身燃烧发热来维持的，无须外部供热，因此称为放热式气氛。习惯上，在 α 为 0.5 ～ 0.8 下燃烧所得的气氛称为浓型放热式气氛，空气较少，所得气氛中还原性组分 CO、H_2 含量较高，而 CO_2 较少。在 α 为 0.9 ～ 0.98 下燃烧所得气氛称为淡型放热式气氛，空气较多，所得气氛中 CO_2 含量较高。

浓型主要用于毛坯料和不重要零件的保护加热，低碳钢的光洁退火及中碳钢短时加热淬火。淡型放热式气氛主要用于铜及铜合金（不含锌）的光亮热处理、可锻铸铁退火和粉末冶金烧结。

（2）吸热式气氛。将原料气与少量空气混合，空气过剩系数为 0.25 ～ 0.27，在高温与催化剂作用下在反应罐内产生不完全燃烧生成的气氛。由于这种不完全燃烧反应是吸热反应，因此称这种气氛为吸热式气氛。其碳势（碳势是指炉内气氛与奥氏体之间达到平衡时，钢表面的碳质量分数）可以调节和控制，可用于防止工件的氧化和脱碳，或用于渗碳处理。吸热式气氛主要用于气体渗碳、碳氮共渗、气体软氮化，也可用于一些钢种的保护加热。但由于其 H_2 含量高，为避免氢脆现象，一般不宜作为高碳钢淬火加热的保护气氛。在回火温度范围内，由于 CO 会析出炭黑，因此，吸热式气氛一般不作为回火气氛。

（3）氨分解气氛与氨燃烧气氛。将氨气通入装有催化剂的反应罐内，在一定温度下分解，便可制成氨分解气氛。将氨气与空气混合燃烧，经冷却干燥除水，便可制成氨燃烧气氛。这两种气氛的主要成分是 N_2 和 H_2，都不含碳，不会渗碳，因此，特别适合低碳不锈钢、镍铬合金、硅钢片等的光亮热处理。

氨分解气氛的组成：75%H_2+25%N_2，无渗碳和析出炭黑倾向，制备流程与装置简单，易得到纯净而稳定的气氛，可用于各种金属的光亮加热。用氨气直接燃烧制气，可省去氨分解装置，使设备简化，节省电能。氨燃烧气氛含 H_2 较少，可避免加热高强度钢出现氢脆现象。

当 H_2 含量低于 5% 时无爆炸危险，又由于它不含碳，低温时不析出炭黑，故适合高温回火的保护气氛。

（4）滴注式气氛。滴注式气氛是指将具有渗碳性的有机液体或其混合物直接滴入密封的炉膛（或炉罐），在高温和隔绝空气条件下进行裂解所产生的气氛。滴控热处理具有设备简单、操作方便、节能等特点，但所用的有机液体原料价格较高。

滴控气氛的液体原料滴注有机液体有两大类：一类是含碳原子较多的重烃类，如苯（C_6H_6）、甲苯（$C_6H_5CH_3$）、煤油等；另一类是烃的衍生物，如甲醇（CH_3OH）、乙醇（C_2H_5OH）、异丙醇（C_3H_7OH）、丙酮（CH_3COCCH_3）、醋酸乙酯（$CH_3COOC_2H_5$）等。

多用密封箱式炉

3.4.3　形变热处理

1. 定义

形变热处理是对金属材料进行形变强化和相变强化，即将塑性变形和热处理工艺相结合，使材料发生形变强化和相变强化的一种综合强化工艺以提高材料的综合性能。形变热处理不仅能获得一般加工方法达不到的高强度和高韧性的良好组合，而且可以缩减金属材料或工件的生产工艺过程，节约成本，实现自动化生产，因此，广泛应用于冶金、机械、航空等行业。

2. 分类

形变热处理工艺中的形变工艺有挤压、锻、拉拔、轧等；相变有马氏体相变、共析分解脱溶等。形变热处理的种类繁多。

（1）按照形变与相变过程的顺序可分为先形变后相变、相变过程中形变、相变后形变。

（2）按照形变温度可分为低温形变热处理和高温形变热处理。

另外，还可以将形变热处理和化学处理、表面淬火等工艺相结合。

3.4.4　典型形变热处理

1. 高温形变淬火

高温形变淬火是将钢加热至奥氏体稳定区（A_{C3} 以上），保温一定时间后进行形变，如轧制、拔丝、模锻、旋压等，随后采取淬火以获得马氏体组织。锻后余热淬火、热轧淬火等皆属此类。

碳钢和合金钢均可进行形变淬火，由其形变温度可知，此时零件仍处在锻、轧温度，因此，是利用锻、轧余热进行的淬火，故也称为形变余热淬火。

高温形变淬火的主要优点：提高钢的高温及低温下强度和塑性；消除回火脆性；提高热强度和冲击韧性；降低钢的缺口敏感性，改善断裂韧性。

影响高温形变淬火强化效果的因素有钢的化学成分、形变温度、形变量与形变速度。

高温形变淬火后，应根据钢材或工件的性能要求进行回火处理，对于高强度结构件可进行低温（100 ℃～200 ℃）的回火处理，要求塑性较好的工件应进行高温回火处理（图3-41）。

2. 中温形变淬火

中温形变淬火是对结构钢在 A_{C3}～A_{C1} 的温度区间内，进行形变并淬火的联合操作热处理工艺，也称为亚稳奥氏体形变淬火。中温形变淬火的工艺曲线如图3-42所示。图3-42（a）所示为首先将钢材或工件进行完全奥氏体化加热，随后冷却到 A_{C3}～A_{C1} 亚温区保温适当时间，进行形变并淬火处理。图3-42（b）所示为将钢材或工件进行一次完全淬火，再加热到 A_{C3}～A_{C1} 亚温区保温，最后进行形变与淬火处理。需要注意的是，后者处理后的组织比前者细小而均匀，形变淬火后获得了更好的力学性能。

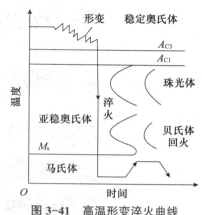

图3-41 高温形变淬火曲线

中温形变淬火可大大改善钢的冷脆性能，即降低冷脆转变温度，被广泛应用于严寒地区工作的结构件和冷冻设备上零件的热处理。

3. 低温形变淬火

低温形变淬火是将钢加热至奥氏体稳定区（A_{C3} 以上），保温适当时间，快速冷却到相变温度以下，并在低于再结晶温度而高于 M_s 温度进行轧制、锤锻、挤压、深拉等形变，随后迅速进行淬火和回火，以获得高强度马氏体组织的复合热处理工艺。

铸件淬火处理

与高温形变淬火相比，低温形变淬火极大地提高了材料的强度、屈服强度和疲劳强度等，中、高合金钢零件多进行该项热处理。低温形变淬火除在模具应用外，其在机械零件上也有推广价值（图3-43）。

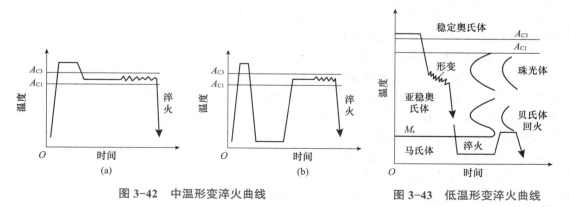

图3-42 中温形变淬火曲线

（a）完全奥氏体加热再冷却；（b）完全淬火，再加热保温

图3-43 低温形变淬火曲线

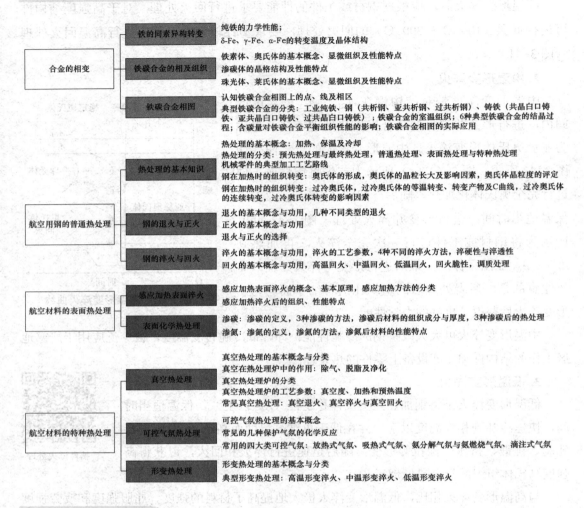

随着航天事业的新材料及新技术手段的不断发展,当前航空工业热处理技术的发展现状是随着近几十年的发展,热处理技术取得了突破性的进展。航空热处理的重点逐渐从传统的技术方向转移。下面介绍几种航空发动机上常用的热处理技术。

(1)渗铝技术:涡轮发动机由于推重比提高,涡轮前温度随之升高,因而,要求构件必须具有抗热冲击、耐高温腐蚀、抗高热交变和复杂应力的能力。渗铝技术是解决叶片抗高温氧化与腐蚀的最好方法,传统的渗铝技术主要有固体渗铝和料浆渗铝两种。但随着发动机涡轮叶片向着提高冷却效率发展,叶片内腔的结构走向精细化和复杂化,传统的固体渗铝法和料浆涂层渗铝法都不能彻底解决内部渗层不均匀和容易堵塞的问题,其盲孔、内腔的渗铝技术成为研究焦点。气相渗铝方法具备温度控制精确,渗层均匀性好,对盲孔、内腔结构有效等优点,已经开始应用。

(2)钛合金粒子渗氮技术:钛合金具有密度低、比强度高、耐蚀性好、高温强度高,以及较好的蠕变抗力和抗氧化性等优点,在先进航空发动机上的应用越来越广泛。为满足系统减重需要，钛合金正在取代其他材料，同时，钛基复合材料和 TiAl 金属之间化合物等先进钛合金材料及相关构件的研制也正在开展。但是钛合金的缺点和其优点同样明显，由于钛合金硬度低、摩擦系数高、耐磨性差、黏着磨损严重及对磨动损伤敏感，因此限制了其在作为转动构件或存在微动磨损行为构件中的使用，钛合金轴、叶片等关键重要的应用必须解决其磨损性能不足的问题。钛合金耐磨性问题有多种解决方案，包括热喷涂、电镀、微弧氧化、离子注入、无氢渗碳、渗氮等，这些方法各有优势，都可以提高钛合金的耐磨性能。其中，钛合金离子渗氮技术具有表面离子轰击效应，活性高、渗速快，更容易达到较深的渗层，处理后的渗层组织与基体不存在结合力的问题，且表面状态完整，无后续加工及表面缺陷问题。同时，对于内腔耐磨需求的构件有技术优势，这些优点使钛合金离子渗氮技术有望成为发动机钛合金制造中的优选工艺。

（3）梯度热处理技术：航空发动机用涡轮盘，盘心部位（轮毂）工作温度低，但它相应的要受到涡轮轴的扭转作用，需要细晶组织以保证足够的拉伸强度和疲劳抗力；盘缘部位（轮缘）要承受的工作温度高（因为它接近高温气体通道），所以，需要粗晶组织保证足够的持久、蠕变和抗疲劳裂纹扩展性能，这样就要求涡轮盘件的不同区域具有不同晶粒尺寸的显微组织，以获得相应的力学性能，双性能涡轮盘就是具有双晶粒组织（盘心细晶组织、盘缘粗晶组织）的新一代涡轮盘。双性能盘的制备有多种技术途径，包括锻造、喷射成型、扩散连接、热处理等方法。热处理是粉末冶炼高温合金制备的最后一道关键技术，从目前的发展趋势来看，梯度热处理技术是实现涡轮盘双性能的优选工艺。

目前，航空热处理正处于迅速发展时期，新技术、新工艺不断被研究和应用。未来，除关注热处理技术与装备的升级外，更需要借鉴国际上先进的管理经验和规范要求，完善热处理技术和质量控制体系，助力我国航空材料热处理技术水平再上新的台阶。

【学习自测】

1.填空题

（1）纯铁的同素异构体有 _____、_____ 和 _____。

（2）珠光体是 _____ 和 _____ 的机械混合物。

（3）热处理主要分为 _____、_____ 和 _____ 三个阶段。

（4）若按含碳量来分，碳钢可分为 _____ 钢、_____ 钢和 _____ 钢。

（5）铁碳合金中的基本相有 δ 铁素体、_____、_____、_____ 和 _____ 五种。

（6）球化退火是为了获得 _____ 组织，它适用于 _____。

（7）共析钢加热时，奥氏体的形成是由 _____、_____、_____ 和 _____ 四个基本过程组成的。

（8）马氏体组织形态主要有 _____ 和 _____ 两种。

（9）调质处理一般是指淬火后进行 _____。

（10）淬火钢进行回火的目的是 _____，回火温度越高，钢的强度与硬度越 _____。

2.选择题

（1）在铁碳合金相图中，共晶线的温度为（ ）℃。

    A.1 148   B.727   C.912   D.1 538

（2）在铁碳合金相图中，共析点含碳量为（ ）%。

    A.0.021 8   B.0.77   C.2.11   D.4.3

（3）共析钢过冷奥氏体在 550 ℃～350 ℃的温度区间等温转变时，所形成的组织是（ ）。

    A.索氏体   B.下贝氏体   C.上贝氏体   D.珠光体

（4）退火是将工件加热到一定温度，保温一段时间，然后采用的冷却方式是（ ）。

    A.随炉冷却   B.在油中冷却   C.在空气中冷却   D.在水中冷却

（5）过共析钢正火的目的是（ ）。

    A.调整硬度，改善切削加工性能   B.细化晶粒，为淬火做组织准备

    C.消除网状二次渗碳体   D.消除内应力，防止淬火变形和开裂

（6）改善低碳钢切削加工性能常用的热处理方法是（ ）。

    A.完全退火   B.不完全退火   C.正火   D.调质

（7）影响钢淬透性的因素主要是（ ）。

    A.工件尺寸   B.冷却速度

    C.淬火方法   D.过冷奥氏体的稳定性

（8）完全退火主要用于（ ）。

    A.亚共析钢   B.共析钢   C.过共析钢   D.白口铸铁

（9）钢的淬硬性主要取决于（ ）。

    A.钢的含碳量   B.马氏体的含碳量

    C.钢的淬透性   D.淬火介质与淬火方法

（10）影响钢淬透性的因素主要是（ ）。

    A.工件尺寸   B.冷却速度   C.淬火方法   D.钢的化学成分

（11）马氏体的硬度主要取决于（ ）。

    A.钢的淬透性   B.钢的含碳量   C.马氏体的含碳量   D.残余奥氏体的量

（12）钢经表面淬火后将获得（ ）。

    A.一定深度的马氏体   B.全部马氏体

    C.下贝氏体   D.上贝氏体

（13）要提高 15 号钢零件的表面硬度和耐磨性，可直接进行（ ）。

    A.正火   B.淬火   C.表面淬火   D.渗碳

（14）感应加热表面淬火的淬硬深度，主要取决于（ ）因素。

    A.淬透性   B.冷却速度   C.感应电流的大小   D.感应电流的频率

3. 简答题

（1）铁碳合金中基本相是哪些？其机械性能如何？

（2）C618 机床变速箱齿轮选用 45 钢制造，工艺路线：下料→锻造→退火→粗加工→调质→精加工→高频表面淬火→低温回火→精磨。说明各热处理工序退火、调质、高频表面淬火、低温回火的目的和处理后的组织，并查阅资料了解高频表面淬火热处理工艺。

（3）某工厂 110 型柴油机曲轴用 QT600-3 球墨铸铁制造，其加工路线：铸造成型→正火→去应力退火→切削加工→轴颈表面淬火→低温回火→磨削。说明热处理工序正火、去应力退火、轴颈表面淬火、低温回火的功用。

（4）某工厂重载汽车变速箱齿轮选用 20CrMnTi 钢制造，其工艺路线：下料→锻造→正火→机加工→渗碳→预冷→淬火→低温回火→喷丸精磨。说明热处理工序正火、渗碳、淬火、低温回火的功用，并查阅资料了解喷丸精磨工艺及目的。

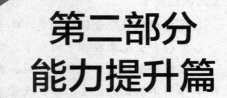

第二部分
能力提升篇

航空用碳钢及合金钢

【学习目标】

【知识目标】

1. 掌握碳钢及合金钢的分类、牌号与用途；
2. 掌握合金元素在钢中的分布、作用；
3. 了解合金钢的牌号编制原则、表示方法；
4. 了解不锈钢的定义、分类及常见类型特点；
5. 掌握提高不锈钢的耐蚀性的途径与方法；
6. 了解高温合金的发展历程、分类、工艺及应用领域；
7. 了解航空工业中钢材的应用。

【技能目标】

1. 熟知碳钢及合金钢中合金元素的作用；
2. 能够区分碳钢的分类及性能特征；
3. 能够判断合金元素对钢的热处理组织与性能影响。

【素质目标】

了解碳钢及合金钢的发展历史、重要作用和发展趋势，通过激发学生的爱国热情和社会责任感来提高学生的求知欲。

【学习任务】

任务 4.1　碳钢

【课程情境导入】

航空用碳钢

碳素钢（简称碳钢）是含碳量大于 0.021 8% 而小于 2.11% 的铁碳合金。碳钢具有较好的机械性能和工艺性能，并且产量大、价格较低，因此，它是机械工程上应用十分广泛的金属材料。但碳钢也有一些不足之处，如淬透性较低、回火抗力较差、屈强比低。碳钢的强度潜力虽经热处理仍不能充分发挥。为了满足现代工业和科学技术的不断发展，因而，后来发展了合金钢，接下来，让我们一起来学习碳钢的相关知识。

【知识学习】

钢是经济建设中使用最广泛、用量最大的金属材料，在现代工农业生产中占有重要的地位。

钢是以铁和碳为主要成分的合金，它的含碳量一般为 0.021 8% ～ 2.11%（质量分数）。

钢按化学成分可分为碳素钢（简称为碳钢）和合金钢两类。碳钢是由生铁冶炼获得的合金，除以铁、碳为主要成分外，还含有少量的锰、硅、硫、磷等杂质。合金钢是在碳钢基础上有目的地加入某些元素（称为合金元素）而得到的多元合金。与碳钢相比，合金钢的性能有明显地提高。

4.1.1　钢材的品种

钢材是铸钢件、板坯或钢材根据工作压力生产加工做成的一定形状、规格和性能的原材料。绝大多数钢材生产加工是根据工作压力生产加工，使被生产加工的钢（坯、锭等）造成塑性形变。依据钢材生产加工温度不同，钢材加工可分为冷拉和热处理两种。

钢材有很多类型，一般可分为型、板、管和丝四大类。

1. 型材

型材品种很多，是一种具有一定截面形状和尺寸的实心长条钢材，如钢轨、型钢（如圆钢、方钢、扁钢、六角钢、工字钢、槽钢、角钢及螺纹钢等）、线材（直径为 5 ～ 10 mm 的圆钢和盘条）等（图 4-1）。

2. 板材

板材是一种宽厚比和表面积都很大的扁平钢材（图 4-2）。

（1）薄钢板：厚度小于等于 4 mm 的钢板。

图 4-1　型材

图 4-2　板材

（2）厚钢板：厚度大于 4 mm 的钢板。厚钢板又可分为中板（厚度大于 4 mm 且小于 20 mm）、厚板（厚度大于 20 mm 且小于 60 mm）、特厚板（厚度大于 60 mm）。

（3）钢带：也称带钢，实际上是长而窄并成卷供应的薄钢板。

（4）电工硅钢薄板：也称硅钢片或矽钢片。

3. 管材

钢管是一种空心横截面的条形钢材，按其横截面形状不同可分为圆钢管、矩形方管、六角形管的各种各样异形横截面钢管，按制作工艺不同又可分为无缝钢管和焊接钢管两类（图 4-3）。

（1）无缝钢管：用热轧、热轧—冷拔或挤压等方法生产的管壁无接缝的钢管。

（2）焊接钢管：将钢板或钢带卷曲成型，然后焊接制成的钢管。

4. 钢丝类

钢丝是线缆的再一次冷拉商品，按形状不同分为圆钢丝、扁形钢丝和三角钢丝等。钢丝除立即应用外，还用以生产制造钢丝绳（图 4-4）、钢纹线和其他产品。

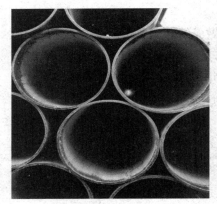

图 4-3　管材　　　　　　　　　　　　图 4-4　钢丝绳

4.1.2　钢的分类

钢的种类繁多，为了便于生产、使用和研究，可以按照化学成分、冶金质量和用途对钢进行分类。

1. 按化学成分分类

钢按化学成分可分为碳钢和合金钢两大类。

（1）碳钢：按含碳量又可分为低碳钢（含碳量 ≤ 0.25%）、中碳钢（0.25% < 含碳量 ≤ 0.6%）、高碳钢（含碳量 > 0.6%）。

（2）合金钢：低合金钢（合金元素总含量 ≤ 5%）、中合金钢（合金元素总含量为 5% ～ 10%）、高合金钢（合金元素总含量 > 10%）。

按钢中所含主要合金元素种类不同，合金钢又可分为锰钢、铬钢、铬镍钢、铬锰钛钢等。

2. 按冶金质量分类

按钢中所含有的有害杂质磷、硫的含量，其可分为普通钢（含磷量 ≤ 0.045%、含硫量 ≤ 0.055% 或磷、硫含量均 ≤ 0.050%）、优质钢（磷、硫含量均 ≤ 0.040%）和高级优质钢（含磷量 ≤ 0.035%、含硫量 ≤ 0.030%）。

硫是由生铁及燃料带入钢中的杂质。在固态下，硫在铁中的溶解度极小，是以 FeS 的形态存在于钢中。FeS 的塑性差，使含硫较多的钢脆性较大。更严重的是，FeS 与 Fe 可形成低熔点（985 ℃）的共晶体，分布在奥氏体的晶界上。当钢加热到约 1 200 ℃ 进行热压力加工时，晶界上的共晶体已熔化，晶粒之间结合被破坏，使钢材在加工过程中沿晶界开裂，这种现象称为热脆性。为了消除硫的有害作用，必须增加钢中含锰量。锰与硫优先形成高熔点（1 620 ℃）的硫化锰，并呈粒状分布在晶粒内，它在高温下具有一定的塑造性，从而避免了热脆性。硫化物是非金属夹杂物，会降低钢的机械性能，并在轧制过程中形成热加工纤维组织。因此，通常情况下，硫是有害的杂质。在钢中要严格限制硫的含量。但含硫量较多的钢，可形成较多的 MnS，在切削加工中，MnS 能起断屑作用，可改善钢的切削加工性，这是硫有利的一面。

磷由生铁带入钢中，在一般情况下，钢中的磷能全部溶于铁素体。磷有强烈的固溶强化作用，使钢的强度、硬度增加，但塑性、韧性显著降低。这种脆化现象在低温时更为严重，故称为冷脆性。一般希望冷脆转变温度低于工件的工作温度，以免发生冷脆。磷在结晶过程中容易产生晶内偏析，使局部地区含磷量偏高，导致冷脆转变温度升高，从而发生冷脆。冷脆对在高寒地带和其他低温条件下工作的结构件具有严重的危害性，另外，磷的偏析还使钢材在热轧后形成带状组织。因此，通常情况下，磷也是有害的杂质。在钢中要严格控制磷的含量。但当含磷量较多时，由于脆性较大，在制造炮弹钢及改善钢的切削加工性方面则是有利的。

另外，按冶炼时的脱氧程度，钢可分为沸腾钢（脱氧不完全）、镇静钢（脱氧较完全）和半镇静钢。

3. 按金相组织分类

（1）按钢退火态的金相组织可分为亚共析钢、共析钢、过共析钢。

（2）按钢正火态的金相组织可分为珠光体钢、贝氏体钢、马氏体钢、奥氏体钢。

4. 按成型方法分类

按成型方法，钢可分为锻钢、铸钢、热轧钢、冷轧钢等。

5. 按用途分类

钢按用途可分为结构钢、工具钢、特殊性能钢。

在实际中给钢的产品命名时，常常将成分、质量和用途几种分类方法结合起来，如碳素结构钢、优质碳素结构钢、碳素工具钢、高级优质碳素工具钢、合金结构钢、合金工具钢等（图 4-5）。

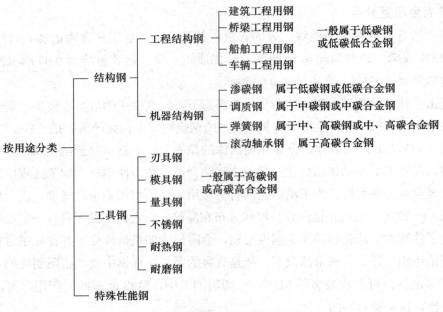

图 4-5　碳钢的分类（按用途）

4.1.3　碳钢的牌号与用途

碳钢的牌号根据不同的类型有不同的表示方法，具体如下。

1. 普通碳素结构钢

普通碳素结构钢的牌号由屈服点"屈"字汉语拼音第一个字母 Q、屈服点数值、质量等级符号（A、B、C、D）及脱氧方法符号（F、Z）四部分按顺序组成。其中，质量等级按 A、B、C、D 顺序依次增高，F 为沸腾钢，Z 为镇静钢等。如 Q235-A·F 表示屈服强度为 235 MPa 的 A 级沸腾碳素结构钢。其中，常用的有 Q195、Q215（用于铆钉等及冲压零件和焊接构件）；Q235、Q255（用于螺栓、螺母等），Q275（用于强度较高转轴、心轴、齿轮等），Q345（用于船舶、桥梁、车辆、大型钢结构）。

2. 优质碳素结构钢

优质碳素结构钢的牌号用两位数字表示。这两位数字代表钢中的平均含碳量的万分之几。例如，45 钢表示平均含碳量为 0.45% 的优质碳素结构钢。其中常用的有 08 钢，其含碳量低、塑性好，主要用于制造冷冲压零件；10、20 钢常用于制造冲压件、焊接件和渗碳件；35、40、45、50 钢属中碳钢，经热处理后可获得良好的综合力学性能，主要用于制造齿轮、套筒、轴类零件等；55、60、70 钢含碳量较高，淬火后有较高的弹性，可用来制造各种弹簧和钢丝绳等。这几种钢在机械制造中应用非常广泛。

3. 碳素工具钢

碳素工具钢牌号是用"碳"字汉语拼音字头 T 和数字表示。其数字表示钢的平均含碳量的千分之几。若为高级优质，则在数字后面加"A"。例如，T12 钢表示平均含碳量为 1.2% 的碳素工具钢；T12A 表示平均含碳量为 1.2% 的高级优质碳素工具钢。其中，常用的有 T7、T8 钢，用于制造具有较高韧性的工具，如凿子等；T9、T10、T11 钢用作要求中等韧性、高硬度的刀具，如钻头、丝锥、锯条等；T12、T13 钢用于要求更高硬度、高耐磨性的锉刀、拉丝模具等。

4. 铸造碳钢

工程用铸造碳钢的牌号用"铸钢"两字的汉语拼音前缀"ZG"加两组数字表示，第一组数字表示最小屈服点，第二组数字表示最小抗拉强度值。若牌号末尾标注"H"，则表示是焊接结构用铸造碳钢。例如，ZG310-570 表示最小屈服点为 310 MPa，最小抗拉强度为 570 MPa 的铸钢。

任务 4.2　合金钢

【课程情境导入】

合金钢已有 100 多年的历史了，工业上开始较多地使用合金钢材是在 19 世纪后半期。当时，由于钢的生产量和使用量不断增大，机械制造业需要解决钢的加工切削问题，1868 年英国人马希特（R.F.Mushet）发明了成分为 2.5%Mn-7%W 的自硬钢，将切削速度提高到 5 m/min。随着商业和运输的发展，1870 年在美国用铬钢（含 1.5% ～ 2.0%Cr）在密西西比河上建造了跨度为 158.5 m 的大桥；由于加工构件时发生困难，一些工业结构钢改用镍钢（含 3.5%Ni）建造大跨度的桥梁。与此同时，一些制造商还将镍钢用于修造军舰。随着工程技术的发展，要求加快机械的转动速度，1901 年在西欧出现了高碳铬滚动轴承钢。1910 年又发展出了 18W-4Cr-1V 型的高速工具钢，进一步把切削速度提高到 30 m/min。可见，合金钢的问世和发展适应了社会生产力发展的要求，特别是与机械制造、交通运输和军事工业的需要分不开的。

【知识学习】

为了改善钢的机械性能或使其具有某些特殊的性能，有目的地往钢中加入合金元素得到的钢材叫作合金钢。合金钢按照其用途可分为以下三大类。

（1）合金结构钢。合金结构钢是指符合特定强度和可成型性等级的钢。可成型性以抗拉试验中断后伸长率表示。结构钢一般用于承载等用途。在这些用途中，钢的强度是一个重要设计标准。

（2）合金工具钢。合金工具钢是用以制造切削刀具、量具、模具和耐磨工具的钢。合金工具钢具有较高的硬度和在高温下能保持高硬度及红硬性，以及高的耐磨性和适当的韧性。

（3）特殊性能钢。特殊性能钢具有特殊物理或化学性能，用来制造除要求具有一定的机械性能外，还要求具有特殊性能的零件。特殊性能钢种类很多，在机械制造中主要使用不锈耐酸钢、耐热钢、耐磨钢。

4.2.1 合金元素在钢中的分布

为了使钢获得预期的性能，而有目的地加入钢中的化学元素称为合金元素。按其与碳的亲和力的大小，可将合金元素分为非碳化物形成元素和碳化物形成元素两大类，在钢中主要以固溶体和化合物的形式存在。

（1）非碳化物形成元素：包括 Ni、Co、Cu、Si、Al、N、B 等，在钢中不与碳化合，大多溶入铁素体、奥氏体或马氏体，产生固溶强化；有的形成其他化合物，如 Al_2O_3、AlN、SiO_2、Ni_3Al 等。

（2）碳化物形成元素：包括 Mn、Cr、Mo、W、V、Nb、Zr、Ti 等（形成碳化物的倾向由弱到强）。这类合金元素在钢中，一是可溶入渗碳体中形成合金渗碳体，如（Fe、Mn）$_3$C、（Fe、Cr）$_3$C 等，是低合金钢中存在的主要碳化物，比渗碳体的硬度高，且稳定；二是强碳化物形成元素与碳形成特殊碳化物，如 TiC、NbC、VC、MoC、WC、Cr_3C_6 等，它们具有高熔点、高硬度、高耐磨性、稳定性好的优点，主要存在于高碳高合金钢中，产生弥散强化，提高钢的强度、硬度和耐磨性。

（3）其他：如稀土元素，钢号中统一用 Re 表示。

4.2.2 合金元素在钢中的作用

1. 合金元素与铁的作用——固溶强化

合金元素溶入铁素体或奥氏体后，由于它与铁原子半径和晶格类型有差异，在铁素体或奥氏体内引起晶格畸变，产生固溶强化，从而提高铁素体或奥氏体的强度和硬度，降低其韧性和塑性。

硅、锰、镍等与铁素体晶格不同的元素，溶于铁素体后引起的晶格畸变较大，固溶强化作用大；铬、钨、钼等与铁素体晶格相同的元素，溶于铁素体后引起的晶格畸变较小，固溶强化作用小，如图 4-6 所示。

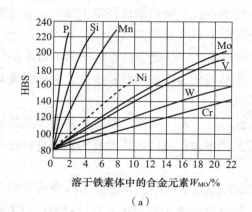

（a）

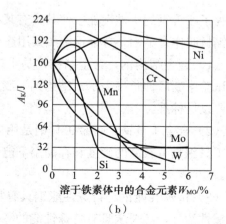

（b）

图 4-6 合金元素对铁素体力学性能的影响

（a）合金元素对硬度的影响；（b）合金元素对韧性的影响

钢中合金元素的含量越高，铁素体晶格畸变越严重，其强度、硬度越高，而韧性、塑性则有所降低。但镍、铬等元素比较特殊，当在铁素体的含量为 $W_{Cr} < 2\%$、$W_{Ni} < 5\%$ 时，在显著强化铁素体的同时，还能提高其韧性，因此，在合金钢中通常均含有一定量的铬、镍合金元素。

2. 合金元素与碳的作用

大多数合金元素与碳形成合金碳化物。与碳形成碳化物的合金元素称为碳化物形成元素，如钛、钒、钨、钼、铬、锰、铁等；不与碳形成碳化物的合金元素称为非碳化物形成元素，如镍、硅、铝、氮等。根据合金元素与碳亲和力的大小不同，可将碳化物形成元素分为强碳化物形成元素、较强碳化物形成元素和弱碳化物形成元素。

铌、钛、钒等是强碳化物形成元素，它们在钢中形成强碳化物，它们分别是 NbC、TiC、VC。这类碳化物具有熔点高、硬度高和稳定性高的优点。与其他碳化物相比，它们在热处理时很难溶于奥氏体，回火到较高温度时才能从马氏体中析出，难以聚集长大。当以均匀细小的颗粒弥散分布在固溶体基体上时，则有弥散强化作用，能显著提高钢的强度、硬度和耐磨性，而不降低韧性。如高速工具钢制作刃具，经合理热处理后具有高硬度、高的耐磨性和热硬性。

铬、钨、钼等是较强碳化物形成元素，在钢中其含量较低时，一般形成稳定性较差的合金渗碳体，如（Fe、Cr）$_3$C、（Fe、W）$_3$C 等。当其含量较高时，则形成稳定性较高的合金碳合物，如 Cr_7C_3、$Cr_{23}C_6$、Fe_3W_3C、Fe_3Mo_3C 等。

锰是弱碳化物形成元素，溶于渗碳体中形成合金渗碳体（Fe、Mn）$_3$C，其稳定性和性能与渗碳体 Fe_3C 差不多。

3. 合金元素对 Fe-Fe$_3$C 相图的影响

合金元素对 Fe-Fe$_3$C 相图的影响主要表现在对奥氏体相区、相变温度、共析成分等的影响。

（1）合金元素对奥氏体相区的影响。具有面心立方晶格的锰、镍、铜元素和氮元素，扩大 Fe-Fe$_3$C 相图中的奥氏体相区，当锰或镍元素含量较高时，可使钢在室温下得到单相奥氏体组织，如 1Cr18Ni9Ti 高镍奥氏体不锈钢和 ZGMn13 高锰耐磨钢。

具有体心立方晶格的铬、钼、钨、钛等元素，缩小 Fe-Fe$_3$C 相图中的奥氏体相区，当铬元素含量较高时，可使钢在室温下得到单相铁素体组织，如 Cr17、Cr25 等铁素体不锈钢。图 4-7 所示为合金元素锰、铬对 Fe-Fe$_3$C 相图的影响。

单相奥氏体和单相铁素体具有抗蚀、耐热等性能，是不锈钢、耐蚀钢、耐热钢等中最为常见的。

（2）合金元素对相变温度、S 点、E 点的影响。由于合金元素对单相奥氏体区的影响，Fe-Fe$_3$C 相图的相变温度、S 点、E 点发生变化。

扩大奥氏体相区的元素使 Fe-Fe$_3$C 相图的共析温度下降；缩小奥氏体相区的元素使 Fe-Fe$_3$C 相图的共析温度上升。图 4-8 所示为合金元素对共析温度的影响。大多数低合金钢与合金钢的奥氏体化温度比相同含碳量的碳钢高。

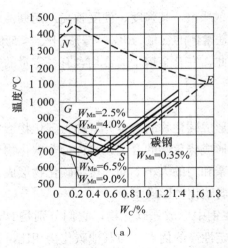

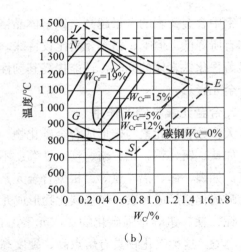

（a）　　　　　　　　　　　　　（b）

图 4-7　合金元素锰、铬对 Fe-Fe₃C 相图的影响

（a）锰的影响；（b）铬的影响

大多数合金元素均使 S 点、E 点左移。这表明合金钢的共析体的 $W_C < 0.77\%$，含碳量相同的碳钢与合金钢具有不同的组织和性能。例如，钢中 $W_{CR}=13\%$，共析体约为 $W_C=0.3\%$，当 $W_C > 0.3\%$ 的高铬钢，如钢中平均 $W_C=0.4\%$ 的 4Cr13，已为过共析钢；钢中 $W_C=0.7\% \sim 0.8\%$ 的 W18Cr4V 高速钢，在铸态下已具有共晶组织（莱氏体）。

4. 合金元素对钢的热处理的影响

合金钢一般都是经过热处理后使用的，主要是通过改变钢在热处理过程中的组织转变来显示合金元素的作用。合金元素对钢的热处理的影响主要表现在对加热、冷却和回火过程中相变等方面的影响。

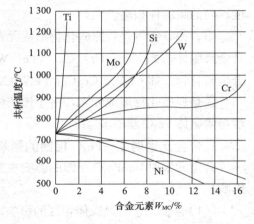

图 4-8　合金元素对共析温度的影响

（1）合金元素对钢加热时奥氏体化的影响。钢在加热时，充分奥氏体化的过程主要与碳、合金元素的扩散，以及碳化物的稳定程度有关。合金元素对奥氏体化过程的影响体现在以下两个方面：

1）大多数合金元素（除镍、钴外）不同程度地减缓钢的奥氏体化过程。这是因为合金元素一方面减慢碳的扩散；另一方面与碳形成碳化物，合金碳化物较稳定且不易分解，使奥氏体化过程大大减缓。因此，合金钢在热处理时，为了保证奥氏体化过程的充分进行，必须提高加热温度或延长保温时间。

2）绝大多数的合金元素（除锰外）能不同程度阻碍奥氏体晶粒的长大。尤其是强碳化物形成元素钛、矾、铌、锆等与碳形成强碳化物 TiC、VC、MoC 等，因其熔点高，在加热时很难熔化，强烈地阻碍奥氏体晶粒的长大，细化晶粒，提高韧性。另外，一些晶粒细化剂（如 AlN 等）在钢中可形成弥散质点分布于奥氏体晶界上，阻止奥氏体晶粒的长大，细化晶粒。所以，与相应的碳钢相比，在同样加热条件下，合金钢的组织较细，机械性能更高。

较强碳化物形成元素铬、钨、钼较强阻碍奥氏体晶粒的长大；非碳化物形成元素镍、硅、铝等对奥氏体晶粒的长大影响较小。

锰是促进奥氏体晶粒长大的元素，故锰钢有较强的过热倾向，热处理时应严格控制加热温度和保温时间。

（2）合金元素对过冷奥氏体冷却转变的影响。

1）大多数合金元素（除钴外）溶入奥氏体后，都能不同程度地提高过冷奥氏体的稳定性，使 C 曲线位置右移，减小临界冷却速度，从而提高钢的淬透性。因此，合金钢的淬透性优于碳钢，即合金钢采用冷却能力较低的淬火介质淬火，如采用油淬，以减小零件的淬火变形和开裂倾向。

非碳化物形成元素和弱碳化物形成元素（如镍、锰、硅等）会使 C 曲线右移，如图 4-9（a）所示。而较强和强碳化物形成元素（如铬、钨、钼、矾等）溶于奥氏体后，不仅使 C 曲线右移，提高钢的淬透性，而且能改变 C 曲线的形状，将珠光体转变与贝氏体转变明显地分为两个独立的区域，如图 4-9（b）所示。

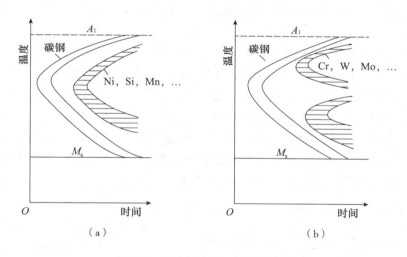

图 4-9　合金元素对 C 曲线的影响

（a）C 曲线右移；（b）C 曲线右移且改变形状

注意：加入的合金元素只有完全溶于奥氏体，才能提高钢的淬透性。如果加入的合金元素未完全溶于奥氏体，则会降低钢的淬透性，这是因为碳化物会成为珠光体形成的晶核，促进珠光体的形成。

2）除钴、铝外，多数合金元素溶入奥氏体后，使马氏体转变温度 M_s 和 M_f 点下降。马氏体转变温度 M_s 下降（图 4-10），导致淬火后钢中残余奥氏体含量增加（图 4-11），不仅降低淬火钢的硬度，而且影响零件的尺寸稳定性。因此，精密的零件或工具必须进行多次回火或冷处理以减少残余奥氏体。

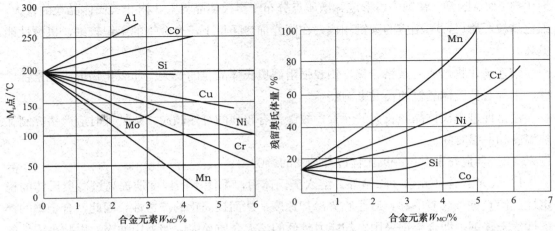

图 4-10　合金元素对 M_s 点的影响　　　　图 4-11　合金元素对残余奥氏体量的影响

（3）合金元素对淬火钢回火转变的影响。

钢回火时组织的
转变

1）提高淬火钢回火稳定性。回火稳定性是指在回火过程中随回火温度的提高，淬火钢抵抗软化的能力。合金元素阻碍马氏体分解和碳化物聚集长大，从而提高钢的回火稳定性。碳质量分数相同时，合金钢的回火稳定性高于碳钢，即当回火温度相同时，合金钢的强度、硬度比碳钢高（图 4-12）。

2）产生二次硬化。含有较多钨、钼、钒、钛等碳化物形成元素的合金钢，在 500 ℃～600 ℃范围内回火，从马氏体中析出细小而高度弥散分布的强碳化物，使淬火钢的回火硬度有所提高，因而此现象称为二次硬化，如图 4-13 所示。二次硬化实质上是一种弥散强化。另外，某些合金钢在 500 ℃～600 ℃回火冷却过程中，部分残留奥氏体将转变为马氏体或贝氏体，提高了钢的硬度，也是产生二次硬化的原因。例如，高速钢在 560 ℃回火时，又析出了新的更细的特殊碳化物，发挥了第二相的弥散强化作用，使硬度又进一步提高。这种二次硬化现象在合金工具钢中具有一定的实用价值。

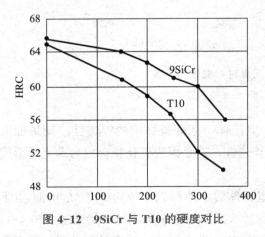

图 4-12　9SiCr 与 T10 的硬度对比

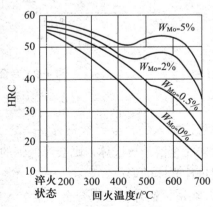

图 4-13　合金钢（W_C=0.35%）
中加入钼后对回火硬度的影响

3）产生回火脆性。含铬、镍、锰、硅等元素的合金结构钢，在 450 ℃～600 ℃范围内长期保温或回火后缓冷均出现高温回火脆性。这是因为合金元素促进了锑、锡、磷等杂质元素在原奥氏体晶界上的偏聚和析出，削弱了晶界联系，降低了晶界强度而造成的。因此，对这类钢应该在回火后采用快冷的工艺，以防止高温回火脆性的产生。

4.2.3　合金钢牌号表示法

1. 合金钢牌号编制原则

（1）根据合金钢牌号可大致判断合金钢的成分。

（2）根据合金钢牌号可大致判断合金钢的用途。

2. 合金钢牌号表示方法

国家标准（GB）规定用国际化学符号表示钢的化学元素，采用汉字和汉语拼音字母为代号，用以表示钢材产品用途和冶炼方法，两种符号可相互对照使用，通常合金钢的牌号可表示钢的化学成分、钢种及用途，它是人们称呼某种合金钢的共同语言。

合金钢牌号表示方法见表 4-1。合金钢按其用途不同，牌号表示方法不同。

表 4-1　合金钢牌号表示方法

分类	牌号表示法	举例
低合金结构钢	钢的牌号由代表屈服点的汉语拼音首位字母"Q"、屈服点数值、质量等级符号（A、B、C、D、E）三部分按顺序依次排列	Q345C
合金结构钢	"数字＋化学元素符号＋数字＋…"，牌号的前两位数字表示钢中平均含碳量的万分之几，化学元素符号表示钢中所含的合金元素，化学元素符号后面的数字则表示该合金元素的含量，一般以百分比表示。含量≤ 1.5%，一般不标明含量；若为高级优质钢，则在钢牌号后面加"A"字。 易切削结构钢前标以"Y"字。如 Y40Mn 表示钢中平均含碳量 0.4%、含锰量＜ 1.5% 的易切削结构钢。 滚动轴承钢在钢牌号前面加"G"，"G"为"滚"字汉语拼音首字母，铬含量以千分之几表示	GCr15 表示钢中平均 W_{Cr}=1.5% 的滚动轴承钢
合金工具钢	合金工具钢的牌号表示方法与合金结构钢相似，仅含碳量的表示方法不同，当合金工具钢平均含碳量≥ 1.0% 时，则其碳量不予标出。如果钢中平均碳质量分数＜ 1.0%，则在牌号前以千分之几表示钢中平均碳质量分数。 高速钢的牌号表示方法例外，一般不标出含碳量（即使 W_C ＜ 1%），只标出合金元素含量平均值的百分之几。如 W18Cr4V（简称 18-4-1）钢表示平均 W_W=18%、W_{Cr}=4%、W_V ＜ 1.5% 的高速工具钢，其 W_C=0.7% ～ 0.8%	9CrSi 表示钢中平均 W_C=0.9%、W_{Cr} ＜ 1.5%、W_{Si} ＜ 1.5% 的合金工具钢 CrWMn 表示钢中平均含碳量≥ 1.0%，Cr、W、Mn 平均含量小于 1.5%
特殊性能钢	平均含碳量以千分之几表示；但平均含碳量不大于 0.03% 及 0.08% 时，钢牌号前分别冠以 00 及 0 表示；合金元素的表示方法与合金结构钢相同	4Cr13 表示钢中平均含碳量 0.4%、W_{Cr}=13% 的不锈、耐蚀钢

4.2.4　合金钢的特点

（1）合金钢具有比碳钢更高的强度和韧性，而且其强化效果随组织不平衡程度的增大而趋于明显。如退火态合金钢的强度与碳钢相比没有很大的优越性；而在正火态，合金钢强度比碳钢明显增加；如经淬火、回火后，合金钢的强化效果最显著。大多数合金钢一般在淬火、回火状态下使用。

（2）合金钢具有高的淬透性和抗回火稳定性，适用于制造截面尺寸大，要求获得较厚淬硬层或要求强度、硬度、塑性、韧性较高的零件。而且合金钢淬火时冷却速度比碳钢缓慢，不易变形、开裂，这对于形状复杂或要求变形小的零件是极其有利的。

（3）有的合金钢还具有高的热硬性及其他特殊性能，如耐热、耐蚀、抗磨、磁性等。

（4）合金钢价格较高，成型工艺及热处理工艺也较复杂。因此，在满足使用要求的前提下，优先选用碳素钢。但对尺寸大、形状复杂、要求强化性能高、精度高的零件，或要求热硬性及其他特殊性能的零件，仍应采用合金钢。

任务 4.3　不锈钢

飞机高压压气机盘
和叶片用不锈钢

【课程情境导入】

中华民族是世界上最早冶铁、炼钢的国家之一，我们的祖先掌握并改进了冶铁、炼钢、铸锻和热处理的技艺，对世界文明与人类进步做出过重要的贡献。

我国不锈钢产业发展进步较晚，中华人民共和国成立以来到改革开放前，我国不锈钢的需求以工业和国防尖端使用为主。改革开放后，国民经济的快速发展、人民生活水平的显著提高，拉动了不锈钢的需求。进入 21 世纪，我国不锈钢产业高速增长，一大批国内优秀的不锈钢品牌迅速崛起，逐渐成为不锈钢行业中的翘楚！

【知识学习】

不锈钢（Stainless Steel）是指耐空气、蒸汽、水等弱腐蚀介质和酸、碱、盐等化学浸蚀性介质腐蚀的钢，又称不锈耐酸钢。在实际应用中，常将耐弱腐蚀介质腐蚀的钢称为不锈钢，而将耐化学介质腐蚀的钢称为耐酸钢。由于两者在化学成分上的差异，前者不一定耐化学介质腐蚀，而后者一般均具有不锈性。不锈钢的耐蚀性取决于钢中所含的合金元素。不锈钢基本合金元素还有镍、钼、钛、铌、铜、氮等，以满足各种用途对不锈钢组织和性能的要求。不锈钢容易被氯离子腐蚀，因为铬、镍、氯是同位素，同位素会进行互换同化从而形成不锈钢的腐蚀。

不锈钢是石油、化工、化肥、合成纤维和石油提炼等工业部门中广泛使用的金属材料，而许多容器、管道、阀门、泵等一般都因与各种腐蚀性介质接触遭受腐蚀而报废。据统计，全世界每年因腐蚀而报废的钢材约占钢材年产量的 1/4。而不锈钢的产量占钢铁总产量的 1%。从金相学角度分析，因为不锈钢含有铬而使表面形成很薄的铬膜，这个膜隔离开造成腐蚀的氧气而起耐腐蚀的作用。为了保持不锈钢所固有的耐腐蚀性，钢必须含有 12% 以上的铬。最具代表性能的有 13 铬钢、18 铬镍钢等高合金钢。不锈钢并不是被腐蚀，只不过腐蚀速度较慢而已，绝对不腐蚀的钢是不存在的。

4.3.1 不锈钢的发展历程

1. 不锈钢的历史起源

不锈钢的发明和使用，要追溯到第一次世界大战时期，英国在战场上的枪支，总是因枪膛磨损不能使用而运回后方。军工生产部门命令亨利·布雷尔利研制高强度耐磨合金钢，专门研究解决枪膛的磨损问题。布雷尔利和其助手收集了国内外生产的各种型号的钢材及各种不同性质的合金钢，在各种不同性质的机械上进行性能试验，然后选择出较为适用的钢材制成枪支。一天，他们试验了一种德国人毛拉发明的含大量铬的合金钢，经耐磨试验后，查明这种合金并不耐磨，不能用于制造枪支，于是，他们记录下试验结果，往墙角一扔了事。几个月后的一天，一位助手拿着一块锃光瓦亮的钢材兴冲冲跑来对布雷尔利说："先生，这是我在清理仓库时发现的毛拉先生送来的合金钢，您是否试验一下，看它到底有什么特殊作用！""好！"布雷尔利看着光亮耀眼的钢材，高兴地说。

试验结果证明：它是一块不怕酸、碱、盐的不锈钢。这种不锈钢是德国的毛拉在1912年发明的，然而，毛拉并不知道这种不锈钢的用途。

布雷尔利心里想："这种不耐磨却耐腐蚀的钢材，不能制枪支，是否可以做餐具呢？"他说干就干，动手制作了不锈钢的水果刀、叉、勺、果盘、折叠刀等。

布雷尔利发明的不锈钢于1916年在英国取得专利权并开始大量生产。至此，从垃圾堆中偶然发现的不锈钢便风靡全球，亨利·布雷尔利也被誉为"不锈钢之父"。

2. 不锈钢钢种的发展

组织分别为马氏体、铁素体和奥氏体的不锈钢，从化学成分来看，主要属 Fe-Cr 和 Fe-Cr-Ni 两大体系。从第一次世界大战结束到第二次世界大战结束的近30年中（1919—1945年），随着各种工业的发展，不锈钢为适应工作条件而发生了分化，即在原来两大体系三种组织状态的基础上，通过增减碳含量和添加多种其他合金元素而衍生出许多新型的不锈钢。从第二次世界大战结束直至目前为止的几十年中，主要为适应抗海水或盐类腐蚀、吸收了射线及中子、获得超高强度、节约镍等需要而发展了抗点蚀不锈钢、原子能工业用不锈钢、沉淀硬化不锈钢和锰氮代镍不锈钢。

近年来，为了解决奥氏体不锈钢的晶间腐蚀和应力腐蚀问题，又分别发展了超低碳不锈钢和超纯铁素体不锈钢。目前，已投入市场的不锈钢的品种已达到230种以上，经常使用的也有近50种，其中约有80%是奥氏体不锈钢（18铬-8镍）的衍生物，而其余20%则是由13铬钢演变而成的。关于不锈钢钢种的最主要的研究和发展是集中在以下两个方面：一是改善钢的耐腐蚀性，其中对18-8钢晶间腐蚀问题的研究，不仅发展了钢种，提出了解决这个问题的工艺方法，还促进了有关不锈钢的钝化和腐蚀机理的研究；二是发展高强度不锈钢（沉淀硬化不锈钢），这种不锈钢是第二次世界大战后随着航空、航天和火箭技术的进展而发展起来的。其中，半奥氏体沉淀硬化不锈钢具有优异的工艺性能（17-7PH类），固溶处理后极易加工成型，且随后的强化热处理（时效处理）温度不高变形很小，在美国这种钢多用于航空结构，并已大量生产，各国也都有类似钢种投入使用。

4.3.2 不锈钢的分类

不锈钢的钢种很多,性能又各异,常见的分类方法如下。

(1)按钢的组织结构分类,可分为马氏体不锈钢、铁素体不锈钢、奥氏体不锈钢和双相不锈钢、沉淀硬化不锈钢等。

(2)按钢中的主要化学成分或钢中一些特征元素分类,可分为铬不锈钢、铬镍不锈钢、铬镍钼不锈钢及超低碳不锈钢、高钼不锈钢、高纯不锈钢等。

(3)按钢的性能特点和用途分类,可分为耐硝酸(硝酸级)不锈钢、耐硫酸不锈钢、耐点蚀不锈钢、耐应力腐蚀不锈钢、高强度不锈钢等。

(4)按钢的功能特点分类,可分为低温不锈钢、无磁不锈钢、易切削不锈钢、超塑性不锈钢等。

目前,最常用的分类方法是按钢的组织结构特点和按钢的化学成分特点及两者相结合的方法分类。例如,将目前的不锈钢分为马氏体钢(包括马氏体 Cr 不锈钢和马氏体 Cr-Ni 不锈钢)、铁素体钢、奥氏体钢〔包括 Cr-Ni 和 Cr-Mn-Ni(-N)奥氏体不锈钢〕、双相钢(α+γ 双相)和沉淀硬化型钢五大类,或分为铬不锈钢和铬镍不锈钢两大类。

4.3.3 不锈钢的品质特性及其要求

1. 不锈钢的品质特性

不锈钢的品质特性见表 4-2。

表 4-2 不锈钢的品质特性

项目	基本组织		
代表钢种	STS304	STS430	STS410
热处理	固溶热处理	退火	退火后急冷
硬度性	加工硬化性	微量硬化性	小量硬化性
主要用途	建筑物内外装饰,厨房用具,化学刻度,航空机器	建筑材料,汽车零件,家用电器,厨房器具,饭盒等	钎、刀机器零部件,医院用具,手术用具
耐腐蚀性	高	高	中
强度	高	中	高
加工性	高	中	高
磁性	非磁	上磁性	上磁性
焊接性	高	中	低

2. 不锈钢原料及其品质要求

各产品由于用途的不同,其加工工艺和原料的品质要求也不同。

（1）材质。

1）DDQ（Deep Drawing Quality）材：是指用于深拉（冲）用途的材料，也就是通常所说的软料，这种材料的主要特点是延伸率较高、硬度较低、晶粒等级为本质细粒、深冲性能极佳。目前许多生产保温瓶、锅类的企业，其产品的加工比（BLANKING SIZE/制品直径）一般都比较高，它们的加工比分别达 3.0、1.96、2.13、1.98。DDQ 材主要用于要求较高加工比的产品，当然加工比超过 2.0 的产品一般都需经过多次的拉伸才能完成。如果原料延伸方面达不到，在加工深拉制品时产品极易产生裂纹、拉穿的现象，影响成品合格率，也就增加了厂家的成本。

2）一般材：主要用于除 DDQ 用途外的材料，这种材料的特点是延伸率相对较低（≥45%），而硬度相对较高（≤180），内部晶粒度等级为 8.0～9.0，与 DDQ 材比较，它的深冲性能相对稍差，主要用于不需伸拉就能得到的制品，像一类餐具的勺、匙、叉、电器用具、钢管用途等。但它与 DDQ 材相比有一个优点，就是抛光性（BQ 性）相对较好，这主要是由于它的硬度稍高的缘故。

（2）表面品质。不锈钢薄板是一种价格非常高的材料，客户对它的表面质量要求也非常高。但不锈钢薄板在生产过程中不可避免会出现各种缺陷，如划伤、麻点、折痕、污染等，其表面质量如划伤、折痕等这些缺陷无论是高级材还是低级材都不允许出现，而麻点这种缺陷在勺、匙、叉、制作时也是决不允许的，因为抛光时很难抛掉它。

（3）厚度公差。一般来说，不锈钢制品的不同，其要求原料厚度公差也各不相同，像二类餐具和保温杯等，厚度公差一般要求较高，为 -3%～5%，而一类餐具厚度公差一般要求 -5%，钢管类要求 -10%，宾馆用冷柜用材厚度公差要求为 -8%，经销商对厚度公差的要求一般为 -4%～6%。同时，产品内外销的不同也会导致客户对原料厚度公差要求的不同。一般出口产品客户的厚度公差要求较高，而内销企业对厚度公差要求相对较低（大多出于成本方面考虑），部分客户甚至要求 -15%。

（4）焊接性。产品用途的不同对焊接性能的要求也各不相同。一类餐具对焊接性能一般不做要求，甚至包括部分锅类企业。但是，绝大多数产品需要原料焊接性能好，如二类餐具、保温杯、钢管、热水器、饮水机等。

（5）耐腐蚀性。绝大多数不锈钢制品要求耐腐蚀性能好，像一类及二类餐具、厨具、热水器、饮水机等，有些国外客户对产品还要求做耐腐蚀性能试验：用 NaCl 溶液加温到沸腾，一段时间后倒掉溶液，洗净烘干，称质量损失，来确定受腐蚀程度（注意：产品抛光时，因砂布或砂纸中含有 Fe，会导致测试时表面出现锈斑）。

（6）抛光性（BQ 性）。目前，不锈钢制品在生产时一般都经过抛光这一工序，只有少数制品（如热水器、饮水机内胆等）不需要抛光。因此，这就要求原料的抛光性能很好。影响抛光性能的因素主要有以下几点。

1）原料表面缺陷，如划伤、麻点、过酸洗等。

2）原料材质问题，硬度太低，抛光时就不易抛亮（BQ 性不好），而且硬度过低，在深拉伸时表面易出现橘皮现象，从而影响 BQ 性。硬度高的 BQ 性相对就好。

3）经过深拉伸的制品，变形量极大的区域表面也会出现小的黑点等，从而影响 BQ 性。

4.3.4 各种类不锈钢介绍

1. 奥氏体系不锈钢

奥氏体系不锈钢是以面心立方晶体结构的奥氏体组织（γ相为主），无磁性，主要通过冷加工使其强化（并可能导致一定的磁性）的不锈钢。钢中含Cr约18%、Ni 8%～10%、C约0.1%时，具有稳定的奥氏体组织。奥氏体铬镍不锈钢包括著名的18Cr-8Ni钢和在此基础上增加Cr、Ni含量，并加入Mo、Cu、Si、Nb、Ti等元素发展起来的高Cr-Ni系列钢。18-8不锈钢是典型的奥氏体系不锈钢类型，含有约18%铬和8%镍。18-8不锈钢中包括302、303、304等级别。奥氏体系不锈钢的主要特点如下。

（1）在正常热处理条件下，钢的基体组织为奥氏体，在不恰当热处理或不同受热状态下，在奥氏体基体中有可能存在少量的碳化物及铁素体组织。

（2）奥氏体系不锈钢不能通过热处理方法改变它的力学性能，只能采用冷变形的方式进行强化。可以通过加入钼、铜、硅等合金化元素的方法得到适用于各种使用条件的不同钢种，如316L、304Cu等。

（3）一般无磁性，但在冷加工过程后部分零件可能产生轻微的磁性，这类钢种的重要特性是具有良好的低温性能、易成型性和可焊性，并且具有较高的抗腐蚀性。

（4）仅适用于低浓度的弱酸。

（5）在缝隙和密闭的场合，可能没有足够的氧气来维持钝化膜，可能引起缝隙腐蚀。

（6）很高浓度的卤素离子，尤其是氯离子能破坏钝化膜。

2. 铁素体系不锈钢

铁素体系不锈钢是以体心立方晶体结构的铁素体组织（α相）为主，有磁性，一般不能通过热处理硬化，但冷加工可使其轻微强化的不锈钢。铁素体系不锈钢含铬量为12%～18%，但含碳量低于0.2%，这类钢一般不含镍，有时还含有少量的Mo、Ti、Nb等元素，这类钢具有导热系数大、膨胀系数小、抗氧化性好、抗应力腐蚀优良等特点，多用于制造耐大气、水蒸气、水及氧化性酸腐蚀的零部件。这类钢存在塑性差、焊后塑性和耐蚀性明显降低等缺点，因而限制了它的应用。炉外精炼技术（AOD或VOD）的应用可使碳、氮等间隙元素大大降低，因此使这类钢获得广泛应用。代表钢种是409、430，其耐蚀性不如奥氏体系不锈钢。铁素体系不锈钢的主要特点如下：

（1）抵抗应力腐蚀开裂能力优越于奥氏体系不锈钢。

（2）常温下带强磁性。

（3）不适用于高腐蚀环境。

（4）热处理不能硬化，具有优秀的冷加工性。

（5）焊接性能很差。

3. 马氏体系不锈钢

马氏体系不锈钢是基体为马氏体组织，有磁性，可通过热处理调整其力学性能的不锈钢。通俗地说，这是一类可硬化的不锈钢，典型牌号为Cr13型，如2Cr13、3Cr13、4Cr13等，淬火后硬度较高，不同回火温度具有不同强韧性组合，主要用于蒸汽轮机叶片、餐具、外科手术器械。根据化学成分的差异，马氏体系不锈钢可分为马氏体铬钢和马氏体铬镍钢两类。根据组织和强化机理的不同，还可分为马氏体系不锈钢、马氏体和半奥氏体（或半马氏体）沉淀硬化不锈钢及马氏体时效不锈钢等。马氏体系不锈钢含有铬12%～18%，代表钢种有410、420。马氏体系不锈钢的主要特点如下：

（1）马氏体系不锈钢常温下具有强磁性，一般来说，其耐蚀性不突出，但强度高，适用于高强度结构用钢。

（2）高温下具有稳定的奥氏体组织，空冷或油冷下转变成马氏体相，常温下具有完全的马氏体组织。因此，可以通过热处理方法提高和改变力学性能。

（3）焊接性能差，此类型不锈钢材料适用于低腐蚀环境。

4. 奥氏体—铁素体双相不锈钢

奥氏体—铁素体双相不锈钢兼有奥氏体和铁素体不锈钢的优点，并具有超塑性。奥氏体和铁素体组织各约占一半的不锈钢。在含碳量较低的情况下，铬（Cr）含量为18%～28%，镍（Ni）含量为3%～10%。有些钢还含有 Mo、Cu、Si、Nb、Ti、N 等合金元素。该类钢兼有奥氏体和铁素体不锈钢的特点，与铁素体相比，塑性、韧性更高，无室温脆性，耐晶间腐蚀性能和焊接性能均显著提高，同时，还保持有铁素体不锈钢的475 ℃脆性及导热系数高、具有超塑性等特点。与奥氏体不锈钢相比，其强度高且耐晶间腐蚀和耐氯化物应力腐蚀有明显提高。双相不锈钢具有优良的耐孔蚀性能，也是一种节镍不锈钢，代表钢种是2304、2205、2507。奥氏体—铁素体双相不锈钢的主要特点如下。

（1）在高温下基本为铁素体组织，在冷却至室温时具有铁素体（30%～50%）＋奥氏体双相组织。

（2）屈服强度高、超强的耐点蚀、耐应力腐蚀能力，易于成型和焊接。

5. 沉淀硬化系不锈钢

沉淀硬化系不锈钢是基体为奥氏体或马氏体组织，并能通过沉淀硬化（又称失效硬化）处理使其硬（强）化的不锈钢。沉淀硬化不锈钢按其组织可分为马氏体沉淀硬化不锈钢（以 0Cr17Ni4Cu4Nb 为代表）、半奥氏体沉淀硬化不锈钢（以 0Cr17Ni7Al 和0Cr15Ni25Ti2MoVB 为代表）和奥氏体加铁素体沉淀硬化不锈钢（以 PH55A、B、C 为代表）。这类材料是利用热处理后时效析出 Cu、Al、Ti、Nb 等的金属化合物来提高材料的强度。沉淀硬化系不锈钢的主要特点如下：

（1）这种类型的不锈钢可借助热处理工艺调整其性能，使其在钢的成型、设备制造过程中处于易加工和易成型的组织状态。半奥氏体沉淀硬化不锈钢通过马氏体相变和沉淀硬化，奥氏体、马氏体沉淀硬化不锈钢通过沉淀硬化处理，具有较高的强度和良好的韧性。

（2）铬含量在17%左右，加之含有镍、钼等元素，因此，除具有足够的不锈性外，其耐蚀性接近18-8 型奥氏体不锈钢。

（3）沉淀硬化不锈钢经过低温时效处理和冷加工后能硬化。630 型，市场上也称17-4PH，是紧固件产品使用最多的沉淀硬化不锈钢。它们有相当高的抗拉强度和柔韧性。因此，其使用性能无论在高温或低温下都表现得相当好。

4.3.5　提高不锈钢的耐蚀性的途径

提高钢耐蚀性的具体方法有很多，如在表面镀一层耐蚀金属、涂覆非金属层、电化学保护和改变腐蚀环境介质等。这其中利用合金化方法，提高材料本身的耐蚀性是最有效防止腐蚀破坏的措施之一。各种能够提高不锈钢耐腐蚀性能的方法如下：

（1）使不锈钢对具体使用的介质具有稳定钝化区的阳极极化曲线。

（2）提高不锈钢基体的电极电位，降低腐蚀原电池的电动势。

（3）使钢具有单相组织，减少微电池的数量。

（4）在钢表面生成稳定的保护膜，如钢中加硅、铝、铬等，在许多腐蚀和氧化的场合能形成致密的保护膜，提高钢的耐蚀性。

（5）减少或消除钢中各种不均匀现象也是提高钢耐蚀性的重要措施。

在钢中加入合金元素是实现提高耐腐蚀性的主要方法，加入不同的合金元素，可以通过一条途径或几条途径同时产生作用，使钢的耐腐蚀性提高。

4.3.6　不锈钢成分中合金元素的作用

一般情况下，纯金属具有比较高的塑性，当加入其他合金元素后，形成单相固溶体时也有较好的塑性，如铁镍合金可形成连续固溶体，因此，铁与镍在任意比例的情况下，合金的塑性都是很高的。但在含有其他元素的条件下，形成不溶于固溶体或部分溶于固溶体的金属间化合物，使金属的塑性降低，因此，合金的塑性比纯金属或单相固溶体的塑性差。

1. 镍（Ni）

镍是奥氏体不锈钢中的主要合金元素，其主要作用是形成并稳定奥氏体组织，从而使钢具有良好的强度、塑性及韧性，并具有优良的冷冲压成型性及冷、热加工性能。镍是强烈形成并稳定奥氏体且扩大奥氏体相区的元素，可显著降低奥氏体系不锈钢的冷加工硬化倾向，因此，镍含量的提高有利于奥氏体系不锈钢的冷加工成型。奥氏体系不锈钢中镍含量的提高，可有效防止拉深类冲压加工时制件上缘的硬化开裂及时效开裂现象，提高拉深加工的冲压比（降低拉深系数）。一般情况下，304钢种当镍含量为8.0%时，其冲压比在2.2左右；当镍含量为8.5%时，其冲压比为2.5左右；当镍含量为9%时，冲压比可达2.9，甚至更高。

2. 铬（Cr）

铬是不锈钢中最主要的合金元素，主要作用是促进不锈钢的钝化并使不锈钢保持稳定的钝态效果，从而使不锈钢具有良好的耐腐蚀性能。一般情况下，不锈钢中的含量应在12%以上。铬是强铁素体形成及稳定元素，在奥氏体系不锈钢中随着铬含量的增加，可出现铁素体组织。奥氏体系不锈钢中的铁素体组织可降低材料塑性，是材料显示各向异性的主要原因之一，不利于冲压加工。因此，奥氏体钢种为获得稳定的奥氏体组织，当铬含量增加时，应相应地提高 Ni 或 C、N 等奥氏体形成元素来形成并稳定奥氏体组织。另外，铬含量的增加可降低 M_d（30/50）值，提高材料的流动性，有利于拉深加工。

3. 硅（Si）

硅是强铁素体形成元素，不锈钢中的含量一般在 1% 以下。在奥氏体系不锈钢中，随着硅含量提高，铁素含量将增加，使材料呈现各向异性、材质硬化、降低冲击值，因此，不利于冷加工成型。

4. 锰（Mn）

锰和镍具有很多相似的地方，在一些不锈钢中锰主要用来替镍，增强奥氏体组织的稳定性。但锰有很多自己的特点，如价格相对较低，提高材料的机械强度和中温性能。另外，还有增加 N 在金相中的溶解度作用。锰的作用是替代镍元素，增加强度，但耐腐蚀性降低。

5. 钼（Mo）

钼能使不锈钢的基体强化，并提高钢的高温强度和蠕变性能。钼的加入使不锈钢的钝化膜稳定，能提高耐腐蚀性。特别在氯化物溶液中钼能改善耐点腐蚀的性能，并有效地抑制缝隙腐蚀。钼的作用是增强耐点腐蚀及晶间腐蚀能力、增强高温下性能。

6. 碳（C）

碳是工业用钢的主要元素之一，钢的性能与组织在很大程度上取决于碳在钢中的含量及其分布的形式，在不锈钢中碳的影响尤为显著。碳在不锈钢中对组织的影响主要表现在两个方面：一方面，碳是稳定奥氏体的元素，并且作用的程度很大（约为镍的 30 倍）；另一方面，由于碳和铬的亲和力很大，与铬形成一系列复杂的碳化物。碳在不锈钢中的作用是互相矛盾的，即会增加硬度，降低耐腐蚀性，降低可塑性和韧性。

7. 磷（P）

磷在不锈钢中一般被视为有害杂质，因此，其含量要求控制在 0.045% 以下。磷具有固溶强化作用，其细小析出物可提高材料的强度。

8. 硫（S）

硫在不锈钢中一般被视为有害杂质，因此，其含量要求控制在 0.045% 以下。

以上对每种合金元素在不锈钢中的作用和影响进行了说明。需要指出的是，不锈钢是多种元素共存的，这时它们的影响要比每个元素在不锈钢中的单独作用更复杂。所以，不仅要考虑每种元素的自身作用，还要考虑它们之间的相互作用和影响。总之，在分析、使用不锈钢，在确定不锈钢热处理规范时，都应全面、综合地考虑每种合金元素及其几种合金元素的综合作用。

任务 4.4　高温合金

航空用高温合金

【课程情境导入】

高温合金可分为 760 ℃高温材料、1 200 ℃高温材料和 1 500 ℃高温材料三类材料，抗拉强度为 800 MPa；或者是指在 760 ℃～1 500 ℃以上及一定应力条件下长期工作的高温金属材料。高温合金具有优异的高温强度，良好的抗氧化和抗热腐蚀性能，良好的疲劳性能、断裂韧性等综合性能，已成为军民用燃气涡轮发动机热端部件不可替代的关键材料。

高温合金主要用于制造航空、舰艇和工业用燃气轮机的涡轮叶片、导向叶片、涡轮盘、高压压气机盘及燃烧室等高温部件，还用于制造航天飞行器、火箭发动机、核反应堆、石油化工设备及煤的转化等能源转换装置。

【知识学习】

高温合金是指以铁、镍、钴为基，能在 600 ℃ 以上的高温及一定应力作用下长期工作的一类金属材料。其具有较高的高温强度，良好的抗氧化和抗腐蚀性能，良好的疲劳性能、断裂韧性等综合性能。高温合金为单一奥氏体组织，在各种温度下具有良好的组织稳定性和使用可靠性。

基于上述性能特点，且高温合金的合金化程度较高，又被称为超合金。高温合金被广泛应用于航空发动机、燃气轮机、核电等领域。其中，航空发动机是主战场，以航空发动机为例：高温合金用量占航空发动机总质量的 40% ～ 60%，主要用于燃烧室、导向器、涡轮叶片和涡轮盘四大热端部件。航空发动机性能主要取决于涡轮前温度、推重比、燃油消耗率等指标，涡轮进口温度每提高 100 K，航空发动机的推重比能够提高 10% 左右。因此，高温合金材料成为制约航空发动机发展的关键要素。

4.4.1　高温合金发展历程

1. 国外的发展概况

从 20 世纪 30 年代后期起，英、德、美等国家就开始研究高温合金。第二次世界大战期间，为了满足新型航空发动机的需要，高温合金的研究和使用进入蓬勃发展时期。20 世纪 40 年代初，英国首先在 80Ni-20Cr 合金中加入少量铝和钛，形成 γ 相以进行强化，研制成第一种具有较高的高温强度的镍基合金。同时期，美国为了适应活塞式航空发动机用涡轮增压器发展的需要，开始用 Vitallium 钴基合金制作叶片。

另外，美国还研制出 Inconel 镍基合金，用以制作喷气发动机的燃烧室。以后，冶金学家为进一步提高合金的高温强度，在镍基合金中加入钨、钼、钴等元素，增加铝、钛含量，研制出一系列牌号的合金，如英国的"Nimonic"、美国的"Mar-M"和"IN"等；在钴基合金中，加入镍、钨等元素，发展出多种高温合金，如 X-45、HA-188、FSX-414 等。由于钴资源缺乏，钴基高温合金发展受到限制。

20 世纪 40 年代，铁基高温合金也得到了发展，20 世纪 50 年代出现 A-286 和 Incoloy901 等牌号，但因高温稳定性较差，从 20 世纪 60 年代以来发展较慢。苏联于 1950 年前后开始生产"ЭИ"牌号的镍基高温合金，后来生产"ЭИ"系列变形高温合金和 ЖС 系列铸造高温合金。20 世纪 70 年代美国还采用新的生产工艺制造出定向结晶叶片和粉末冶金涡轮盘，研制出单晶叶片等高温合金部件，以适应航空发动机涡轮进口温度不断提高的需要。

发展至今，国际市场每年高温金属合金消费量有 30 万吨，广泛应用于各个领域。过去多年，航空工业对新能源飞机需求旺盛，空客与波音已有超万架此类飞机等待交付。而精密机件公司是进行全球高温合金复杂金属零部件和产品制造的，也为航空航天、化学加工、石油和天然气的冶炼及污染的防治等行业提供所需的镍、钴等高温合金。精密机件公司是波音、空客、劳斯莱斯、庞巴迪等军工航天企业的零配件制造商。

2. 国内的发展概况

自 1956 年第一炉高温合金 GH3030 试炼成功，迄今为止，我国高温合金的研究、生产和应用已历经 60 多年的发展历程。60 多年的高温合金发展可分为以下三个阶段。

第一个阶段：从 1956 年至 20 世纪 70 年代初是我国高温合金的创业和起始阶段。本阶段主要是仿制苏联高温合金为主体的合金系列，如 GH4033、GH4049、GH2036、GH3030、K401 和 K403 等。

第二个阶段：从 20 世纪 70 年代中期至 90 年代中期，是我国高温合金的提高阶段。本阶段主要试制欧美型号的发动机，提高高温合金生产工艺技术和产品质量控制。

第三个阶段：从 20 世纪 90 年代中至今，是我国高温合金的全新发展阶段。本阶段主要是应用和开发了一批新工艺，研制和生产了一系列高性能、高档次的新合金。

我国高温合金研究的主要研究单位是钢铁研究总院、北京航空材料研究院、中国科学院金属研究所、北京科技大学、东北大学、西北工业大学等，主要生产企业有中航工业、钢研高纳、炼石有色、抚顺特钢、高钢特钢和第二重型机械集团万航模锻厂（二重）等。在此基础上，我国已具备了高温合金新材料、新工艺自主研发和研究的能力。

尽管高温金属合金材料在我国已发展近 70 年，但行业发展仍处于成长期。由于高温金属合金材料领域具有较高技术含量，该行业企业拥有较深"护城河"。目前，人们正逐步完善高温合金产业链，但高温合金仍依赖进口。"十四五"期间预计我国高温合金年均需求为 8 万吨左右，目前 60% 的市场依靠进口，自主化程度需要加速提升。高温合金行业具有较高的技术和资本壁垒，因此能够进入赛道的厂商有限。据有关报告可查，未来 20 年我国各类军机采购需求在 2 800 架左右，民用飞机采购数量在 5 400 架左右，对应的高温合金需求在 1 500 亿元以上，再加上 500 亿元的燃气轮机需求，仅高温合金空间一项就有 2 000 亿元的市场空间即将打开。

4.4.2　高温合金的分类

传统的划分高温合金材料可以根据以下三种方式来进行划分。

1. 按基体元素种类

（1）铁基高温合金。铁基高温合金又可称作耐热合金钢。它的基体是 Fe 元素，加入少量的 Ni、Cr 等合金元素，耐热合金钢按其正火要求可分为马氏体、奥氏体、珠光体、铁素体耐热钢等。

（2）镍基高温合金。镍基高温合金的含镍量在一半以上，适用于 1 000 ℃ 以上的工作条件，采用固溶、时效的加工过程，可以使抗蠕变性能和抗压抗屈服强度大幅提升。目前就高温环境使用的高温合金来分析，使用镍基高温合金的范围远远超过铁基和钴基高温合金。同时，镍基高温合金也是我国产量最大、使用量最大的一种高温合金。很多涡轮发动机的涡轮叶片及燃烧室，甚至涡轮增压器都使用镍基合金作为制备材料。半个多世纪以来，航空发动机所应用的高温材料承受高温能力从20世纪40年代末的750 ℃提高到90年代末的1 200 ℃。应该说，这一巨大提升也促使铸造工艺加工及表面涂层等方面快速发展。

（3）钴基高温合金。钴基高温合金以钴为基体，钴含量大约占60%，同时，需要加入Cr、Ni等元素来提升高温合金的耐热性能，虽然这种高温合金耐热性能较好，但各个国家钴资源产量比较少，加工比较困难，因此用量不多。通常用于高温条件（600 ℃～1 000 ℃）和较长时间承受极限复杂应力的高温零部件，例如，航空发动机的工作叶片、涡轮盘、燃烧室热端部件和航天发动机等。为了获得更优良的耐热性能，一般条件下要在制备时添加元素如W、Mo、Ti、Al、Co，以保证其优越的抗热、抗疲劳性。

2. 按合金强化分类

根据合金强化类型，高温合金可分为固溶强化型高温合金和时效沉淀强化合金。

（1）固溶强化型高温合金。所谓固溶强化型即添加一些合金元素到铁、镍或钴基高温合金中，形成单相奥氏体组织，溶质原子使固溶体基体点阵发生畸变，使固溶体中滑移阻力增加而强化。有些溶质原子可以降低合金系的层错能，提高位错分解的倾向，导致滑移难以进行，合金被强化，达到高温合金强化的目的。

（2）时效沉淀强化合金。所谓时效沉淀强化即合金工件经固溶处理，冷塑性变形后，在较高的温度放置或室温保持其性能的一种热处理工艺。如GH4169合金，在650 ℃的最高屈服强度达1 000 MPa，制作叶片的合金温度可达950 ℃。

3. 按材料成型方式分类

高温合金通过材料成型方式划分为铸造高温合金（包括普通铸造高温合金、单晶铸造高温合金、定向凝固铸造高温合金等）、变形高温合金、新型高温合金（包含粉末高温合金和氧化物弥散强化高温合金等）。

（1）铸造高温合金。采用铸造方法直接制备零部件的合金材料叫作铸造高温合金。按合金基体成分划分，可分为铁基铸造高温合金、镍基铸造高温合金和钴基铸造高温合金；按结晶方式划分，铸造高温合金可分为多晶铸造高温合金、定向凝固铸造高温合金、定向共晶铸造高温合金和单晶铸造高温合金。

（2）变形高温合金。变形高温合金目前仍然是航空发动机中使用最多的材料，在国内外应用都比较广泛，我国变形高温合金年产量约为美国的1/8。以GH4169合金为例，它是国内外应用范围最多的一个主要品种。我国主要将变形高温合金用在涡轮轴发动机的螺栓、压缩机及轮、甩油盘作为主要零件，随着其他合金产品的日益成熟，变形高温合金的使用量可能逐渐减少，但在未来数十年中仍然会占主导地位。

（3）新型高温合金。新型高温合金包括粉末高温合金、钛铝系金属间化合物、氧化物弥散强化高温合金及耐蚀高温合金等多种细分产品领域。

1）粉末高温合金：第三代粉末高温合金的合金化程度提升，使其兼顾了前两代的优点，获得了更高的强度和较低的损伤，粉末高温合金生产工艺日趋成熟，未来可能从粉末制备、热处理工艺、计算机模拟技术、双性能粉末盘等方面开展。

2）钛铝系金属间化合物：已经开发到第四代，逐步向着多元微量和大量微元两个方向拓展，德国汉堡大学、日本京都大学、德国 GKSS 中心等都进行了广泛的研究，钛铝系金属间化合物现已应用于船舶、生物医用、体育用品领域。

3）氧化物弥散强化高温合金：是粉末高温合金一部分，正在生产研制的有 20 余种，具有较高的高温强度和低的应力系数，广泛地应用于燃气轮机耐热抗氧化部件、先进航空发动机、石油化工反应釜等。

4）耐蚀高温合金：主要用于替代耐火材料和耐热钢，应用于建筑及航天航空领域。

4.4.3 高温合金常用工艺

1. 铸造冶金工艺

各种先进铸件制造技术和加工设备在不断开发与完善，如热控凝固、细晶工艺、激光成型修复技术、耐磨铸件铸造技术等，原有技术水平不断提高完善，从而提高各种高温合金铸件产品的质量一致性和可靠性。

不含或少含铝、钛的高温合金，一般采用电弧炉或非真空感应炉冶炼。含铝、钛高的高温合金如在大气中熔炼时，元素烧损不易控制，气体和夹杂物进入较多，因此应采用真空冶炼。为了进一步降低夹杂物的含量，改善夹杂物的分布状态和铸锭的结晶组织，可采用冶炼和二次重熔相结合的双联工艺。冶炼的主要手段有电弧炉、真空感应炉和非真空感应炉；重熔的主要手段有真空自耗炉和电渣炉。

固溶强化型合金和含铝、钛低（铝和钛的总量约小于 4.5%）的合金锭可采用锻造开坯；含铝、钛高的合金一般要采用挤压或轧制开坯，然后热轧成材，有些产品需要进一步冷轧或冷拔。直径较大的合金锭或饼材需用水压机或快锻液压机锻造。

2. 定向结晶冶金工艺

为了减少或消除铸造合金中垂直于应力轴的晶界和减少或消除疏松，近年来又发展出定向结晶冶金工艺。这种工艺是在合金凝固过程中使晶粒沿一个结晶方向生长，以得到无横向晶界的平行柱状晶。实现定向结晶的首要工艺条件是在液相线和固相线之间建立并保持足够大的轴向温度梯度及良好的轴向散热条件。另外，为了消除全部晶界，还需要研究单晶叶片的制造工艺。

3. 粉末冶金工艺

粉末冶金工艺主要用于生产沉淀强化型和氧化物弥散强化型高温合金。这种工艺可以使一般不能变形的铸造高温合金获得可塑性甚至超塑性。

4. 强度提高工艺

（1）固溶强化。加入与基体金属原子尺寸不同的元素（铬、钨、钼等）引起基体金属点阵的畸变，加入能降低合金基体堆垛层错能的元素（如钴）和加入能减缓基体元素扩散速率的元素（钨、钼等），以强化基体。

（2）沉淀强化。通过时效处理，从过饱和固溶体中析出第二相（γ'、γ''、碳化物等），以强化合金。γ' 相与基体相同，均为面心立方结构，点阵常数与基体相近，并与晶体共格，因此，γ′相在基体中能呈细小颗粒状均匀析出，阻碍位错运动，而产生显著的强化作用。γ′相是 A3B 型金属间化合物，A 代表镍、钴，B 代表铝、钛、铌、钽、钒、钨，而铬、钼、铁既可为 A 又可为 B。镍基合金中典型的 γ′相为 Ni_3（Al、Ti）。

通过下列途径，γ′相的强化效应可以得到加强：

1）增加 γ′相的数量。

2）使 γ′相与基体有适宜的错配度，以获得共格畸变的强化效应。

3）加入铌、钽等元素增大 γ′相的反相畴界能，以提高其抵抗位错切割的能力。

4）加入钴、钨、钼等元素提高 γ′相的强度。γ″相为体心四方结构，其组成为 Ni_3Nb。因 γ″相与基体的错配度较大，能引起较大程度的共格畸变，使合金获得很高的屈服强度。但超过 700 ℃，强化效应便明显降低。钴基高温合金一般不含 γ 相，而用碳化物强化。

4.4.4　高温合金常用类型

1.GH4169 高温合金

GH4169 高温合金是镍—铬—铁基高温合金。GH4169 高温合金属于镍基变形高温合金。镍基高温合金是一种最复杂的合金，它被广泛地应用于制造各种高温部件；同时，也是所有高温合金中最引人注目的一种合金，它的相对使用温度在所有普通合金系中也是最高的。目前，先进的飞机发动机中这种合金的比重在 50% 以上。

GH4169 高温合金是由国际镍公司亨廷顿分公司的 Eiselstein 研制成功，于 1995 年公开介绍的时效硬化镍—铬—铁基变形合金。合金是以体心立方 g″ 和面心立方 g′ 相为沉淀强化的一种镍基变形高温合金，在 650 ℃ 以下具有高的抗拉强度、屈服强度和良好的塑性，具有良好的抗腐蚀、抗辐射能、疲劳、断裂韧性等综合性能，以及满意的焊接和焊后成型性能等。合金在 –253 ℃～650 ℃ 很宽的温度范围内组织性能稳定，成为在深冷和高温条件下用途极广的高温合金。GH4169 由于良好的综合性能，目前被广泛用于航空发动机的压气机盘、压气机轴、压气机叶片、涡轮盘、涡轮轴、机匣、紧固件和其他结构件与板材焊接件等。

我国于 20 世纪 70 年代开始研制 GH4169 合金，主要应用于盘件，使用时间比较短，所以采用真空感应加电渣重熔的双联工艺。20 世纪 80 年代开始应用于航空领域，提高和改进材料质量、提高合金的综合性能和使用可靠性成为主要的研究方向。当前 GH4169 高温合金的主要研究方向如下。

（1）改进冶炼工艺。量化冶炼参数，实现程序稳定操作，使合金显微组织更加均匀，从而得到优良的屈服和疲劳强度及抗裂纹扩展止裂能力，提高低周疲劳强度等。

（2）改进热处理工艺。目前的热处理工艺不能很好地消除钢锭中心的偏析，所以对组织的均匀性有不利影响，因此采用合理的均匀化退火工艺，得到细晶坯料成为现在的主要研究方向。

（3）改进使用设计。GH4169 高温合金的工作温度不能高于 650 ℃，所以，应当加强零部件的冷却，充分发挥该高温合金的高性能、低成本等优点。

（4）提高组织稳定性能。由于航空发动机部件的长寿命要求，对于提高 GH4169 高温合金长期时效组织稳定性方面也是至关重要的。

2. 单晶高温合金

目前，单晶高温合金材料已发展到第四代，承温能力提升到 1 140 ℃，已近金属材料使用温度极限。未来要进一步满足先进航空发动机的需求，叶片的研制材料要进一步拓展，陶瓷基复合材料有望取代单晶高温合金满足热端部件在更高温度环境下的使用。

单晶高温合金叶片的研制难度和周期与其结构复杂性有关，普通复杂程度的单晶叶片研制周期较短，但在航空发动机上应用也需经历较长的时间。从单晶实心叶片到单晶空心叶片，再到高效气冷复杂空心叶片等，技术难度跨度很大，相应的研制周期跨度也较大。一般一种普通复杂程度的单晶空心叶片从图纸确认、模具设计到试制，再到小批投产，需要 1 ～ 2 年时间。但单晶叶片由于其复杂的服役环境，需要进行大量的验证试验，一般一种普通结构的单晶空心叶片从研制出来以后到航空发动机上应用需要 5 ～ 10 年的时间，有的因发动机研制进度的影响，甚至需要 15 年或更长的时间。

4.4.5 主要应用领域

1. 航空航天领域

我国发展自主航空航天产业，研制先进发动机，将带来市场对高端和新型高温合金的需求增加。航空发动机被称为"工业之花"，是航空工业中技术含量最高、难度最大的部件之一。作为飞机动力装置的航空发动机，特别重要的是金属结构材料要具备轻质、高强、高韧、耐高温、抗氧化、耐腐蚀等性能，这是结构材料中最高的性能要求。

高温合金是能够在 600 ℃以上及一定应力条件下长期工作的金属材料。高温合金是为了满足现代航空发动机对材料的苛刻要求而研制的，至今已成为航空发动机热端部件不可替代的一类关键材料。目前，在先进的航空发动机中，高温合金用量所占比例已高达 50%以上。

在现代先进的航空发动机中，高温合金材料用量占发动机总量的 40% ～ 60%。在航空发动机上，高温合金主要用于燃烧室、导向叶片、涡轮叶片和涡轮盘四大热段零部件；另外，还用于机匣、环件、加力燃烧室和尾喷口等部件。

2. 能源化工领域

高温合金在能源领域中有着广泛的应用。煤电用高参数超临界发电锅炉中，过热器和再过热器必须使用抗蠕变性能良好、在蒸汽侧抗氧化性能及在烟气侧抗腐蚀性能优异的高温合金管材；在气电用燃气轮机中，涡轮叶片和导向叶片需要使用抗高温腐蚀性能优良和长期组织稳定的抗热腐蚀高温合金；在核电领域中，蒸汽发生器传热管必须选用抗溶液腐蚀性能良好的高温合金；在煤的气化和节能减排领域，广泛采用抗高温热腐蚀和抗高温磨蚀性能优异的高温合金；在石油和天然气开采，特别是在深井开采中，钻具处于 4 ℃～150 ℃的酸性环境中，加之 CO_2、H_2S 和泥沙等的存在，必须采用耐蚀耐磨高温合金。

我国上海电气、东方电气、哈尔滨汽轮机厂等大型发电设备制造集团在生产规模和生产技术等方面近年来有了较大提高，拉动了对发电设备用的涡轮盘的需求。正在进行国产化研制的新一代发电装备——大型地面燃机（也可作为舰船动力）取得了显著进展，实现量产后将带动对高温合金的需求。同时，核电设备的国产化也将拉动对国产高温合金的需求。

4.4.6　发展前景

1. 含铼单晶叶片的研究

在单晶的成分设计中，要兼顾合金性能和工艺性能，因为单晶中不存在晶界，并应用在较为苛刻的环境下，所以引入了某些具有特殊作用的合金元素。随着单晶合金的发展，合金的化学成分具有如下变化趋势：引入 Re 元素，引入 Ru、Ir 等铂族元素，增加难熔元素 W、Mo、Re、Ta 的含量；难熔元素的加入总量增加，C、B、Hf 等元素从"完全去除"转为"限量使用"；降低 Cr 含量从而允许加入更多其他的合金化元素而保持组织稳定。

含铼单晶叶片大幅提升了其耐温能力及蠕变强度。以 PW 公司的 PWA1484、RR 的 CMSX-4，GE 公司的 Rene′N5 为代表的第二代单晶合金与第一代单晶合金相比，通过加入 3% 的铼元素、适当增大了钴和钼元素的含量，其工作温度提高了 30 ℃，持久强度与抗氧化腐蚀能力达到很好的平衡。

含铼单晶叶片是未来航空发动机涡轮叶片的趋势。单晶叶片由于其耐温能力、蠕变强度、热疲劳强度、抗氧化性能和抗腐蚀特性较定向凝固柱晶合金有了显著提高，从而很快得到了航空燃气涡轮发动机界的普遍认可，绝大多数先进航空发动机采用了单晶合金用作涡轮叶片。

2. 新型高温合金的研究

新型高温合金主要包括粉末高温合金、金属间化合物、ODS 合金和高温金属基自润滑材料。

（1）粉末高温合金。FGH51 粉末高温合金是采用粉末冶金工艺制备的相沉淀强化型镍基高温合金。该合金形成元素的原子分数为 50% 左右。合金盘件的制造工艺路线是采用真空感应熔炼制取母合金，然后雾化制取预合金粉末，进而制成零件毛坯。与同类铸、锻高温合金相比，它具有组织均匀、晶粒细小、屈服度高和疲劳性能好等优点，是当前650 ℃工作条件下强度水平最高的一种高温合金。该种高温合金主要用于高性能发动机的转动部件，如涡轮盘和承力环件等。

（2）金属间化合物。金属间化合物用于制作各类先进运载工具动力推进系统的构件，减少自重、提高效能。

（3）ODS 合金。ODS 合金具有优良的高温蠕变性能、高温抗氧化性能、抗碳、硫腐蚀性能，可用于制造发动机关键部件，也可用于火力发电系统、煤气化炉、工业燃气轮机和工业锅炉、玻璃制造、汽车柴油发动机、核反应堆等。

（4）高温金属基自润滑材料。高温金属基自润滑材料主要用于生产高温自润滑轴承，主要替代含油轴承、镶嵌式固体自润滑轴承、双金属轴瓦及铸硫钢固体润滑轴承（包括铸钢表面硫化处理轴承）在冶金设备上的应用。该高温自润滑轴承具有强度高、承载能力大、润滑效果好、结构设计合理、噪声小、使用寿命长等优点。

任务 4.5 航空钢材的应用

航空钢材是指用于航空航天等高强度、高温、高耐腐蚀的材料，具有良好的机械性能、耐腐蚀性能和热处理性能。航空用钢进行材料选用主要考虑标准规范、工艺适应、使用性能和经济原则。特种合金钢选用后进行产品设计时，保证产品环境适应性；通过产品设计完成产品抗疲劳专用性能，以及可靠性、维修性、耐久性等通用性能。

航空钢材主要适用于制造航空零部件，如飞机机翼、机身、机尾、发动机等，以及用于制造航空发动机的零部件，如活塞、活塞环、活塞体、活塞杆等。另外，航空钢材也可用于制造航空设备，如液压系统、控制系统、推进系统等。另外，航空钢材还可用于制造航空安全设备，如安全带、防护罩、防护架等。

用于飞机的钢材主要包括超高强度钢和不锈钢。

4.5.1 超高强度钢

屈服强度高于 1 245 MPa、抗拉强度高于 1 370 MPa 的结构钢材称为超高强度钢。该钢种的比强度高，即强度与密度的比值高，因而适用于航空工业。目前超高强度钢主要包括以下几种。

（1）低合金超高强度钢。其强度来自马氏体于 260 ℃ 以下低温回火，添加硅后回火温度可提高到 350 ℃。该类钢用于室温下工作的承力构件，包括飞机的起落架、主梁及其他高强度关键零部件。

（2）二次硬化超高强度钢。其中的中合金超高强度钢的强度来自马氏体于 550 ℃ 左右回火产生二次硬化，回火温度的高低取决于选用的二次硬化合金元素。该类钢适用于 500 ℃ 以下的中温高强度构件，如飞机起落架、梁、承力框架、螺栓等。

高合金超高强度钢强度来自低碳高合金马氏体于 550 ℃ 以下回火产生二次硬化，回火温度高低与选用的合金元素种类、数量及配比有关。高合金超高强度钢具有优良的综合力学性能，取代其他类型钢用于飞机起落架、螺栓等零件。

（3）马氏体时效超高强度钢。其强度来自含有 18%～20% 以上 Ni 的奥氏体空冷得到的低碳、高合金马氏体和时效时合金元素 Mo、Ti、Al 重新分配形成化合物沉淀。该类钢主要用于固体燃料发动机火箭壳体等。

长期以来，飞机制造业使用最多的钢材，是强度水平为 1 600～1 850 MPa、断裂韧性为 77.5～91 MPa/m^2 的中合金化高强度钢。目前，在保持同样断裂韧性指标的条件下，已将钢材的最低强度水平提高到了 1 950 MPa。还开发出了新型经济合金化的高抗裂性、高强度焊接结构钢，以及强度性能水平为 2 100～2 200 MPa 的高可靠性结构钢；高强度耐蚀钢强度水平与中合金结构钢相近，可靠性参数大大超过中合金结构钢。

4.5.2 不锈钢

航空工业的发展一再证明飞机及航空发动机性能的改进大部分要依靠材料性能的提

高来实现。尽管在飞机制造中钢的比重不断下降，但由于钢的高强度、高韧性、高耐应力腐蚀开裂及良好的抗冲击性能，飞机的一些关键承力结构件（如起落架、大梁、大应力接头、高应力紧固件等）仍在继续使用高强度钢。同时，由于绿色制造的要求，越来越多的高强度不锈钢应运而生，它们在满足力学性能的条件下还具有较高的耐蚀性，能够替代"合金钢 + 表面处理"的选材方案，减小社会的环保压力。根据应用部位，高度强不锈钢主要应用于以下几个方面。

1. 在飞机起降装置上的应用

用于制造飞机起落架的结构材料为 30CrMnSiNi2A、4340、300M、Aermet100 等。对于在海洋性气候下使用的飞机的起落架、紧固件等则多使用沉淀硬化不锈钢制造，如 17-4PH 用于 F-15 飞机的起落架，其改进型 15-5PH 用于 B-767 飞机的起落架，PH13-8Mo 由于抗应力腐蚀性能比同级别沉淀硬化不锈钢好而有望代替 17-4PH、15-5PH 及 17-7PH、PH15-7Mo 等钢种。

美国自 20 世纪 80 年代起对马氏体时效与沉淀硬化不锈钢的强韧化做了深入研究，如 HSL180 和 Custom465 钢等。它们的强度都超过 1 600 MPa，其中 HSL180 是在淬火、低温处理后，利用回火处理的二次硬化得到了与 15-5PH 相近的耐腐蚀性和 1 800 MPa 以上的强度；美国 Carpenter Technology 开发的 Custom465（00Crl2Nil1MolTi0.6）在 H1000 过时效状态可以提供比其他高强度不锈钢（如 NCustom455 或 PH13-8Mo）更高的强度、韧性和抗应力腐蚀性的组合，该公司正在研究具有接近 2 000 MPa 的高强度特性的不锈钢。

2. 在飞机轴承上的应用

德国 FAG 公司开发了添加氮的马氏体不锈钢 Cronidur3（0.31%C-0.38%N-15%Cr-l%Mo）。它作为比 SUS440 更耐腐蚀的材料，是通过高压氮气气氛下进行电渣重熔的 PESR 工艺生产的高氮完全硬化型高温不锈钢。但因其是完全硬化型的，不适于高 DN 值（D：轴承内径 /mm，N：轴转数 /min），然而用同样的 Cronidur30 通过高频淬火，就可以 DN400 万的值同时满足残余压应力及断裂韧性值。但是回火温度低于 150 ℃，就不能承受引擎关闭后热冲击造成的轴承温度上升。

3. 在飞机承力结构件上的应用

飞机承力结构件中的高强度不锈钢主要有 15-5PH、17-4PH、PH13-8Mo 等，并在军用飞机上应用以替代传统的 30CrMnSiA 等合金钢。其零件形式有舱盖锁闩、高强度螺栓、弹簧等各类零配件。民用飞机将此类高强度不锈钢用于机翼梁上，如波音 737-600 型机翼梁用 15-5PH 钢，A340-300 型机翼梁用 PH13-8Mo 钢。

在要求高强度和高韧性，特别对横向性能有特殊要求的部位，如机身框架，使用了 PH13-8Mo。在要求高韧性和高耐应力腐蚀性的结构上，使用了 Custom465 等。Custom465 是 Carpenter Technology 公司研制的，用于制造飞机的襟翼导轨、缝翼导轨、传动装置、引擎支架等，该不锈钢目前已纳入 MMPDS-01、AMS 5936 和 ASTM A564 等技术规范。同时，HSL180 高强度不锈钢（0.21%C-12.5%Cr-1.0%Ni-15.5%Co-2.0%Mo）也用于飞机结构件的制造，该钢兼有与 4340 等低合金钢相当的 1 800 MPa 的强度，与 SUS630 等沉淀硬化不锈钢同等的耐腐蚀性和韧性。

4. 在飞机零件上的应用

对于一些加工变形量大的零件，如飞机襟翼整流罩，传统上一般采用 1Crl8Ni9Ti 不锈钢，但该合金强度太低，在使用中，铆钉孔处经常发生拉坏现象。鉴于上述情况，在新型号的设计中，对座舱锁钩、齿垫、发动机吊杆螺栓、液压系统导管弯管接头（锻件）、无扩口管接头、襟翼整流罩等部位的零件采用了我国自行研制的半奥氏体沉淀硬化型不锈钢替代传统不锈钢材料。另外，一些高强度螺栓一般都是由高强度合金钢加工而成，表面镀镉进行防护。但在新型号设计中，这类零件均已采用 0Cr12Mn5Ni4Mo3Al（69111）不锈钢进行制造。

【学习小结】

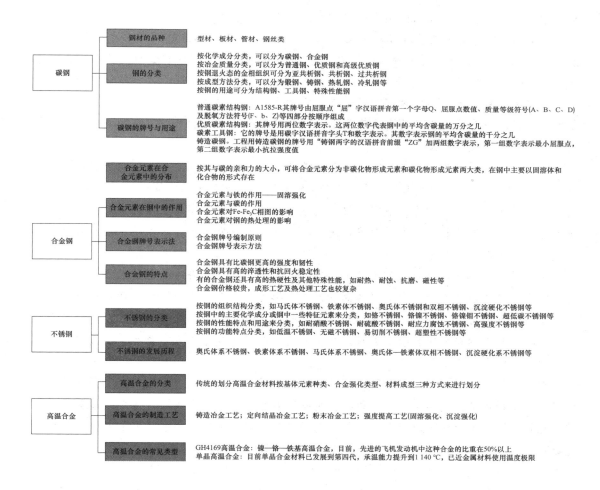

121

0.015 mm 的超薄"手撕钢"是怎样"擀"出来的？

0.02 mm，A4 纸厚度的 1/4。如此厚度的不锈钢箔带，因为可以用手轻易撕开，所以被人称作"手撕钢"。因为轻薄，且具有高强度、耐腐蚀、耐磨损、耐热、耐光等特性，"手撕钢"成为国防科技、航空航天、精密仪器、折叠显示屏等领域不可或缺的材料，但生产"手撕钢"的技术很长时间里一直被日本、德国等少数国家垄断，山西太原钢铁集团有限公司（简称太钢）是这一领域里的黑马。

作为太钢不锈钢精密带钢有限公司经理、"手撕钢"研发团队带头人，从 2016 年至今，王天翔带领团队攻克"手撕钢"研发难题，从 0.02 mm 再到 0.015 mm，公司一举成为全球唯一可批量生产宽幅超薄不锈钢精密箔材的企业。据王天翔介绍，"手撕钢"广泛应用于航空航天、医疗器械、精密仪器、计算机等高精尖端设备制造行业。由于"手撕钢"的生产工艺控制难度大、产品质量要求高，其核心技术被少数国家掌握，我国对"手撕钢"的需求量占全球市场的 80%，但很长时间我国完全依赖进口。

从业 33 年的王天翔曾在集团的设备管理、生产维修、热连轧厂等多个部门工作。2016 年，集团选派王天翔来到太钢不锈钢精密带钢有限公司，尽管公司从体量上说是集团的"小厂"，但担负着攻克"卡脖子"技术的使命，集团下定决心，不能让它继续亏损下去，精密带钢生产也要实现突破性进展。山西太钢不锈钢精密带钢有限公司党总支副书记樊中业说，当时公司生产的主要产品是厚度 0.05 mm 不锈钢材料，其在市场上并无很强的竞争力，企业长期亏损。

对于职工来说，收入比集团的平均工资低 20%，一些职工甚至都不愿意说自己是精密带钢厂的，感觉"抬不起头来"。王天翔来到公司后，立即带领研发团队，了解市场需求，提高产品品种率，做到"你无我有，你有我优"，实现换道超车。王天翔说，第二个月企业就扭亏为盈，这让职工看到了希望。此后，他带领企业全体职工向厚度 0.02 mm 以下的"手撕钢"研发发起冲击。

对于王天翔和研发团队的成员来说，"手撕钢"研发远比预计的要困难。王天翔举例说，好比厚厚的一团面，把它擀成薄薄的面饼。擀面只需要一根擀面杖，而要把普通钢材"擀"薄，需要 20 根轧辊。"0.8 mm 厚度的普通钢材，每往薄轧一次，轧辊就要重新配比一次，这其中的排列组合有上万种，加上锥度、凸度等变量因素，需要从上万种辊系的配比中不断摸索。"王天翔说。

在四年的研发过程中，平均两天就要面对一次试验失败，这对于王天翔和团队每位成员来说，无疑都是巨大的压力。公司检验主管廖席曾因为多次失败，自信心严重受挫，"觉得没有收获"。王天翔曾对廖席说，怎么能没有收获呢，咱们办公室将近 1 m 高的笔记本就是收获。四年来，王天翔带领着研发团队攻克 175 个设备难题、452 个工艺难题，终于实现"手撕钢"优质量产。2020 年，研发团队对现有的轧制技术做了进一步攻关，根据客户需求，向新的极限尺寸发起冲击，研发厚度 0.015 mm、实际宽度 600 mm 的不锈钢精密箔材。

　　王天翔说，0.015 mm的厚度超出设备的设计极限，轧辊已经"感觉"不到不锈钢精密箔材的存在，在"擀"的过程中不断打滑，经过研发团队不断总结，不断改进工艺，终于量产出宽度为600 mm、厚度为0.015 mm的不锈钢精密箔材，这也是目前为止世界上最宽、最薄的不锈钢精密箔材。"我们还要继续加大投入力度，紧盯高精尖的不锈钢产品的研发，占领市场制高点，为中国制造提供强有力的基础材料保障。"王天翔说。

【学习自测】

1. 填空题

（1）碳钢中的有益元素是_____、_____，碳钢中的有害元素是_____和_____。

（2）硫存在钢中，会使钢产生_____，磷存在钢中会使钢产生_____。

（3）按用途分类，钢可分为_____、_____、_____三种。

（4）合金钢按照其用途可分为_____、_____、_____三大类。

（5）工作条件不同，合金模具钢可分为_____和_____两种。

（6）常用的不锈钢按组织分为_____、_____、_____。

2. 选择题

（1）合金渗碳钢渗碳后必须进行（　　）热处理才能使用。

　　A. 淬火＋低温回火　　　　　　　　B. 淬火＋中温回火

　　C. 淬火＋高温回火

（2）GCr15钢的平均含铬量为（　　）%。

　　A.15　　　　　　　　B.1.5　　　　　　　　C.15

（3）制作圆板牙用（　　），制作高速切削车刀用（　　），热锻模用（　　），制作医疗手术刀用（　　）。

　　A.9SiCr　　　　　　B.W18Cr4V　　　　　C.5CrNiMo　　　　　D.3Cr13

（4）钢中的（　　）元素引起钢的热脆；钢中的（　　）元素引起钢的冷脆。

　　A.Mn　　　　　　　B.S　　　　　　　　C.Si　　　　　　　　D.P

（5）合金钢的淬火加热温度应比碳钢（　　）。

　　A. 高　　　　　　　B. 低　　　　　　　C. 低得多　　　　　　D 均不正确

3. 简答题

（1）什么是合金钢？常加入的合金元素有哪些？

（2）碳钢中常存在杂质有哪些？对钢的力学性能有何影响？

（3）钢按不同的分类方法共分成几类？

（4）提高不锈钢的耐蚀性的途径包括哪些？

航空用有色金属及合金

【学习目标】

【知识目标】

1. 了解铝合金的分类、性能、强化途径、牌号及应用；
2. 了解镁合金的分类、性能、牌号及应用；
3. 了解钛合金的分类、性能、牌号及应用；
4. 了解铜合金的分类、性能、牌号及应用。

【技能目标】

1. 具有根据使用要求识别航空用有色金属的能力；
2. 具有分析航空用有色金属成分、组织和性能的能力；
3. 具有根据航空用有色金属的使用要求初步选材和分析其加工工艺的能力。

【素质目标】

1. 培训严谨的工作态度、责任心；
2. 培养吃苦耐劳的精神；
3. 培养能运用所学知识解决问题的能力。

【学习任务】

任务 5.1　铝及铝合金

稳坐飞机结构材料铝合金

【课程情境导入】

　　航空铝合金是飞机、航天飞行器制造的主要材料。伴随着当代飞机设计制造对飞行性能、有效荷载、燃油消耗、服役寿命及安全可靠性要求的不断提升，对铝合金结构的综合性能及减重效果也提出了越来越高的要求。

因此，采用大尺寸铝合金材料经过数控铣削加工出整体式铝合金结构件，取代传统中由多个铝合金散件拼装而成的组合结构件，不仅可实现结构件大幅减重、提高服役过程可靠性，而且铝可以被用作航天飞机的固体火箭助推器发动机的主要推进剂，因为铝具有很高的体积能量密度并且难以意外点燃。

航空航天工业长期以来一直依赖铝合金。如果没有在引擎中使用铝合金，第一架飞机就永远不可能飞行。人造卫星的很多部件也是由铝制成的，因此，人造卫星能够在穿越我们的外部大气并进入太空的过程中幸存下来。无论是设计商用飞机还是建造精密的航天飞机，铝合金都是至关重要的材料。铝合金最常用于机身、机翼和支撑结构的制造中，为飞机和太空飞行工程带来一系列好处。航空航天用铝合金也被用于处理在太空冷冻真空中遇到的低于零温度的条件。

【知识学习】

5.1.1 工业纯铝

工业上使用的纯铝，其纯度最低为 98%，最高可达 99.96%。

1. 物理性能

铝是一种轻金属，具有银白色的金属光泽。其主要特性是轻，相对密度只有钢铁的 1/3。某些合金的机械强度甚至超过结构钢。因此，铝合金具有很大的强度 – 重量比。铝在低温下的强度特性引人注目，它的强度随温度降低而增大。即使温度降低到 –198 ℃，铝也不变脆。

铝是一种优良的导电材料。铝的导电能力虽然只有铜的 60% ~ 70%，但是按重量计算，铝能够更好地导电。以传导等量电流而论，铝的导电截面面积大约是铜的 1.6 倍，然而铝的重量只有铜的 50%。换而言之，铝可节省用量。况且铝的价格远低于铜。故用铝代替铜做导电材料可以节省投资费用。

铝具有良好的导热性能。铝的热导率大约是不锈钢的 10 倍。其还具有良好的光和热的反射能力。铝没有磁性不会产生附加的磁场，在精密仪器中不会起干扰作用。铝易于加工，可压成薄板或铝箔，或拉成铝线，挤压成各种异形的材料。

铝的电阻率，在温度 50 K 以下时，低于高纯度的铜和银。铝在 1.2 K 以下成为超导体。在 100 K 以下，铝的电阻率对其纯度很敏感。利用这种特性，可从室温下电阻率对液氦沸点时电阻率来测定铝的纯度。对于 99.999% 铝，电阻率比值可达到 30 000 以上。氧化薄膜又使铝不易被腐蚀。铝能够与稀的强酸（如稀盐酸、稀硫酸等）进行反应。

2. 化学性能

虽然铝是一种非常活泼的常用金属，它在一般的氧化环境中却是很稳定的。这是因为暴露在氧气、水和其他氧化剂的新鲜铝表面上生成一薄层连续的氧化铝膜，它具有很大的稳定性。铝与酸生成氢气和相应的铝盐，但要将其氧化膜去掉或快速摩擦后放入酸液。与一般的金属不同的是，它也可以与强碱进行反应，形成四羟基合铝酸盐和氢气。因此，认为铝是两性金属。在常温下，铝在浓硝酸和浓硫酸中被钝化，不与它们反应，所以，浓硝酸是采用铝罐运输的。

3. 力学性能

工业纯铝的力学性能见表 5-1。

表 5-1　工业纯铝的力学性能

材料状态	σ_b/MPa	HBW	δ/%	Ψ/%
退火	78	245	35	80
冷加工	147	314	6	50～60

纯铝在航空工业中的主要用途是冶炼铝合金，作为铝合金表面的包覆材料，制作铆钉、铝箔，代替铜做导电材料。

5.1.2　铝合金

1. 铝合金的分类及性能特点

铝合金分类如图 5-1 所示。

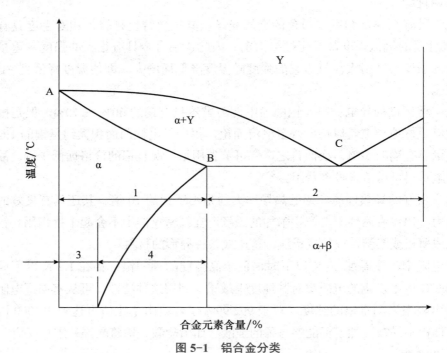

图 5-1　铝合金分类

1—变形铝合金；2—铸造铝合金；3—不能热处理强化；4—能热处理强化

铝合金分类及性能特点见表 5-2。

表 5-2　铝合金分类及性能特点

分类		合金名称	合金系	性能特点	示例
铸造铝合金		简单铝硅合金	Al-Si	铸造性能好，不能热处理强化，力学性能较低	ZL102
		特殊铝硅合金	Al-Si-Mg	铸造性良好，能热处理强化，力学性能较高	ZL101A
			Al-Si-Cu		ZL107
			Al-Si-Mg-Cu		ZL105，ZL110
			Al-Si-Mg-Cu-Ni		ZL109
		铝铜铸造合金	Al-Cu	耐热性能好，铸造性能与抗蚀性能差	ZL201
		铝镁铸造合金	Al-Mg	力学性能高，抗蚀性好	ZL301
		铝锌铸造合金	Al-Zn	能自动淬火，宜于压铸	ZL401
		铝稀土铸造合金	Al-Re	耐热性好	
变形铝合金	不能热处理强化铝合金	防锈铝	Al-Mn	抗蚀性、压力加工性与焊接性能好，但强度低	3A21
			Al-Mg		5A05
	能热处理强化铝合金	硬铝	Al-Mg-Cu	力学性能高	2A11，2A12
		超硬铝	Al-Mg-Cu-Zn	室温强度最高	7A04，7A09
		锻铝	Al-Si-Mg-Cu	锻造性能好耐热性能好	2A14，2A50
			Al-Mg-Cu-Fe-Ni		2A70，2A80

2. 铝合金的热处理

（1）退火处理。退火处理的作用是消除铸件的铸造应力和机械加工引起的内应力，稳定加工件的外形和尺寸，并使 Al-Si 系合金的部分 Si 结晶球状化，改善铝合金的塑性。其工艺是将铝合金铸件加热到 280 ℃～300 ℃，保温 2～3 h，随炉冷却到室温，使固溶体慢慢发生分解，析出的第二质点聚集，从而消除铸件的内应力，达到稳定尺寸、提高塑性、减少变形、翘曲的目的。

（2）淬火处理。淬火是将铝合金铸件加热到较高的温度（一般在接近于共晶体的熔点，多在 500 ℃以上），保温 2 h 以上，使合金内的可溶相充分溶解。然后，急速淬入 60 ℃～100 ℃的水中，使铸件急冷，使强化组元在合金中得到最大限度的溶解并固定保存到室温，这种过程称为淬火，也称为固溶处理或冷处理。

（3）时效处理。时效处理，又称低温回火，是将经过淬火的铝合金铸件加热到某个温度，保温一定时间出炉空冷直至室温，使过饱和的固溶体分解，并让合金基体组织稳定的工艺过程。合金在时效处理过程中，随温度的上升和时间的延长，约经过过饱和固溶体点阵内原子的重新组合，生成溶质原子富集区（称为 G-P Ⅰ区）和 G-P Ⅰ区消失，第二相原子按一定规律偏聚并生成 G-P Ⅱ区，之后生成亚稳定的第二相（过渡相），大量的 G-P Ⅱ区和少量的亚稳定相结合及亚稳定相转变为稳定相、第二相质点聚集几个阶段。

时效处理又可分为自然时效和人工时效两大类。自然时效是指时效强化在室温下进行的时效；人工时效又可分为不完全人工时效、完全人工时效、过时效。

1）不完全人工时效：将铸件加热到 150 ℃～ 170 ℃，保温 3 ～ 5 h，以获得较好的抗拉强度、良好的塑性和韧性，但抗蚀性较低的热处理工艺。

2）完全人工时效：将铸件加热到 175 ℃～ 185 ℃，保温 5 ～ 24 h，以获得足够的抗拉强度（最高的硬度）但延伸率较低的热处理工艺。

3）过时效：将铸件加热到 190 ℃～ 230 ℃，保温 4 ～ 9 h，使强度有所下降，塑性有所提高，以获得较好的抗应力、抗腐蚀能力的工艺，也称为稳定化回火。

（4）循环处理。将铝合金铸件冷却到零下某个温度（如 –50 ℃、–70 ℃、–195 ℃）并保温一定时间，再将铸件加热到 350 ℃以下，使合金中度固溶体点阵反复收缩和膨胀，并使各相的晶粒发生少量位移，以使这些固溶体结晶点阵内的原子偏聚区和金属之间化合物的质点处于更加稳定的状态，达到提高产品零件尺寸、体积更稳定的目的。这种反复加热冷却的热处理工艺称为循环处理。这种处理适用于要求很精密、尺寸很稳定的零件（如检测仪器上的一些零件）。一般铸件均不做这种处理。

（5）铝合金热处理状态代号。根据《变形铝及铝合金状态代号》（GB/T 16475—2008）的规定，基础状态代号用一个英文大写字母表示，见表 5-3。

表 5-3　基础状态代号

代号	名称	说明与应用
F	自由加工状态	适用于在成型过程中，对于加工硬化和热处理条件无特殊要求的产品，该状态产品的力学性能不做规定
O	退火状态	适用于经完全退火获得最低强度的加工产品
H	加工硬化状态	适用于通过加工硬化提高强度的产品，产品在加工硬化后可经过（也可不经过）使强度有所降低的附加热处理
W	固溶想处理状态	适用于经固溶热处理后，在室温下自然时效的一种不稳定状态。该状态不作为产品交货状态，仅表示产品处于自然时效阶段
T	热处理状态（不同于 F、O、H 状态）	适用于热处理后，经过（或不经过）加工硬化达到稳定状态的产品

3. 铝合金的分类

（1）变形铝合金。变形铝合金是指采用铸锭冶金法熔铸成铸锭后，通过锻造、轧制、挤压等塑性变形工艺方法生产的铝合金；变形铝合金具有优良的再加工和成型性能；耐久性、可靠性和可维修性高，制造成本低；由于采用微合金化技术和热处理控制技术，变形铝合金具有与比强度、比刚度及耐腐蚀、抗疲劳、导热、导电等特殊要求性能的良好配合，适用于制造结构件，在航空、航天、船舶、核工业及兵器工业等领域都有着广泛的应用。

1）1×××系：该系列铝合金产品是纯铝系列。其特征是具有优良的抗腐蚀性能、高导电率、高热导率、低力学性能及优良的拉伸性能，但车、铣加工性能差。通过应变硬化，其强度有中等程度增加的效果。1×××系铝合金用途包括化工设备、反射器、热交换器、导电体、电容器、包装用箔片、建筑和装饰镶边等。

纯铝的纹理蚀刻性能都比较好，无论是用单一的酸性或碱性蚀刻体系都能得到较好的纹理效果。对于需要粗糙度大的表面效果，用酸－碱二步法蚀刻后纹理均匀性极好。在常用材料中，韩国材料纹理细，中国台湾材料纹理细且具有匀细的丝纹。日本住友公司的高光纯铝经蚀刻后表面容易有明显的丝纹效果。能做到丝纹效果的纯铝还有德国材料等。

纯铝具有良好的化学／电解抛光性能，经阳极氧化后能获得光亮度很好的表面效果。

2）2×××系：铜是该系列铝合金材料的主要合金元素，合金中经常还有作为次要添加剂的镁和锰，主要包括铝－铜－镁、铝－铜－镁－锰、铝－铜－镁－铁－镍、铝－铜－锰等。该系列铝合金材料属可热处理强化合金，其特点是强度高，通常也称为硬铝合金。其耐热性能和加工性能良好，但该系列中的合金抗蚀性能不是很好，而且在某些情况下还会受到晶间腐蚀。因此，呈薄板形式的这类铝合金通常要用高纯度的铝或6×××系的铝－镁－硅合金予以包覆。

该系列中的铝合金型材特别适用于制作对强度／质量比要求高的部件和结构件，常用来制造卡车与飞机轮子构件、卡车悬挂系统构件、飞机机身蒙皮，以及要求在高达150℃（302°F）的温度下仍需要具有良好强度的结构部件。除2219合金外，这些合金都只具有有限的可焊接性，但这个系列中多数合金具有优良的可机加工性。

该系铝合金中使用得较多的是2A12；该铝合金的板材经单一碱性纹理蚀刻后其表面粗糙度可达$Ra1.5$以上，且光亮度和均匀性都极佳。该系铝合金的氧化性能不佳，当氧化膜后时，偏黄，同时，也不太适合于染浅色调。对于航空用途，经除油后最好不要采用碱性蚀刻而采用酸性方式来脱除表面钝化层，其阳极氧化应采用硼－硫酸阳极氧化或铬酸阳极氧化，并用稀铬酸封闭，需要染浅色调的场合可采用改的硼－硫酸阳极氧化。

3）3×××系：锰是该系列铝合金的主要合金元素；该系列合金一般不可用热处理方法进行强化处理，但比1×××系铝合金强度高20%以上。由于只有有限百分含量的锰（1.5%左右）可有效地添加进铝中，因此，锰仅在很少数合金中用作主要元素。该系列铝合金只有3种被广泛用于通用合金，即3003、3004、3105，国产对应牌号为3A21；该系列铝合金型材的机械强度比1×××系铝合金高，塑性好，焊接性能好，其抗蚀性能仅比1×××系略低，故可用于饮料罐头、炊事用具、热交换器、贮槽、遮篷、家具、公路标志、屋顶、幕墙板等的制度。

该系列铝合金型材经纹理蚀刻后地表面是"砂"和"丝"的双重效果。经单一碱性纹理蚀刻后用于铭牌、面板丝网印刷前的底层处理，有很好的装饰性能；对于表面粗糙度要求较高的纹理，用酸－碱二步法蚀刻后，一般都是"砂""丝"双重效果，由于不同加工商的加工工艺的差别，部分同类铝合金材料经酸－碱二步法蚀刻处理后表面只是"砂"的效果，而"丝"的效果几乎没有。

4）4×××系：硅是该系列铝合金材料的主要合金元素，硅能较大量地（12%）加到铝中。这个系列的铝合金材料一般不可热处理强化。该系列铝合金可用作焊接铝用的焊丝和钎料。这类铝合金在阳极氧化时，表面呈深灰至炭黑色；4032合金具有低的热膨胀系数和高的耐磨性，适用于生产锻造的引擎活塞。

5）5×××系：镁是该系列铝合金材料的主要合金元素；当镁用作主要合金元素或与锰一起使用时，能形成一种具有中等强度或高强度的可加工硬化合金。这个系列的铝合金具有良好的焊接性能和耐疲劳性能，并在海洋空气中具有良好的抗蚀性能。该系列铝合金材料属于不可热化处理强化合金，但强度比1×××系和3×××系高；该系列铝合金的用途包括建筑材料、装饰和装饰镶边、罐头和罐头盖、家用电器、街灯标准件、船舶、低温燃料箱组、起重机部件及汽车结构件等。

该系列铝合金型材的纹理蚀刻性能与3×××系相近，具有较好阳极氧化性能，个别牌号合金能获得光亮如镜的表面效果，可用于汽车装饰零件。

6）6×××系：该系列铝合金型材含有硅与镁，属可热处理强化合金；该系列合金材料具有中等强度，但不如多数的2×××系和7×××系铝合金强度高。该系列合金材料具有良好的可成型性、可焊接性、可机加工性和抗蚀性，可用于建筑材料、自行车车架、运输设备、桥梁栏杆和焊接结构件等。该系列铝合金材料应用得最广泛的是6061和6063系列框架铝合金型材材料，为汽车挤压装饰件、数码和电视机外框开发的6463经阳极氧化后能获得光亮如镜的表面效果，但应注意将铝合金材料中的铁杂质含量控制在最低范围，否则经阳极氧化后失光较大。

7）7×××系：锌是该系列铝合金型材的主要合金元素，添加量为1%～8%；属具有中等强度至很高强度的可热处理强化合金材料；可用于制作飞机机体结构件、移动式设备及其他高应力部件。

（2）铸造铝合金。铸造铝合金按主要加入的元素可分为4个系列，即铝硅系、铝铜系、铝镁系及铝锌系。对这4个系列，各国都有相应的合金和合金牌号的标记。中国采用ZL+3位数字标记法，第一位数字表示合金系，其中，1表示铝硅合金系，2表示铝铜合金系，3表示铝镁合金系，4表示铝锌合金系，第二、三位数字表示合金序号。

为了获得各种形状与规格的优质精密铸件，用于铸造的铝合金一般具有以下特性。

1）有填充狭槽窄缝部分的良好流动性。

2）有比一般金属低的熔点，但能满足绝大部分情况的要求。

3）导热性能好，熔融铝的热量能快速向铸模传递，铸造周期较短。

4）熔体中的氢气和其他有害气体可通过处理得到有效的控制。

5）铝合金铸造时，没有热脆开裂和撕裂的倾向。

6）化学稳定性好，抗蚀性能强。

7）不易产生表面缺陷，铸件表面有较低的表面粗糙度和良好光泽，而且易于进行表面处理等。

铸造铝合金具有良好的铸造性能，可以制成形状复杂的零件；不需要庞大的附加设备；具有节约金属、降低成本、减少工时等优点，在航空工业和民用工业得到广泛应用。其可用于制造梁、燃汽轮叶片、泵体、挂架、轮毂、进气唇口和发动机的机匣等，也可用于制造汽车的气缸盖、变速箱和活塞，仪器仪表的壳体和增压器泵体等零件。

（3）锻造铝合金。锻造铝合金是铝–镁–硅系列铝合金，大多含有铜、镁、硅合金元素。其主要特点是加热时，具有良好的塑性，便于进行锻造成型，是用来制造形状复杂大型锻件的铝合金。

铝合金代替一些钢铁可以大大减轻机械产品的质量，增加结构的稳定性，所以，在航空、航天和许多国防工业中，铝和铝合金是必不可少的材料。比如飞机上的铝合金锻件很多，飞机上使用的铝合金量为 15% ～ 50%。铝广泛应用于建筑、汽车、包装等领域，已成为当今工业发达国家的三大用途。

近年来，汽车铝合金锻件获得快速发展，全球变暖，能源短缺，以及消费者对乘坐舒适、控制灵活的要求，给汽车行业带来了严峻的挑战，加速了汽车轻量化产业的发展（汽车减重 10%，油耗降低 8% ～ 10%）。根据资料，美国每辆车的铝合金使用量（锻件、冲压件）达到 36.3%，欧洲和日本每辆车的铝合金使用量超过其质量的 15%，而国产汽车的铝合金使用量较少。汽车专家预测，未来越来越多的铝合金锻件将取代钢锻件。

钛合金

任务 5.2　钛及钛合金

【课程情境导入】

自 20 世纪 40 年代钛进入工业化生产以来，钛及钛合金就与航空航天器结了不解之缘，成为航空航天器制造不可或缺的材料，也是除铝外用得第二多的有色金属。航空工业是其应用最早的、大的工业部门之一，至今仍如此。航空器的一些主要结构件都是用钛合金制造的，如起落架和发动机的关键零件、弹簧、襟翼导轨、气动系统管道和机身零件等。航空航天业已成为钛合金最大用户，美国的钛材主要用于此领域，自 2015 年以来，约占使用总量的 62% 以上。在美国战斗机的更新换代中，钛合金和复合材料使用量占比在不断上升，第五代战斗机 F–35 用钛量达到 27%，F–22 战机用钛量高达 41%，是当前用钛最多的战机，其发动机的叶轮、盘、叶片、机匣、燃烧室筒体和尾喷管等都是钛合金材料。

【知识学习】

钛最早在 1791 年被英国一位名叫格雷戈尔的业余矿物学家发现，到 1795 年，德国化学家克拉普鲁斯以希腊神 Titans 命名了这种未知的金属物质，中文英译为"钛"。钛在地球上储量丰富，已知的钛矿物有 140 多种，但工业应用主要是钛铁矿和金红石，其中，我国的钛铁矿储量占到全球储量的 28%，排名全球第一。

钛是世界上公认的无毒元素，开采和生产成本高，价格高。钛合金由于耐高低温、抗强酸碱、高强度、低密度等一系列性质，成为 NASA 同款火箭卫星专用材料，也被应用于我国的玉兔号、歼-20、山东舰航母等超级项目。在 20 世纪 80 年代，钛进入民用领域后，以其天然具有的抑菌性与亲生物性，一跃成为食器界的"荣誉金属王"。

我国的钛工业起步于 20 世纪 50 年代，到 60 年代中期，我国分别在遵义和宝鸡建成海绵钛和钛加工生产厂，这意味着中国已经成为全球钛工业强国之一。21 世纪，我国钛工业进入了加速发展的新时期，钛产能位居全球前列。

5.2.1　纯钛

纯钛是银白色金属，它的密度为 4.5 g/cm³，属于有色轻金属，纯钛的熔点为 1 660 ℃，纯钛的导电性和导热性都很差，线膨胀系数也比较小。纯钛没有磁性，在强磁场中也不会被磁化。

纯钛具有许多优异的性能，如质量轻、强度高、金属光泽和耐湿氯腐蚀。钛的密度比钢小，但其机械强度与钢相似，是铝的两倍，是镁的五倍；钛具有耐高温性，熔点为 1 942 K，比金高近 1 000 K，比钢高 500 K。纯钛在大多数介质中，特别是在中性、氧化性和海水等介质中有极高的抗蚀性。在海水中的抗蚀性比铝合金、不锈钢和镍基合金还高；在工业、农业环境和海洋大气中虽经数年，表面也不发生任何变化。

纯钛按其纯度可分为 TA0、TA1、TA2 和 TA3 等牌号。TA0 表示高度纯钛；TA1、TA2 和 TA3 表示含有不同比例氧、氮、氢、碳、硅、铁等杂质的纯钛，称为工业纯钛。工业纯钛含有比 TA0 多的杂质，这些杂质和钛形成固溶体，过量的杂质还会形成脆性化合物，这就使工业纯钛比 TA0 钛的强度高，塑性降低。

钛在 885 ℃ 以下时，具有密集六方晶格称为 α 钛。在 885 ℃ 产生同素异晶转变，晶格变为体心立方晶格称为 β 钛。钛长时间在高温停留，晶粒容易长大，快速冷却时，容易生成不稳定的针状 α 钛组织称为"钛马氏体"，其强度较高，塑性较低。工业纯钛具有优良的冲压工艺性能和焊接性能，对热处理及组织类型不敏感，在令人满意的塑性条件下具有一定的强度。它的强度主要取决于间隙元素氧、氮的含量。99.5% 工业纯钛的性能：密度 ρ=4.5 g/cm³，熔点为 1 800 ℃，导热系数 λ=15.24 W/（m·K），抗拉强度 σ_b=539 MPa，伸长率 δ=25%，断面收缩率 ψ=25%，弹性模量 E=1.078×10⁵ MPa，硬度为 HB195。

含一定量的氧、氮、碳、硅、铁及其他元素杂质的 α 钛。钛含量不低于 98%，含有少量氧、氮、氢、碳、硅和铁等杂质的致密金属钛。氧、氮、碳、氢和硅属于间隙杂质元素，铁属于替代式 β 稳定元素。氧、氮、碳都能提高钛的室温抗拉强度，同时，也会降低钛的塑性，因此，钛中氧、氮、碳的含量都有比较严格的限制，特别是氧含量。氢在钛中的溶解度很小，氢与钛的反应是可逆的。氢对钛性能的主要影响表现为"氢脆"，当钛中氢含量达到一定量后，将会大大提高钛对缺口的敏感性，从而急剧地降低缺口试样的冲击韧性等性能。通常规定钛中氢含量不得超过 0.015%。钛是现代宇宙航空科学、海洋科学和核能发电等尖端科学工业所不可缺少的材料。钛比钢轻 48%，且韧性强，具有耐酸碱性、抗腐蚀、稳定性高、强度高、弹性良好等优点，符合人体工程系，钛对人体无毒，无任何辐射。

5.2.2 钛合金

钛合金是以钛为基础加入其他元素组成的合金，属于比较年轻的金属，从发现到现在也就几十年的历史。钛合金材料具有质量轻，强度大，弹性小，耐高温和耐腐蚀等特点，主要用于航空发动机、火箭、导弹等部件。钛有两种同质异晶体，钛是同素异构体，熔点为 1 720 ℃，在低于 882 ℃时呈密排六方晶格结构，称为 α 钛；在 882 ℃以上呈体心立方晶格结构，称为 ρ 钛。利用钛的上述两种结构的不同特点，添加适当的合金元素，使其相变温度及相分含量逐渐改变而得到不同组织的钛合金。

1. 钛合金的特性

钛及钛合金具有许多优良特性，主要体现在以下几个方面：

（1）强度高。钛合金具有很高的强度，其抗拉强度为 686 ～ 1 176 MPa，而密度仅为钢的 60% 左右，因此，比强度很高。

（2）硬度较高。钛合金（退火态）的硬度 HRC 为 32 ～ 38。

（3）弹性模量低。钛合金（退火态）的弹性模量为 $1.078 \times 10^3 \sim 1.176 \times 10^3$ MPa，约为钢和不锈钢的一半。

（4）高温和低温性能优良。在高温下，钛合金仍能保持良好的机械性能，其耐热性远高于铝合金，且工作温度范围较宽，目前新型耐热钛合金的工作温度可达 550 ℃ ～ 600 ℃；在低温下，钛合金的强度反而比在常温时增加，且具有良好的韧性，低温钛合金在 −253 ℃时还能保持良好的韧性。

（5）钛的抗腐蚀性强。钛在 550 ℃以下的空气中，表面会迅速形成薄而致密的氧化钛膜，故在大气、海水、硝酸和硫酸等氧化性介质及强碱中，其耐蚀性优于大多数不锈钢。

2. 钛合金的加工性能

（1）切削加工性能。根据钛合金的性质和切削过程中的特点，其切削加工时应考虑以下几个方面。

1）尽可能使用硬质合金刀具，如钨钴类硬质合金与钛合金化学亲和力小、导热性好、强度也较高。低速下断续切削时可以选用耐冲击的超细晶粒硬质合金，成型和复杂刀具可以选用高温性能好的高速钢。

2）采用较小的前角和较大的后角以增大切屑与前刃面的接触长度，减小工件与后刃面的摩擦，刀尖采用圆弧过渡刃以提高强度，避免尖角烧损和崩刃。要保持刀刃锋利，以保证排屑流畅，避免粘屑崩刃。切削速度宜低，以免切削温度过高；进给量适中，过大易烧刀，过小则因刀刃在加工硬化层中工作而磨损过快；切削深度可较大，使刀尖在硬化层以下工作，有利于提高刀具耐用度。加工时须加冷却液充分冷却。切削钛合金时吃刀抗力较大，故工艺系统需保证有足够的刚度。因为钛合金易变形，所以切削夹紧力不能大，特别是在进行某些精加工工序时，必要时可使用一定的辅助支承。

（2）磨削加工性能。钛合金化学性质活泼、在高温下易与磨料亲和并黏附，堵塞砂轮，导致砂轮磨损加剧，磨削性能降低，磨削精度不易保证。砂轮在磨损的同时也增大了砂轮与工件之间的接触面积，致使散热条件恶化，磨削区温度急剧升高，在磨削表面层形成较大的热应力，造成工件的局部烧伤，产生磨削裂纹。钛合金强度高、韧性大，使磨削时磨屑不易分离、磨削力增大、磨削功耗相应增加。钛合金热导率低、比热小、磨削时热传导慢，致使热量积聚在磨削弧区，造成磨削区温度急剧升高。

（3）挤压加工性能。对钛及钛合金进行挤压加工时，要求挤压温度高，挤压速度快，以防止温降过快，同时，应尽量缩短高温坯锭与模具的接触时间。因此，挤压模具应选用新型耐热模具材料，坯锭由加热炉到挤压筒的输送速度也要快。鉴于在加热和挤压过程中金属易被气体污染，还应采用适当的保护措施。挤压时应选择合适的润滑剂，以防止黏结模具，如采用包套挤压和玻璃润滑挤压。因钛及钛合金的变形热效应较大，导热性较差，故在挤压变形时还要特别注意防止过热现象。钛合金的挤压过程比铝合金、铜合金，甚至钢的挤压过程更复杂，这是由钛合金特殊物理化学性能决定的。钛合金在常规热反挤成型时，模具温度低，与模具接触的坯料表面温度迅速下降，而坯料内部因变形热而温度升高。钛合金热导率低，表层温度下降后，内层坯料热量不能及时传输到表层补充，会出现表面硬化层，使变形难以继续进行。同时，表层与内层会产生很大的温度梯度，即使可以成型，也容易造成变形和组织不均匀。

（4）锻压加工性能。钛合金对锻造工艺参数非常敏感，锻造温度、变形量、变形及冷却速度的改变都会引起钛合金组织性能的变化。为更好地控制锻件的组织性能，近几年，热模锻造、等温锻造等先进的锻造技术在钛合金的锻造生产中得到了广泛应用。

钛合金的塑性随温度升高而增大，在 1 000 ℃～1 200 ℃范围内，塑性达到最大值，允许变形程度达 70%～80%。钛合金锻造温度范围较窄，应严格按（α+β）/β 转变温度进行掌握（铸锭开坯除外），否则 β 晶粒会剧烈长大，降低室温塑性；α 钛合金通常在（α+β）两相区锻造，因（α+β）/β 相变线以上锻造温度过高，将导致 β 脆相，β 钛合金的始锻和终锻都必须高于（α+β）/β 转变温度。钛合金的变形抗力随变形速度的增加提高较快，锻造温度对钛合金变形抗力影响更大，因此，常规锻造必须在锻模内冷却最少的情况下完成。间隙元素（如 O、N、C）的含量对钛合金的锻造性也有显著影响。

（5）铸造工艺性能。由于钛和钛合金的化学活性高，易与空气中的 N、O 发生剧烈化学反应，且易与铸造中常用的耐火材料发生化学反应。钛和钛合金的铸造，特别是熔模精铸要比铝和钢的熔模精铸难度大得多，需要借助特殊手段才能实现。铸钛发展初期，铸造工艺的发展落后于压力加工工艺，因此，先选用已有一定变形的中强钛合金，如 Ti-6Al-4V、Ti-5Al-2.5Sn 等作为铸造合金材料。这些合金至今还在广泛应用。但随着铸钛工艺的发展和应用领域对铸造钛合金各方面性能要求的提高，以及铸件结构复杂程度的加大，过去那种认为"所有的变形钛合金都适合用作铸造合金"的论点应加以修正。随着合金使用温度和工作强度的提高，合金中所添加元素的数量和加入量也相应增加，但同时必须考虑到合金的铸造性能、流动性凝固区间结晶组织、力学性能等，即合金的化学成分必须根据铸造工艺的要求进行调整。

5.2.3　钛及钛合金的应用

钛及钛合金材料虽然储量丰富，价格却十分高，这是因为钛在高温条件下化学活性小，其冶炼技术及操作环境十分苛刻，必须在高温、真空条件下进行冶炼，温度常达到 800 ℃以上，相比钢铁冶炼要困难许多。因此，每提到钛合金时，人们都觉得它是高档金属材料，产量低，价格高，应用很少。

目前，由于钛合金具有质量轻、强度大又耐高温的优异性能，钛及钛合金材料广泛用于各国的尖端武器和国之重器的制造上，如尤其适合应用于航空航天领域。应用领域举例如下。

1. 化工领域

（1）制碱行业。制碱行业中钛制冷器的出现，可以很好地防止由于传统冷却工艺不合理出现产出氯气质量不合格现象。同时，改变了氯碱工业的生产面貌，投入的钛合金制冷器寿命可长达 20 年。

（2）制盐行业。目前较为先进的制盐工艺为真空制盐，而在此过程中产生的高温浓盐水会对碳钢结构造成严重的破坏，产生设备滴漏现象。将钛钢复合结构用于加热室与蒸发室，可以有效防止结盐垢，提高制盐品质，同时，减轻蒸发过程中高浓度盐水对管壁的腐蚀，延长检修周期。

2. 航空航天领域

（1）航空工业。钛合金在航空工程中的应用可分为飞机结构钛合金和发动机结构钛合金。飞机钛合金结构件主要应用部位有起落架部件、框、梁、机身蒙皮、隔热罩等。俄罗斯的伊尔-76 飞机采用高强度 BT22 钛合金制造起落架和承力梁等关键部件；波音 747 主起落架传动横梁材料为 Ti-6Al-4V，锻件长为 6.20 m、宽为 0.95 m，质量达 1 545 kg；高强度高韧 Ti-62222S 钛合金被用在 C-17 飞机水平安定面转轴关键部位。航空发动机方面钛合金应用于压气机盘、叶片、鼓筒、高压压气机转子、压气机机匣等。波音 747-8GENX 发动机风扇叶片的前缘与尖部，采用了钛合金防护套，在 10 年的服役期内仅做过 3 次更换。

（2）航天工业。航天飞行器的工作条件非常极端，除材料的结构设计需要高超的技术外，材料本身的优异特性和功能也很重要，因此，钛合金在众多材料中脱颖而出。在宇航设备方面在 20 世纪 60 年代美国阿波罗计划中的宇宙飞船双人舱及密闭舱翼梁及肋都由 Ti-5Al-2.5Sn 制造，衬里则由纯钛制造；德国 MT 宇航公司制备出高强度 Ti-15V-3Cr 合金推进系统贮箱，并应用于欧洲阿尔法通信卫星巨型平台；俄罗斯钛合金在航天工程中的应用实例很多，如能源号运载火箭使用了质量为 3.5 t 的 BT23 钛合金大型模锻件和锻件，另外，钛合金还应用于液体燃料火箭发动机的燃料舱、低温液体储存箱及液氢输送泵叶轮等。

同样，在国内航天工程的迅猛发展中钛合金也得到广泛的应用，从 1970 年"东方红一号"卫星到现在的"神舟"系列飞船、"嫦娥"探测器等都有使用钛合金，另外，我国研制的液氢环境下使用的低温 TA7EL1 钛合金气瓶已用于长征系列运载火箭；哈尔滨工业大学用 TC4 钛合金制备了月球车的轮圈。另外，我国还用 BT20 等高强度钛合金制造导弹的发动机壳体、喷管等构件。

3. 船舰领域

钛及钛合金广泛应用于核潜艇、深潜器、原子能破冰船、水翼船、气垫船、扫雷艇，以及螺旋桨推进器、鞭状天线、海水管路、冷凝器、热交换器、声学装置、消防设备上。如美国的"海崖"号深潜器装备了钛观察舱和操纵舱，下潜深度可达 6 100 m；日本东邦钛公司与藤新造船所共同建造了"摩利支天Ⅱ号"全钛制快艇，一段时间内在美国很畅销；我国首台自主设计、自主集成的载人潜水器"蛟龙"号也应用了钛合金，蛟龙号工作范围覆盖全球海洋区域的 99.8%。

5.2.4　钛及钛合金存在问题及展望

尽管钛及钛合金已经取得了显著的发展，但存在的问题也随之暴露出来，对于钛合金的发展也面临着不小的挑战。这些挑战主要体现在以下三个方面。

1. 产量方面

我国虽为钛工业大国，但在生产中高品质产品数量不多，特殊性能的钛产品种类少，同时，我国还不能批量稳定生产钛带和钛挤压型材，限制了钛及钛合金在航空航天、海洋等领域的开发利用。要想进一步将航空发动机的钛用量提高至 50% 左右，难度仍然很大。

2. 性能方面

钛金属具有高化学活性，容易被其他元素污染，因此，钛合金的加工和制造工艺非常高。同时，加工出的高性能产品需要和综合考虑其力学、物理、化学、工艺性能。现有的钛合金在 600 ℃以上，蠕变抗力和高温抗氧化性的急剧下降是限制钛合金扩大应用的两大主要障碍。

3. 成本方面

目前，各国都在努力降低钛合金的应用成本，也取得了很多成就，但就我国目前的形势而言，我国管理和技术水平还未达到理想高度，国内钛合金产品价格在国际上竞争力较差，不利于进一步扩大使用。

目前，钛合金由于具有优良的性能在航空航天和其他领域有非常广泛的应用，但也受其加工效率和生产成本的制约。钛的冶炼技术一旦有所突破，其价格也将明显降低。随着钛合金的开发研制、钛材品种的增多及价格的降低，钛在民用工业中的应用将成倍增加，特别是在造船、汽车制造、化工、电子、海洋开发、海水淡化、地热发电、排污防腐等民用领域将获得广泛的应用。与此同时，市场的需求也将加速钛工业与钛材加工技术的发展。

任务 5.3　镁及镁合金

【课程情境导入】

　　在航空航天领域，镁及镁合金被广泛应用于制造飞机、导弹、飞船、卫星上的重要机械装备零件，以减轻零件质量，提高飞行器的机动性能，降低航天器的发射成本。镁合金为什么能在航空航天领域被广泛应用呢？接下来，我们一起来学习镁及镁合金材料。

镁合金

【知识学习】

　　镁是地壳中第三丰富的金属元素，储量占地壳的 2.5%，仅次于铝和铁。镁及镁合金具有比强度、比刚度高，减震性、电磁屏蔽和抗辐射能力强，易切削加工，易回收等一系列优点，在汽车、电子、电气、交通、航空、航天和国防军事工业领域具有极其重要的应用价值和广阔的应用前景，是继钢铁和铝合金之后发展起来的第三类金属结构材料，并被称为 21 世纪的绿色工程材料。

5.3.1　纯镁

　　纯镁为银白色，其密度为 1.74 g/cm^3，在标准大气压下，熔点为（650±1）℃，沸点为（1 100±10）℃。在空气中加热时，金属镁在 632 ℃～ 635 ℃开始燃烧，因此决定了镁的制备及合金冶炼工艺比较复杂。纯镁的电极电位很低，因此其抗蚀性较差，在潮湿大气、淡水、海水及绝大多数酸、盐溶液中易受腐蚀。镁具有密排六方晶格，室温和低温塑性较低，容易脆断，但高温塑性较好，可进行各种形式的热变形加工。

5.3.2　镁合金

1. 镁合金的分类

　　纯镁不能用作结构材料，其力学性能较低，在实际应用时，一般在纯镁中加入一些合金元素，制成镁合金。镁的合金化原理与铝相似，主要通过加入合金元素，产生固溶强化、时效强化、细晶强化及过剩相强化作用，以提高合金的力学性能、抗腐蚀性能和耐热性能。镁合金中常加入的合金元素有 Al、Zn、Mn、Zr 及稀土元素等。

　　镁合金可分为铸造镁合金和变形镁合金。镁合金按合金组元不同主要有 Mg–Al–Zn–Mn 系（AZ）、Mg–Al–Mn 系（AM）和 Mg–Al–Si–Mn 系（AS）、Mg–Al–RE 系（AE）、Mg–Zn–Zr 系（ZK）、Mg–Zn–RE 系（ZE）等。它们具有各自的性能特点，能满足不同场合的要求。

2. 工业常用镁合金

　　国产镁合金牌号由相应的汉语拼音字头和合金顺序号表示。表 5-4 所示为镁合金的牌号、性能及用途。

表 5-4　镁合金的牌号、性能及用途

牌号	抗拉强度 /MPa	伸长率 /%	用途
ZM1	235	5	飞机轮毂、支架等抗冲击件
ZM2	185	2.5	200 ℃以下工作的发动机零件等
ZM3	118	1.5	高温高压下工作的发动机匣等
ZM5	225	5	机舱隔框、增压机匣等高荷载零件
MB1	210	8	形状简单、受力不大的耐蚀零件
MB2	250	20	飞机蒙皮、壁板及耐蚀零件
MB8	260	7	形状复杂的锻件和模锻件
MB15	335	9	室温下承受大荷载的零件，如机翼等

（1）铸造镁合金。铸造镁合金包括高强度铸造镁合金（如 ZM5、ZM1 和 ZM2）和耐热铸造镁合金（如 ZM3 等）两类。ZM5 是应用最广泛的合金之一，其特点是强度较高，塑性良好，易于铸造，适用于生产各类铸件。ZM5 的淬火加热温度一般选择415 ℃～420 ℃，采用热水冷却。冷水淬火易引起晶间开裂。

（2）变形镁合金。该合金有 Mg-Mn、Mg-Al-Zn 系和 Mg-Zn-Zr 系。Mg-Mn 系合金包括 MB1 和 MB8 两种，它们不能进行热处理强化，这些合金工艺性能好，抗腐蚀性高，适用于制作飞机蒙皮、模锻件和要求耐蚀的管件。

MB2 属 Mg-Al-Zn 系，不能进行热处理强化，塑性较好，适用于加工成各种板、棒和锻件等半成品。

MB15 属 Mg-Zn-Zr 系，可以进行热处理强化，具有较高的强度，能制造形态复杂的大型锻件。MB15 合金耐蚀性良好，无应力腐蚀破裂倾向。

3. 镁合金研究进展

限制镁合金广泛应用的主要问题：镁元素极为活泼，镁合金在熔炼和加工过程中极容易氧化燃烧，因此，镁合金的生产难度很大。镁合金的生产技术还不成熟和完善，特别是镁合金成型技术有待进一步发展。镁合金的耐蚀性较差，现代工业镁合金的高温强度、蠕变性能较低，限制了镁合金在高温（150 ℃～350 ℃）场合的应用。镁合金的常温力学性能，特别是强度和塑韧性有待进一步提高，镁合金的合金系列相对很少，变形镁合金的研究开发严重滞后，不能适应不同应用场合的要求。

（1）耐蚀镁合金。镁合金的耐蚀性问题可通过以下两个方面来解决。

1）严格限制镁合金中的 Fe、Cu、Ni 等杂质元素的含量。例如，高纯 AZ91HP 镁合金在盐雾试验中的耐蚀性大约是 AZ91C 的 100 倍，超过了压铸铝合金 A380，比低碳钢还好得多。

2）对镁合金进行表面处理。根据不同的耐蚀性要求，可以选择化学表面处理、阳极氧化处理、有机物涂覆、电镀、化学镀、热喷涂等方法处理。例如，经化学镀的镁合金，其耐蚀性超过不锈钢。

（2）耐热镁合金。耐热性差是阻碍镁合金广泛应用的主要原因，当温度升高时，它的强度和抗蠕变性能大幅度下降，使它难以作为关键零件（如发动机零件）材料在汽车等工业中得到更广泛的应用。已开发的耐热镁合金中所采用的合金元素主要有稀土元素（RE）和硅（Si）。稀土是用来提高镁合金耐热性能的重要元素。含稀土的镁合金 QE22 和 WE54 具有与铝合金相当的高温强度，但是稀土合金的高成本是其被广泛应用的一大阻碍。

（3）阻燃镁合金。镁合金在熔炼浇铸过程中容易发生剧烈的氧化燃烧。实践证明，熔剂保护法和 SF_6、SO_2、CO_2、Ar 等气体保护法是行之有效的阻燃方法，但它们在应用中会产生严重的环境污染，并使合金性能降低，设备投资增大。纯镁中加钙能够大大提高镁液的抗氧化燃烧能力，但是添加大量钙会严重恶化镁合金的机械性能，使这一方法无法应用于生产实践。钙可以阻止镁合金进一步氧化，但是钙含量过高时，会引起晶粒粗化和增大热裂倾向。

（4）高强度、高塑性镁合金。现有镁合金的常温强度和塑韧性均有待进一步提高。在 Mg-Zn 和 Mg-Y 合金中加入 Ca、Zr 可显著细化晶粒，提高其抗拉强度和屈服强度；加入 Ag 和 Th 能够提高 Mg-RE-Zr 合金的力学性能，如含 Ag 的 QE22A 合金具有高室温拉伸性能和抗蠕变性能，已广泛用于飞机、导弹的优质铸件；通过快速凝固粉末冶金、高挤压比及等通道角挤（ECAE）等方法，可使镁合金的晶粒处理得很细，从而获得高强度、高塑性甚至超塑性。

4. 镁合金的热处理

镁合金的热处理方式与铝合金基本相同，但由于组织结构上的差别，与铝合金相比，其呈现以下特点：

（1）镁合金的组织一般比较粗大，且常达不到平衡态，因此，淬火加热温度较低。

（2）合金元素在镁中的扩散速度较慢，需要的淬火加热时间较长。

（3）铸造镁合金及加工前未经退火的变形镁合金易产生不平衡组织，淬火加热速度不宜过快，一般采用分级加热的方式。

（4）自然时效条件下，过饱和固溶体析出沉淀相的速度极慢，故镁合金需要用人工时效处理。

（5）镁合金的氧化倾向大，在加热炉内需要保持一定的中性气氛，普通电炉一般通入 SO_2 气体或在炉中放置一定数量的硫铁矿石碎块，并要密封。

镁合金常用的热处理工艺有铸造或锻造后的直接人工时效、退火、淬火不时效及淬火加人工时效等，具体工艺规范根据合金成分特点及性能需求确定。

任务 5.4　铜及铜合金

铜合金

【课程情境导入】

铜及铜合金是一类有重要应用的关键材料。由于具有优良的导热、导电、延展、耐腐蚀等特性，铜在航空航天、武器装备等应用场合是必选材料。在增材制造中，铜材料应用较晚，但近年来呈现快速发展趋势，尤其国防军工领域铜合金增材制造应用不断取得重要进展，更促进了铜材料增材制造的发展。近两年，增材制造行业能够明显感受到铜合金需求的增长，不断有新用户着手开发铜合金增材制造应用，材料也从早期易于成型的铸造锡青铜转向纯铜和各类高强高导铜。有研究报告称，2019—2027 年，全球铜增材制造市场将以 51% 的年复合增长率增长。尽管当前铜合金打印还存在诸多工艺和材料问题，但可以预见，铜在金属增材制造中将占有一席之地。

【知识学习】

铜是人类最早发现和使用的金属材料，铜的熔点低，易合金化，是人类使用的古老的金属之一，早在公元前 7 000 年人类就认识了自然铜，公元前 3 000 年左右在世界各地出现了具有较高水平的铜冶炼业。3 500 年前，人们开始用铜合金制作生活器皿，开创了辉煌灿烂的古代青铜文明。

在航空工业中，铜及铜合金主要用于航空仪表及附件的生产，如导电元件、弹性元件、管道和抗磨零件（如轴承、衬套、小齿轮等）。与其他金属不同，铜在自然界中既以矿石的形式存在，也同时以纯金属的形式存在，其应用以纯铜为主，同时，其合合金也在工业等多个领域中广泛应用。

5.4.1　纯铜

纯铜的新鲜表面是玫瑰红色的，当表面氧化形成氧化亚铜 Cu_2O 膜后就呈紫色，所以纯铜就常被称为紫铜。密度 8.94 g/cm³，熔点为 1 083 ℃，具有面心立方晶格，没有同素异构转变。纯铜是人类最早使用的金属，也是得到广泛应用的金属材料。纯铜强度较低，在各种冷热加工条件下有很好的变形能力，不能通过热处理强化，但是能通过冷变形加工硬化。

微量杂质 Bi、Pb、S 等会与 Cu 形成低熔点共晶组织导致"热脆"，如形成熔点为 270 ℃的（Cu+Bi）和熔点为 326 ℃的（Cu+Pb）共晶体，并且分布在晶界上，在正常的热加工温度为 820 ℃～ 860 ℃下，晶界早期熔化，发生晶间断裂。硫和氧则易与铜形成脆性化合物 Cu_2S 和 Cu_2O，冷加工时破裂断开，导致"冷脆"。

工业纯铜中铜的含量为 99.5% ～ 99.95%，其牌号以"铜"的汉语拼音字首"T"+ 顺序号表示，如 T_1、T_2、T_3、T_4，顺序数字越大，纯度越低，见表 5-5。

表 5-5　工业纯铜的牌号、成分及用途

牌号	代号	纯度/%	杂质/%		杂质总量/%	用途
			Bi	Pb		
一号铜	T1	99.95	0.002	0.005	0.05	导电材料和配制高纯度合金
二号铜	T2	99.90	0.002	0.005	0.1	导电材料，制作电线、电缆等
三号铜	T3	99.70	0.002	0.01	0.3	铜材、电气开关、垫圈、铆钉、油管等
四号铜	T4	99.50	0.003	0.05	0.5	铜材、电气开关、垫圈、铆钉、油管等

铜之所以能获得广泛应用，是因为它具有以下重要特性。

（1）优良的导电、导热性。铜广泛用于导电器（如电线、电缆、电器开关）、导热器（如冷凝管、散热管、热交换器）。

（2）良好的耐蚀性。铜具有极好的耐蚀性，且反应后表面有保护膜（铜绿）。

在普通的温度下，铜不太会与干燥空气中的氧气（O_2）反应，但 Cu 能与 CO_2、SO_2、醋酸发生作用，生成铜绿 [碱式碳酸铜、碱式硫酸铜 $CuSO_4 \cdot 3(OH)_2$（深绿色）、碱式醋酸铜]，这样铜的表面就慢慢生成一层保护膜。

（3）有良好的塑性。退火工业纯铜的拉伸延伸率 $\delta \approx 50\%$，纯铜易加工成材。如加工出来的细铜丝可细于头发丝（8 丝），达 4～5 丝。

（4）无磁性。铜是反磁性物质，磁化系数极低，故铜及铜合金常被用来制造不允许受磁性干扰的磁学仪器，如罗盘、航空仪器、炮兵瞄准环等。

5.4.2　铜的合金化和铜合金的分类及编号

1. 铜的合金化

纯铜的强度较低，不能直接用作结构材料，虽然可以通过加工硬化提高其强度和硬度，但是塑性会急剧下降，延伸率仅为变形前（$\delta \approx 50\%$）的 4% 左右。而且，导电性也大为降低。因此，为了保持其高塑性等特性，对 Cu 实行合金化是提高其强度的有效途径。

根据合金元素的结构、性能、特点及它们与 Cu 原子的相互作用情况，Cu 的合金化可通过以下形式达到强化的目的。

（1）固溶强化。Cu 与近 20 种元素有一定的互溶能力，可形成二元合金 Cu-Me。从合金元素的储量、价格、溶解度及对合金性能的影响等方面因素考虑，在铜中的固溶度为 10% 左右的 Zn、Al、Sn、Mn、Ni 等适合作为产生固溶强化效应的合金元素，可将铜的强度由 240 MPa 提高到 650 MPa。

（2）时效强化。Be、Si、Al、Ni 等元素在 Cu 中的固溶度随温度下降会急剧减小，它们形成的铜合金可进行淬火时效处理强化。

Be 含量为 2% 的 Cu 合金经淬火时效处理后，强度可高达 1 400 MPa。

（3）过剩相强化。Cu 中的合金元素超过极限溶解度以后，会析出过剩相，使合金的强度提高。过剩相多为脆性化合物，数量较少时，对塑性影响不太大；数量较多时，会使强度和塑性同时急剧降低。

2. 铜合金的分类及编号

根据合金元素的不同，铜合金可分为黄铜、青铜、白铜。

（1）黄铜的分类与编号。黄铜是以 Zn 为主加元素的铜合金，黄铜具有较高的强度和塑性，良好的导电性、导热性和铸造工艺性能，耐蚀性与纯铜相近。黄铜价格低、色泽明亮，按化学成分可分为普通黄铜及特殊黄铜（或复杂黄铜）；按生产方式可分为压力加工黄铜及铸造黄铜。

普通黄铜的牌号以"黄"的汉语拼音字首"H"+数字表示，数字表示铜的含量，如 H62 表示含 Cu 量为 62%，其余为 Zn 的普通黄铜。

特殊黄铜的代号表示形式是"H+第一合金元素符号+铜含量−第一合金元素含量+第二合金元素含量"，数字之间用"−"分开，如 HAl59-3-2，表示含 Cu59%，含 Al3%，含 Ni2%，余量为 Zn 的特殊黄铜。

铸造黄铜的牌号则以"铸"字汉语拼音字首"Z"+铜锌元素符号"ZCuZn"表示，具体为"ZCuZn+锌含量+第二合金元素符号+第二合金元素含量"，如 ZCuZn40Pb2 表示含 Zn40%，含 Pb2%，余量为 Cu 的铸造黄铜。常用普通黄铜、特殊黄铜、铸造黄铜的牌号及用途见表 5-6 ～表 5-8。

表 5-6　普通黄铜牌号及用途

牌号	用途
H96	冷凝管、散热器及导电零件等
H90	奖章、供水及排水管等
H80	薄壁管、造纸网、波纹管、装饰品、建筑用品等
H70	弹壳、造纸、机械及电气零件
H68	形状复杂的冷、深冲压件、散热器外壳及导管等
H62、H59	机械、电气零件，铆钉、螺母、垫圈、散热器及焊接件、冲压件

表 5-7　特殊黄铜牌号及用途

类别	牌号	用途
铅黄铜	HPb63-3	钟表、汽车、拖拉机及一般机器零件
	HPb59-1	适于热冲压及切削加工零件，如销子、螺钉、垫圈等
铝黄铜	HAl77-2	海船冷凝器管及耐蚀零件
	HAl60-1-1	齿轮、涡轮、轴及耐蚀零件
	HAl59-3-2	船舶、电机、化工机械等常温下工作的高强度耐蚀零件

类别	牌号	用途
硅黄铜	HSi80-3	耐磨锡青铜的代用材料，船舶及化工机械零件
锰黄铜	HMn58-2	船舶零件及轴承等耐磨零件
铁黄铜	HFe59-1-1	摩擦及海水腐蚀下工作的零件
锡黄铜	HSn90-1	汽车、拖拉机弹性套管
锡黄铜	HSn62-1	船舶零件
镍黄铜	HNi65-5	压力计管、船舶用冷凝管、电机零件

表 5-8　铸造黄铜牌号及用途

类别	牌号	用途
硅黄铜	ZCuZn16Si4	接触海水工作的配件及水泵、叶轮和在空气、淡水、油、燃料，以及工作压力在 4.5 MPa，工作温度在 225 ℃以下蒸汽中工作的零件
铅黄铜	ZCuZn40Pb2	一般用途的耐磨、耐蚀零件，如轴套、齿轮等
铝黄铜	ZCuZn25Al6Fe3Mn3	高强度、耐磨件，如桥梁支承板、螺母、螺杆、滑块和涡轮等
铝黄铜	ZCuZn31Al2	压力铸造件，如电机、仪表等，以及造船和机械制造中的耐蚀零件
锰黄铜	ZCuZn40Mn3Fe1	耐海水腐蚀零件，以及 300 ℃以下工作的管件，船舶用螺旋桨等大型铸件
铸造铜合金	ZCuZn40Mn2	在空气、淡水、海水、蒸汽（＜300 ℃）和各种液体、燃料中工作的零件

①普通黄铜。普通黄铜是铜锌二元合金。Cu-Zn 二元相图如图 5-2 所示。α 相是锌溶入铜中形成的固溶体，锌的溶解度随温度变化而变化，在 456 ℃（溶解度最大为 39% Zn）以下降温，溶解度略有下降。β 相是以电子化合物 CuZn 为基的固溶体，具有体心立方晶格，当温度降至 456 ℃～468 ℃以下时，发生有序化转变，β 相转化为有序固溶体 β′ 相，硬且脆，难以进行冷加工变形。γ 相是以电子化合物 CuZn 为基的固溶体，具有六方晶格，更脆，强度和塑性极差。工业上使用的黄铜中 Zn 的含量一般不超过 47%，否则因性能太差而无使用价值。

仅有 α 固溶体的黄铜为单相黄铜，有较高的强度和塑性，可进行冷、热变形加工；它还具有良好的锻造、焊接性能。常用单相黄铜有 H68、H70、H68 等，H68、H70 因较高强度和塑性。常用作子弹和炮弹的壳体，故又称"弹壳黄铜"。当 Zn 含量超过 32%，就出现了 α+β′ 双相黄铜。与单相黄铜相比，双相黄铜塑性下降，强度随 Zn 含量提高而升高。

a. 当 Zn 含量为 45％时，强度达到最大值。α + β′ 双相黄铜具有良好的热变形能力，较高的强度和耐蚀性。常用牌号有 H59、H62 等，可用于散热器、水管、油管、弹簧等。

b. 当 Zn 含量＞ 45％时，组织全部为 β′ 相，强度急剧下降，塑性继续降低。

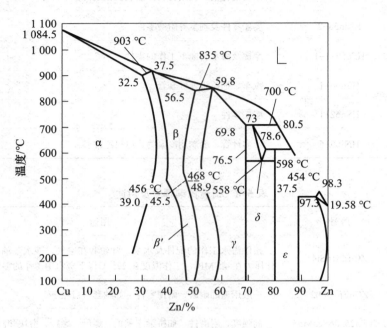

图 5-2　Cu-Zn 二元相图

②特殊黄铜。特殊黄铜是在铜锌二元合金基础上加入 Pb、Al、Mn 等合金元素形成的多元铜合金。合金元素的加入，特殊黄铜的力学性能、切削加工性能、铸造性能、耐蚀性能等得到了进一步提高，拓宽了应用范围。

Al、Sn、Si、Mn 主要是提高抗蚀性，Pb、Si 能改善耐磨性，Ni 能降低应力腐蚀敏感性，合金元素一般都能提高强度，有铅黄铜、铝黄铜、锡黄铜、硅黄铜、锰黄铜、铁黄铜、镍黄铜等。

③铸造黄铜。铸造黄铜含较多的 Cu 及少量合金元素，如 Pb、Si、Al 等。它的熔点比纯铜低，液固相线间隔小，流动性较好，铸件致密，偏析较小，具有良好的铸造成型能力。铸造黄铜的耐磨性、耐大气、海水的腐蚀性能也较好，适用于制作轴套、腐蚀介质下工作的泵体、叶轮等。

④黄铜的脱锌和季裂。黄铜虽然具有良好的耐蚀性，但是在一定的环境下会发生脱锌和季裂现象导致破坏。

a. 脱锌。脱锌是黄铜在盐液等介质存在时发生电化学腐蚀，表面失去 Zn 导致力学性能下降的现象。Zn 的电极电位比铜低，Zn 极易在盐液等介质中溶解，表面残存疏松多孔的海绵铜，其与表层以下的黄铜因电极电位差又构成微电池，黄铜成为阳极加速腐蚀，形成了一定深度的脱 Zn 层，抗蚀性和力学性能恶化。为防止发生脱 Zn，生产中常使用低 Zn 铜（＜ 15％）或加入含量为 0.02％～ 0.06％的 As。

b. 季裂。季裂是指经过冷变形加工的黄铜（含 Zn > 20%）制品，由于残余应力的存在，在潮湿的大气或海水中，尤其是在含氨气的环境中，放置一段时间，容易产生应力腐蚀，使黄铜开裂，这种自发破裂的现象称为应力腐蚀开裂或季裂。防止黄铜的季裂，可以进行喷丸处理，在表面施加压应力；低温退火（250 ℃～300 ℃，加热保温 1～3 h）去除残存拉应力；或加适量 Al、Sn、Si、Mn、Ni 等元素来显著降低对应力腐蚀的敏感性。

（2）青铜的分类及编号。青铜是以除 Zn 和 Ni 外合金元素为主加元素的铜合金。青铜具有良好的耐蚀性、耐磨性、导电性、切削加工性、导热性能、较小的体积收缩率。

青铜按主加合金元素的不同可分为锡青铜、铝青铜、铍青铜等；按生产方式的不同可分为压力加工青铜、铸造青铜。

压力加工青铜牌号以"青"字汉语拼音字首"Q"开头，后面是主加元素符号及含量，其后是其他元素的含量，数字间以"-"隔开，如 QAl10-3-1.5 表示主加元素为 Al 且含 Fe 为 3%，含 Mn 为 1.5%，余量为 Cu 的铝青铜。

铸造青铜表示方法是"ZCu+ 第一主加元素符号 + 含量 + 合金元素 + 含量 +……"如 ZCuSn5Pb5Zn5 表示主加元素为 Sn 且含 Sn5%、Pb5%、Zn5%，余量为 Cu 的铸造锡青铜。常用青铜的牌号及用途见表 5-9。

表 5-9　常用青铜的牌号及用途

类别	代号（或牌号）	用途
压力加工锡青铜	QSn4-3	弹性元件、化工机械耐磨零件和抗磁零件
	QSn6.5-0.1	精密仪器中的耐磨零件和抗磁元件，弹簧
	QSn4-4-2.5	飞机、汽车、拖拉机用轴承和轴套的衬垫
铸造锡青铜	ZCuSn10Zn2	在中等及较高荷载下工作的重要管配件，阀、泵体等
	ZCuSn10P1	重要的轴瓦、齿轮、连杆和轴套等
特殊无锡青铜青铜	ZCuAl10Fe3	重要的耐磨、耐蚀重型铸件，如轴套、涡轮等
	ZCuAl9Mn2	形状简单的大型铸件，如衬套、齿轮、轴承
	QBe2	重要仪表的弹簧、齿轮等
	ZCuPb30	高速双金属轴瓦、减摩零件等

①锡青铜。以 Sn 为主加元素的铜基合金称为锡青铜。锡青铜的主要特点是耐蚀、耐磨、强度高、弹性好等。图 5-3 所示为 Cu-Sn 二元合金相图局部。

Sn 在铜中可形成固溶体，也可形成金属化合物。因此，根据 Sn 的含量不同，锡青铜的组织和性能也不同，图 5-4 所示为锡青铜的组织和力学性能与 Sn 含量的关系。

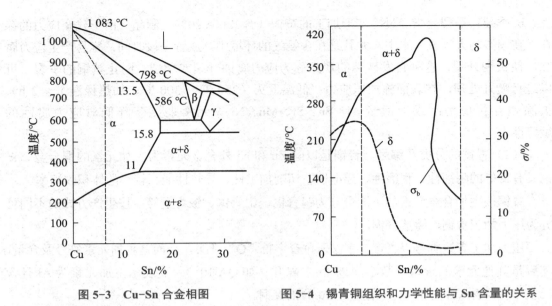

图 5-3　Cu-Sn 合金相图　　　　图 5-4　锡青铜组织和力学性能与 Sn 含量的关系

含 Sn5%～6% 时，合金的组织为 α 单相固溶体，合金的塑性最高，强度也增加；含 Sn 超过 6% 后，由于组织中出现硬而脆的 δ 相（以化合物 $Cu_{31}Sn_8$ 为基的固溶体），塑性显著下降，强度继续增加，当 Sn 的含量超过 20% 时，由于大量的 δ 相出现，合金变脆，合金的强度和塑性均下降。

因此，压力加工锡青铜含 Sn 一般低于 8%，含 Sn 大于或等于 10% 的合金适宜铸造。

锡青铜表面生成由 $Cu_2O \cdot 2CuCO_3 \cdot Cu(OH)_2$ 构成的致密薄膜，因此，锡青铜在大气、海水、碱性液和其他无机盐类溶液中有极高的耐蚀性，但在酸性溶液中抗蚀性较差。

锡青铜的结晶温度区间较大，流动性差，易形成枝状偏析和分散缩孔，铸件致密性差。但是锡青铜的线收缩率小，热裂倾向小，可铸造形状复杂、厚薄不均匀的铸件，尤其是构图精巧、纹路复杂的工艺品。

为了改善锡青铜的铸造性能、力学性能、耐磨性能、弹性性能和切削加工性，常加入 Zn、P、Ni 等元素形成多元锡青铜。

锡青铜可用于轴套、弹簧等抗磨、抗蚀、抗磁零件，广泛应用于化工、机械、仪表、造船等行业。

②铝青铜。以 Al 为主加合金元素的铜基合金称铝青铜，是得到最广泛应用的一种青铜。它的成本比较低，一般铝的含量为 8.5%～10.5%。铝青铜具有良好的力学性能，耐蚀性和耐磨性，并能进行热处理强化。铝青铜有良好的铸造性能，在大气、海水、碳酸及大多数有机酸中具有比黄铜和锡青铜更高的抗蚀性，另外，还有冲击时不发生火花等特性。宜作为机械、化工、造船及汽车工业中的轴套、齿轮、涡轮、管路配件等零件。

③铍青铜。以 Be 为主加合金元素的铜基合金称为铍青铜。一般铍的含量为 1.7%～

2.5％。铍青铜可以淬火时效处理，有很高的强度、硬度、疲劳极限和弹性极限，而且耐蚀、耐磨、无磁性、导电和导热性好，受冲击无火花等。在工艺方面，它承受冷、热压力加工的能力很强，铸造性能也好。其主要用于制作高级精密的弹性元件，如弹簧、膜片、膜盒等，特殊要求的耐磨零件，如钟表的齿轮和发条、压力表游丝；高速、高温、高压下工作的轴承、衬套及矿山、炼油厂用的冲击不带火花的工具。铍青铜价格较高。

（3）白铜的分类及编号。白铜是以 Ni 为主加元素的铜合金。白铜具有较高的强度和塑性，可进行冷、热变形加工，具有很好的耐蚀性、电阻率较高。按性能和应用其可分为耐蚀用白铜和电工用白铜；按化学成分和组元数目可分为普通白铜（或简单白铜）和特殊白铜（或复杂白铜）。特殊白铜又按加入 Zn、Mn、Al 等不同的合金元素，称作锌白铜、锰白铜和铝白铜等。

普通白铜的牌号以"白"字汉语拼音字首"B"+数字表示，数字代表 Ni 的含量，如 B30 表示含 Ni30％的普通白铜。

特殊白铜的代号表示形式是"B+第二合金元素符号+镍的含量+第二合金元素含量"，数字之间以"–"隔开，如 BMn3–12 表示含 Ni3％、Cu12％、Cu85％的锰白铜。常用白铜的牌号及用途见表 5–10。

表 5–10　常用白铜的牌号及用途

类别	牌号	用途
普通白铜	B30、B19、B5	船舶仪器零件，化工机械零件
锌白铜	BZn15–20	在潮湿条件下和强腐蚀介质中工作的仪表零件
锰白铜	BMn3–12	主要用途的弹簧
	BMn40–1.5	热电偶丝

工业上应用的白铜有普通白铜和特殊白铜。普通白铜是 Cu–Ni 二元合金；特殊白铜是在 Cu–Ni 合金基础上加入 Zn、Mn、Al 等合金元素，分别称为锌白铜、锰白铜、铝白铜等。

白铜具有高的耐蚀性、优良的冷、热加工工艺性。因此，其广泛用于制造精密仪器、仪表化工机械及医疗器械中的关键零件。

任务 5.5　有色金属在航空工业的应用

人们都知道，若要一架飞机载重大、飞得快、飞得远，就需要飞机本身的净重小，每一个构件的强度又要大。因此，对航空材料的第一个要求是"比强度"（强度除以相对密度所得的数值）要很大。这个数值对航空材料来说，是极其重要的。

工业上可将金属分为黑色和有色两类。黑色金属是指铁和钢；有色金属是指除铁和钢外其他所有的金属和合金。有色金属中又可分为重有色金属（如铜、铅、锌等）和轻有色金属（如铝、镁、铍等）。凡相对密度大于 3.5 的金属为重有色金属，小于 3.5 的为轻有色金属。轻有色金属中目前在航空上应用最广泛的为铝合金和镁合金。它们的相对密度很小（铝合金约为 2.8，镁合金约为 1.8），而强度又很高（铝合金的强度极限约为 70 kg/m²，镁合金为 30 ～ 40 kg/m²）。因此，就其比强度而言，可和高强度合金钢相媲美，甚至在某些性能上比合金钢还要优越（如刚度比钢大得多）。

轻合金由于具有以上优点，在航空上得到了广泛的应用。以一架喷气式飞机来说，机身、机翼绝大部分是用轻合金制成的。发动机内部的增压器也大部分由铝合金或镁合金制成。在导弹、火箭工业上，轻合金也占有极其重要的位置，如美国的"响尾蛇"导弹，如果不算所装的燃料重量，轻合金所占的质量约等于整个导弹质量的 1/2。由此可见，轻合金在航空工业上是极其重要的。从事飞机构造或飞机工艺工作的人员必须十分清楚这些合金的性能。对于一个从事航空材料的工作人员来说，就更加重要了。

轻合金既有优点，又有其缺点。我们知道，铝的熔点为 660 ℃，镁的熔点为 650 ℃，当温度较低的时候（低于 150 ℃），由它们制成的合金的比强度很大；但当温度升高时强度越来越小。因此，当飞机的速度是声速的 1 ～ 2 倍时，飞机和空气摩擦生热，使表皮的温度达到 150 ℃以上。这时，一般轻合金就不能应用了，须设法提高它们在高温作用之下的强度。近年来，世界各国都在设法提高轻合金在高温下的强度，且已获得相当多的成果。目前，铝合金可以在 300 ℃左右使用，镁合金还可以高一些。如果应用粉末冶金的方法，将纯铝烧结轧制后，可以在 400 ℃左右应用，这就有可能利用铝合金代替价格高而制造工艺又极其繁复的钛合金。铝合金的另一个缺点是大多数焊接性能较差。因此，目前一般飞机都是用铆接方法装配的。这种装配方法既费人力又费时间。因此，从事航空材料研究的技术人员，应当设法寻找能够焊接的铝合金。关于这方面的问题到现在还没有满意的解决，有待进一步研究。

我国对轻合金的研究和试制工作还进行得不多，而航空工业对轻合金又提出更多和更高的要求，这就需要大批的人员，从事这方面的研究和试制工作。

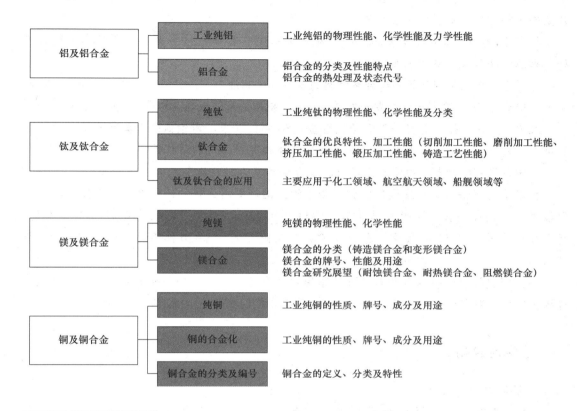

【拓展知识】

这种材料比黄金还贵，歼-20 也仅用了 20%，没它根本不行！

目前我国最先进的战斗机是歼-20 战斗机，它是战斗机中价格最高的。为何它最贵？除歼-20 采用了大量高新科技与先进航电设备外，还因为歼-20 战斗机的机身采用了大量的钛合金和复合材料（图5-5）。

图 5-5 歼-20 战斗机

其中，钛合金是目前航空工业上最推崇的合金材料，它具备质量轻、硬度高、熔点高等优点，而要说缺点就是价格高，再就是它的加工工艺也极为复杂，多种原因导致军用钛合金的价格比同等质量的黄金还高。

钛是 20 世纪 50 年代发展起来的一种重要的结构金属，钛合金具有强度高、耐蚀性好、耐热性高等优异的材料属性。

世界上许多国家都认识到钛合金材料的重要性，相继对其进行研究开发，并得到了实际应用。20 世纪 50—60 年代，主要是发展航空发动机用的高温钛合金和机体用的结构钛合金。

20 世纪 70 年代开发出一批耐蚀钛合金，80 年代以来，耐蚀钛合金和高强度钛合金得到进一步发展，钛合金开始用于制作火箭、导弹和高速飞机的结构件。

我国以歼-20 为代表的国产四代机，钛合金和复合材料比例已有长足进步。

在某次科普讲坛上，中国航空材料学家称，国产军用战机的钛用量在不断提升，歼-8 用钛很少，只有 2%，歼-10 用钛 4%，歼-11 用到 15%，而歼-20 用到 20%，算比较多的，运-20 与美国的 C-17 用钛量都是 10% 左右。由此可见，歼-20 钛用量比例是国内飞机最高的。

早先制造战机的材料以相对便宜的军用铝合金为主，但铝合金性能有限，现在制造先进战机时候，都是选用钛合金，美国的 F-22 战斗机的机体有 41% 都是钛合金。

【学习自测】

1. 填空题

（1）根据铝合金的成分和生产工艺的不同，铝合金可分为 ＿＿＿＿＿＿＿ 和 ＿＿＿＿＿＿ 两类。

（2）变形铝合金包括 ＿＿＿＿＿、＿＿＿＿＿、＿＿＿＿＿ 和 ＿＿＿＿＿。

（3）按成型工艺，镁合金可分为 ＿＿＿＿＿ 和 ＿＿＿＿＿，两者在成分和组织性能上有很大差别。

（4）镁合金热处理的主要特点是 ＿＿＿＿＿。

（5）钛合金的热处理主要有 ＿＿＿＿＿、＿＿＿＿＿。

（6）纯铜又称为 ＿＿＿＿＿；黄铜是由 ＿＿＿＿＿ 元素和 ＿＿＿＿＿ 元素组成的相近，其按含合金元素种类可分为 ＿＿＿＿＿、＿＿＿＿＿ 和 ＿＿＿＿＿ 三种。

2. 选择题

（1）以工业纯铝制造的导线经过冷拔产生塑性变形后其强度（　　）。

　　A. 提高　　　　　　B. 降低　　　　　　C. 不变

（2）铝的晶格类型是（　　）。

　　A. 体心立方　　　　B. 面心立方　　　　C. 密排六方

（3）硬铝合金的抗腐蚀性能较差，但通过（　　）的方法可以提高其抗蚀能力。

　　A. 提高含铜量　　　B. 包高纯铝　　　　C. 时效

（4）超硬铝合金只有经过（　　）处理才能获得较高的强度及硬度。

A. 淬火＋时效　　　B. 退火　　　　　　C. 冷变形

（5）硅铝明合金浇注前在液态合金中加入微量钠盐的操作称为（　　）处理。

A. 变质　　　　　　B. 调质　　　　　　C. 合金化

（6）我国古代遗留下来的文物（如铜镜、铜钟等物件）是人类最早应用的合金（　　）制造的。

A. 黄铜　　　　　　B. 锡青铜　　　　　C. 铝青铜

（7）轴承合金中在软基体上分布着的硬质点一般为（　　），其体积占 15%～30%。

A. 固溶体　　　　　B. 化合物　　　　　C. 杂质

3. 简答题

（1）不同铝合金可通过哪些途径达到强化目的？

（2）铝合金的强化措施有哪些？铝合金的淬火与钢的淬火有什么不同？

（3）什么是黄铜？为什么黄铜中的锌含量不大于 45%？

航空用复合材料

【学习目标】

【知识目标】

1. 掌握复合材料基本概念、组成及命名规则；
2. 熟悉复合材料的分类、特点；
3. 了解常见金属基复合材料的性能特点及应用；
4. 了解常见非金属基复合材料的类型、性能特点及应用。

【技能目标】

1. 能够区别不同复合材料的工程应用；
2. 能够掌握先进复合材料在航空航天领域的应用。

【素质目标】

1. 培养学生较强的主动学习、积极探索能力，激发创新意识；
2. 传承"求实创新、追求卓越、精益求精"的工匠精神。

【学习任务】

复合材料是交通运输领域的关键材料之一，先进的复合材料是《"十四五"新材料产业发展规划》的重点，主要包括树脂基复合材料、碳/碳复合材料、陶瓷基复合材料和金属基复合材料。与单一材料相比，复合材料具有优异的使用性能（高的比强度和比模量、良好的耐疲劳和耐腐蚀性能）、可设计性强、复杂件可一次成型等。复合材料在交通运输业最初应用于交通工具的内部设备、装饰件等非承力结构，现今已经逐渐应用到承力结构件，如高速列车的车头、汽车发动机的部件、客机的碳纤维复合材料机身和机翼结构等。

复合材料是交通运输领域最具发展潜力的材料，因其是金属材料、高分子材料和无机非金属材料的集成（复合），其制造与应用水平代表了一个国家整体材料的发展水平，因而，受到世界各国政府与科技界的高度重视。

任务 6.1　复合材料概述

复合材料概述

【课程情境导入】

中国用竹子造高铁：硬度堪比混凝土？

复合材料最早被公元前 3 400 年左右的古代美索不达米亚人使用，他们以不同角度胶合木条来制造胶合板。在 12 世纪，蒙古勇士使用复合材料（竹子、丝绸、牛腱和牛角及松树树脂）来制作射箭弓，其射出的箭比竞争对手的箭更快、更有力，弓的压缩侧（内侧）的一角和片状的角覆盖在竹芯上。他们用丝绸将结构紧密包裹，并用松脂将其密封，这些弓箭的强度与 900 多年后的现代弓箭几乎一样，并且可以击中远至 450 m（近 5 个足球场的长度）的目标。

最近，中国科学家宣布成功用竹子建造了一列高铁车厢，让全世界都很关注。这是一种最新型的竹缠绕复合技术，这种技术颠覆了人们几千年以来对竹子的传统认知。据了解，这种使用竹缠绕复合材料打造车厢质量比起传统的车厢质量轻了 1/3，行驶过程中的能耗也降低近 1/2。因此，如果用竹缠绕复合材料打造一整列高铁，会使这列高铁在原来的基础上轻 1/4，运行时的能耗降低 30%。用竹子建造的高铁你见过吗？这种高铁车厢能保证行驶安全吗？为何其与普通钢铁车厢相比有那么多明显优势呢？

【知识学习】

复合材料使用的历史可以追溯到古代。从古至今沿用的稻草增强黏土，用石灰抹墙其中掺入麻刀和头发以防开裂，已使用了上百年的钢筋混凝土，制造家具的层合板，加有高强度纤维线的橡胶轮胎。它们都由两种或两种以上的材料复合而成。我们现在所说的复合材料当然不是指这些，而是指 20 世纪 40 年代以后发展起来的新的复合材料，有时称为先进复合材料。

6.1.1　复合材料的定义

复合材料（Composite Materials）是由有机高分子、无机非金属或金属等几类不同材料通过复合工艺组合而成的新型材料。它既能保留原有组分材料的主要特色，又通过材料设计使各组分的性能相互补充并彼此关联，从而获得新的优越性能，它与一般材料的简单混合有本质的区别。一般定义的复合材料需要满足以下条件。

（1）复合材料必须是人造的，是人们根据需要设计制造的材料。

（2）复合材料必须由两种或两种以上化学、物理性质不同的材料组分，以所设计的形式、比例、分布组合而成，各组分之间有明显的界面存在。

（3）它具有结构可设计性，可进行复合结构设计。

（4）复合材料不仅保持各组分材料性能的优点，而且通过各组分性能的互补和关联可以获得单一组成材料所不能达到的综合性能。

复合材料包含基体（Matrix）和增强材料（Reinforcement）两个部分。基体材料主要起到包裹、支撑和保护增强材料的作用；增强材料是复合材料的关键，分布在基体材料中起到提高增强基体材料性能的作用，如提高强度、韧度及耐热性等，增强材料与基体之间存在明显界面。复合材料的用量已成为衡量军用装备先进性的重要标志。复合材料的兴起丰富了现代材料家族。具备高强度、高模量、低比重的碳纤维增强复合材料已成为各类军民装备重要的候选材料之一。美国国防部在《2025 年国防材料发展预测》中提到，只有复合材料能够将耐高温、高强度、高模量的指标在现有基础上同时提高 25% 以上。复合材料正成为各类航空及国防装备的关键材料。复合材料在应用中的占比持续提升，形成了金属材料、高分子材料、无机非金属材料和复合材料四分天下的局面。

6.1.2 复合材料的命名

复合材料在世界各国没有统一的名称和命名方法，比较共同的趋势是根据增强体和基体的名称来命名，通常有以下三种情况。

（1）强调基体时以基体材料的名称为主，如树脂基复合材料、金属基复合材料、陶瓷基复合材料等。

（2）强调增强体时以增强体材料的名称为主，如玻璃纤维增强复合材料、碳纤维增强复合材料、陶瓷颗粒增强复合材料等。

（3）基体材料名称与增强体材料并用，这种命名方法常用来表示某一种具体的复合材料，习惯上将增强体材料的名称放在前面，基体材料的名称放在后面。例如，玻璃纤维增强环氧树脂复合材料，或简称为玻璃纤维 / 环氧树脂复合材料或玻璃纤维 / 环氧。而我国常将这类复合材料统称为玻璃钢。碳纤维和金属基体构成的复合材料叫作金属基复合材料，也可写为碳 / 金属复合材料。碳纤维和碳构成的复合材料称为碳 / 碳复合材料。

国外还常用英文编号来表示，如 MMC（Metal Matrix Composite）表示金属基复合材料；FRP（Fiber Reinforced Plastics）表示纤维增强塑料；而玻璃纤维 / 环氧表示为 GF/Epoxy，或 G/Ep（G-Ep）。

6.1.3 复合材料的组成

组成复合材料的组分材料有基体、增强（韧）体和界面层。

1. 基体

基体是复合材料中的连续组元，一般都为匀质材料。它的作用是使复合材料成型、粘接、保护增强体。承受外荷载时，基体承受应力的作用较小，将外荷载产生的应力传递给增强（韧）体。

复合材料的基体材料可选用以下几项。

（1）高分子的聚合物基（环氧树脂、酚醛树脂、硅树脂等）。

（2）金属基（铝、钛等金属和钛铝、镍铝等金属间化合物）。

（3）无机非金属基（陶瓷基、碳基等）。

2. 增强（韧）体

增强（韧）体是承载的组元，均匀地分布在基体中，起增强（韧）作用。其一般都是强度、刚度高的材料，形状为尺寸细小的纤维或片状、颗粒状等。研究、应用最广泛的是纤维状增强（韧）体是增强纤维，如图 6-1 所示。

用高模量材料制成的直径很小、有一定长度的丝状物体。

增强纤维材料的强度和弹性模量要比基体材料高。

基体中增强纤维的含量必须达到要求，才能对基体起到增强、增韧的作用。

可选择用来增强纤维的材料有玻璃纤维、碳纤维、硼纤维、芳纶纤维等（图 6-2、图 6-3）。

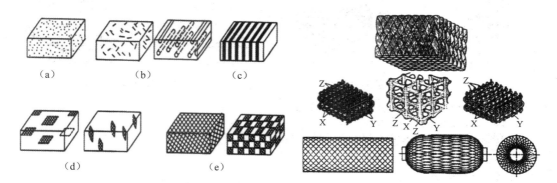

图 6-1　纤维状增强（韧）体—增强纤维的分布方式 　　　图 6-2　增强（韧）体的编织形式

（a）0-3 型；（b）1-3 型；（c）2-2 型；（d）2-3 型；（e）3-3 型

3. 界面层

界面层是由于基体和增强纤维表面之间的物理、化学作用形成的结合层（图 6-4）。

作用在基体和增强纤维之间提供适当的结合力，使增强纤维承受荷载引起的应力，对基体起到增强、增韧的作用。界面层在基体和增强纤维之间提供的结合力必须适当。

如果结合力过小，承受荷载时，容易在基体和增强纤维的界面处造成开裂，应力传不到增强纤维上，达不到增强的作用；如果结合力过大，又会在受力变形时不能吸收足够的能量，达不到增韧的作用，使复合材料制件破坏时产生脆性断裂。

由此可见，界面层的结构和结合强度对复合材料的性能有很大的作用。

只有控制好界面层的结构和结合强度，才能获得基体和增强纤维之间的最佳复合效应，制造出性能优于任何一个组元的复合材料。

界面层的结构和结合强度取决于基体的性能及增强纤维的表面状况。在设计制造复合材料时，除要选用与增强纤维相匹配的高性能的基体材料外，还要对增强纤维的表面进行一些处理，增加表面的粗糙度，以得到符合要求的界面层。图 6-4 所示为复合材料常见的各种夹层和辅层结构。

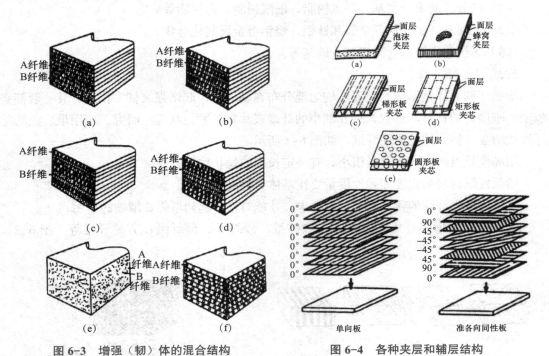

图 6-3　增强（韧）体的混合结构

（a）层内混杂；（b）层间混杂；（c）层内 - 层间混杂；
（d）夹芯混杂；（e）短切纤维混杂；
（f）编织物混杂（一层编织物中有两种纤维）

图 6-4　各种夹层和辅层结构

6.1.4　复合材料的分类

复合材料可以按基体材料类别、增强材料形态、复合材料功能的不同来进行分类。

（1）按基体材料分类，复合材料可分为金属基、有机非金属基与无机非金属基，如聚合物基、金属基（铝基、钛基复合材料）、陶瓷基、水泥基和碳基等（图 6-5）。

- 复合材料
  - 聚合物基复合材料
    - 热固性树脂基
    - 热塑性树脂基
    - 橡胶基
  - 金属基复合材料
    - 轻金属基
    - 高熔点金属基
    - 金属间化合物基
  - 陶瓷基复合材料
    - 高温陶瓷基
    - 玻璃基
    - 玻璃陶瓷基
  - 水泥基复合材料
  - 碳基复合材料

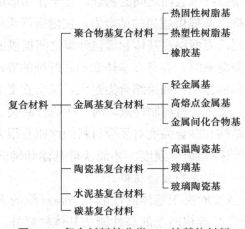

图 6-5　复合材料的分类——按基体材料

（2）按增强材料形态分类，复合材料可分为纤维增强、颗粒增强、短纤维增强、片状增强等，如纳米碳管、碳纤维复合材料等，增强材料形态的三种类型如图6-6、图6-7所示。

（a）　　　　　　　　　　　　（b）　　　　　　　　　　　　（c）

图6-6　增强材料形态的三种类型

（a）SiC颗粒，5 μm；（b）Al_2O_3片，30 μm；（c）Al_2O_3纤维，20 μm

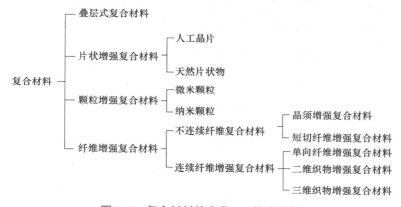

图6-7　复合材料的分类——按增强相

（3）按复合材料功能，复合材料可分为结构复合材料（图6-8）、功能复合材料（图6-9）、智能复合材料（如导电复合材料、光导纤维、形状记忆合金等）。

在复合材料中，结构性树脂复合材料的技术、经济和社会价值很大。因此，对树脂基复合材料的研究和应用一直是各国研究应用的重点。在军事装备，尤其是航空装备中，连续碳纤维增强树脂基复合材料的应用价值很大。

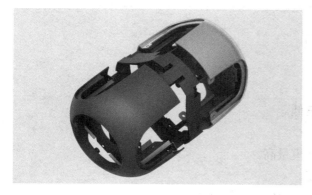 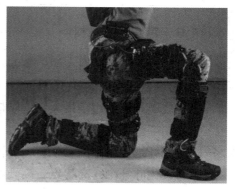

图6-8　航天器外壳骨架结构复合材料　　　　图6-9　单兵外骨骼功能复合材料

157

6.1.5 复合材料的特点

（1）各向异性和材料可设计性。各向异性和材料可设计性是复合材料最大的特点。复合材料的性能取决于基体、增强体和其含量、铺设方式。复合材料的力学性能及热、光、防腐、抗老化等性能都可以按照使用要求和环境条件，通过组分材料的选择和匹配及界面控制等手段，对复合材料进行合理的设计，用最少的材料满足设计要求，有效发挥材料作用。

（2）整体成型。复合材料的构件与材料是同时形成的，具有复合材料的组分材料在复合的同时也形成了结构，一般不再对复合材料进行加工。因此，复合材料的整体性好，大幅度减少零部件和连接件数量，降低成本，缩短加工周期，提高可靠性。

（3）比强度、比模量高。飞机结构上主要使用的复合材料以碳纤维树脂基复合材料为主，它具有高的比强度和比模量。比强度和比模量是材料强度和弹性模量与密度的比值，比强度和比模量是真正体现材料性能优劣的参数，意味着较少的材料能承受更高的荷载。先进的复合材料比强度相较铝合金高出 6 ～ 10 倍，比模量高出 4 倍，先进复合材料的应用能大幅降低飞机的结构质量。常见复合材料与金属材料的性能对比见表 6-1。

表 6-1　常见复合材料与金属材料的性能对比

类别	材料	性能				
		密度 /（g·cm⁻³）	抗拉强度 /MPa	弹性模量 /GPa	比强度 /（10^5N·m·kg⁻¹）	比模量 /（10^6N·m·kg⁻¹）
金属	钢	7.8	1 020	210	1.29	27
	铝合金	2.8	470	75	1.68	26.8
	钛合金	4.5	1 000	110	2.22	24.4
复合材料	碳纤维 / 环氧树脂	1.45	1 500	140	10.34	97
	碳化硅纤维 / 环氧树脂	2.2	1 090	102	4.96	46.4
	硼纤维 / 环氧树脂	2.1	1 344	206	6.4	98
	硼纤维 / 铅	2.65	1 000	200	3.78	75
	玻璃钢	2.0	1 040	40	5.2	20

6.1.6 常见复合材料

1. 纤维增强复合材料

常见的增强纤维如图 6-10 所示。

（1）玻璃纤维：用量最大、价格最低。

（2）碳纤维：化学性能与碳相似。

（3）硼纤维：耐高温、强度、弹性模量高。

（4）碳化硅纤维：高熔点、高硬度。

（5）Kevlar 有机纤维：用于高温、高强度复合材料。

玻璃

碳

SiC

图 6-10　常见的增强纤维

2. 树脂基（聚合物基）复合材料（PMC）

（1）树脂基玻璃纤维复合材料。最早在飞机上得到应用的第一代复合材料，俗称玻璃钢。

1）优点：

①比强度较高。

②对电和热的绝缘性能好，热膨胀系数比钢和铝的都小。

③对雷达波和无线电波有很高的透波性。

④冲击韧性较高，抗疲劳性能好。

2）缺点：有比刚度较低、耐湿热性差、材料性能分散性大等问题。

3）在飞机上的应用：机头雷达罩、整流件、油箱、尾翼翼梢、内部货舱隔板等零部件。

（2）先进（聚合物基）复合材料（APMC）。用高强度、高模量材料碳纤维、芳纶、硼纤维等增强树脂制成的复合材料，是继玻璃钢之后发展起来的第二代复合材料，如图 6-11 所示。

1）优点：

①比强度、比刚度高。

②具有良好的耐疲劳性能。

③减震性能好。

④具有多种功能性。

⑤可设计性强；热膨胀系数小；便于大面积整体成型。

碳纤维增强聚酰亚胺复合材料制航空发动机高温构件

芳纶刹车片

图 6-11　常见先进复合材料应用

2）存在问题：

①耐湿热性能差。

②冲击韧性较低。

③材料分散性大。

④价格过高。

3. 叠层复合材料

叠层复合材料是指在基体中含有多重层片状高强高模量增强物的复合材料。图 6-12 所示为常见的叠层复合材料。

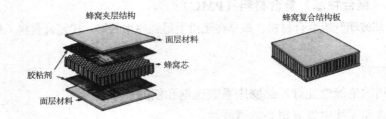

图 6-12　叠层复合材料

（1）双金属、表面涂层等也是层状复合材料。

（2）结构层状材料根据材质不同，分别用于飞机制造、运输及包装等（图 6-13）。

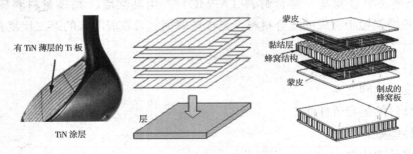

图 6-13　结构层状材料

4. 粒子增强型复合材料

聚合物基粒子复合材料如酚醛树脂中掺入木粉的电木、碳酸钙粒子改性热塑性塑料的钙塑材料（合成木材）等（图 6-14）。

粒子增强 SiC 陶瓷基复合材料　　　颗粒增强铝基泡沫复合材料　　　炭黑增强橡胶

图 6-14　常见粒子增强型复合材料

（1）陶瓷基粒子复合材料，如氧化锆增韧陶瓷等。

（2）金属基粒子复合材料又称金属陶瓷，是由钛、镍、钴、铬等金属与碳化物、氮化物、氧化物、硼化物等组成的非均质材料。

（3）碳化物金属陶瓷作为工具材料已被广泛应用，称作硬质合金。硬质合金通常以 Co、Ni 作为胶粘剂，以 WC、TiC 等作为强化相（图 6-15）。

 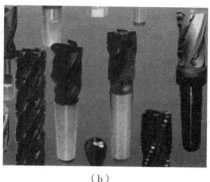

（a）　　　　　　　　　　　　　　　　（b）

图 6-15　硬质合金应用

（a）硬质合金组织 (Co+WC)；（b）硬质合金铣刀

6.1.7　复合材料应用现状

（1）玻璃钢和树脂基复合材料，已经有非常成熟广泛的应用。

（2）金属基复合材料，属于开发阶段，主要用于某些结构件的关键部位。

（3）陶瓷基复合材料及功能复合材料等还处于研究阶段，有不少科学技术问题有待解决。

学术界开始使用复合材料（Composite Materials）一词大约是在 20 世纪 40 年代，当时出现了玻璃纤维增强不饱和聚酯，开辟了现代复合材料的新纪元。从 20 世纪 60 年代开始，开发出多种高性能纤维。20 世纪 80 年代以后，由于人们丰富了设计、制造和测试等方面的知识与经验，加上各类作为复合材料基体的材料的使用和改进，使现代复合材料的发展达到更高的水平，即进入高性能复合材料的发展阶段。

【课程案例分析】

我国研究的竹纤维是从竹子中提取出的纤维，主要成分是纤维素、半纤维素和木质素，已经成为世界第五大天然植物纤维，虽然竹纤维的强度低于碳纤维、玻璃纤维，但其密度较小（仅为 0.5 ～ 0.9 g/cm³），其优势在于成本更低（仅需 0.84 ～ 1.42 美元/kg），生产时基本不排放污染物，可回收性强。

中国研制的竹纤维高铁车厢也经过了特殊设计。为了保证足够的车体强度，车身大架等关键部件还是使用了高强度的传统复合材料制造，而在车厢壁板等强度要求较低的部件上大量使用竹纤维复合材料。通过各种材料的灵活使用，这列竹纤维车厢的质量比传统车厢下降了近 1/3，行驶时的能耗下降了近 1/2。

任务 6.2 金属基复合材料

【课程情境导入】

金属基复合材料在我国的市场规模将达到 53.62 亿元人民币。实际上，金属基复合材料生产发展的速度和规模，已成为衡量一个国家材料科技水平的重要标志之一。在全球范围内，美国是最大的金属基复合材料消费国，英国、日本分别位居前列，三者合计超过消费总质量的 2/3，这主要得益于其国防开支大、通用飞机生产实力强。

而随着新的材料制备技术的研制成功和低价增强物的不断出现，金属基复合材料正越来越多地应用于汽车、机械、冶金、建材、电力等民用领域。中国作为全球最大的电子、汽车生产国，轨道交通、航空航天、军工等产业也在迅速发展，预计未来 5 年金属基复合材料需求增长将更为快速。

【知识学习】

随着现代科学技术的飞速发展，人们对材料的要求越来越高。在结构材料方面，不但要求强度高，还要求其重量要轻，尤其是在航空航天领域。金属基复合材料正是为了满足上述要求而诞生的。

6.2.1 金属基复合材料的定义

金属基复合材料（Metal Matrix Composites，MMCs），是以金属或合金为基体，以金属或非金属线、丝、纤维、晶须或颗粒为增强相的非均质混合物，共同点是具有连续的金属基体。它与聚合物基复合材料（PMCs）、陶瓷基复合材料（CMCs）及碳 / 碳复合材料一起构成现代复合材料体系（图 6-16）。

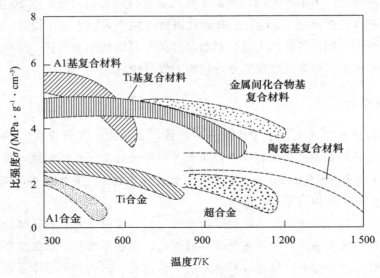

图 6-16 现代复合材料体系

金属基复合材料（MMCs）包括很广的成分与结构，共同点是有连续的金属基体（包括金属间化合物基体）。一是将基体的优越的塑性和成型性与强化体的承受荷载能力及刚性结合起来；二是将基体的高热传导性与强化体的低热膨胀系数结合起来。

1. 金属基复合材料与传统金属材料相比优势特点

（1）高比强度、高比模量；

（2）导电、导热性能；

（3）热膨胀系数小、尺寸稳定好；

（4）良好的高温性能；

（5）耐磨性好；

（6）疲劳性能和断裂韧度好；

（7）性能再现性及可加工性好；

（8）不吸潮、不老化、气密性好。

2. 金属基复合材料与其他复合材料的区别

（1）MMCs 的基体是纯金属或合金，而非聚合物或陶瓷。

（2）尽管与相应的未增强的金属基体合金相比，MMCs 的延展性和韧性较低，但与陶瓷或 CMCs 相比，MMCs 具有较高的延展性和韧性。

（3）与 PMCs 相同，MMCs 中增强体的主要作用是提高强度和模量。而 CMCs 中增强体通常用来改善材料的损伤容限。

（4）通常，MMCs 的承热能力高于 PMCs，但低于陶瓷和 CMC。

（5）低增强体含量到中等增强体含量的 MMCs 通常可采用与未增强金属同样的加工成型工艺。

6.2.2 金属基复合材料的应用

结构件的使用性能要求是选择金属基体材料最重要的依据，也是其发展的动力。

1. 航空发动机与燃气轮机

航空航天领域中高比强度和高比模量及尺寸稳定性是重要的性能要求。作为飞行器和卫星的构件宜选用密度小的轻金属合金——镁合金和铝合金作为基体，与高强度、高模量的石墨纤维、硼纤维等组成石墨/镁、石墨/铝、硼/铝复合材料，复合材料在先进的隐身战机使用（图 6-17）。

要求有高比强度和比模量，还要具有优良的耐高温性能，能在高温、氧化性气氛中正常工作。选择钛合金、镍合金及金属间化合物作为基体材料，如碳化硅/钛、钨丝/镍基超合金复合材料可用于喷气发动机叶片、转轴等重要零件（图 6-18）。

2. 汽车发动机

汽车发动机中要求其零件耐热、耐磨、导热、具有一定的高温强度等，同时，又要求成本低，适用于批量生产。选用铝合金作为基体材料与陶瓷颗粒、短纤维组成颗粒（短纤维）/铝基复合材料（如碳化硅/铝复合材料、碳纤维或氧化铝纤维/铝复合材料）制作发动机活塞、缸套等零件。

图 6-17　飞机中的战斗机——复合材料战机　　图 6-18　钛合金基体复合材料在飞机发动机叶片应用

6.2.3　金属基复合材料的分类

金属基复合材料是以金属为基体，以高强度的第二相为增强体而制得的复合材料。因此，金属基复合材料的类型有两种：第一种按基体分类；第二种按增强体分类。

1. 按基体分类

金属材料通常可制成多种多样的产品形式为后续的加工生产做准备，这些形式有铸造重熔料和锻造材料，包括丝、箔材、板材、棒材、各种挤压型材及粉末。这些不同形式的金属都可用于生产 MMCs。像液态金属浸渗的熔融加工方法要求有可重熔组分。

许多金属基复合材料的应用需要考虑多个方面而不只是强度（如电触头），因此，对基体材料的类型就有相应的要求。纯金属通常软且弱，具有较高的热导率和电导率。这是因为导致易塑性变形、低强度及高延展性的因素，同时也使自由电子易于运动，从而也导致较高的热导率和电导率。因此，需要同时满足高热导率或电导率、高强度及高耐磨特性的材料，如触电材料，可选用陶瓷增强纯金属基体的复合材料。基体合金也可以按熔点分类。具有超高熔点的材料，如钼、铌和钨称为耐火材料，意思是难以熔化。如铁、镍和铜等金属被认为表现出一般的熔化行为，而铝和镁是熔点较低的材料。目前，已用作金属基复合材料基体的合金体系包括铝、镁、镍、钛、铜等（图 6-19）。

（1）铝基复合材料。由于铝为面心立方结构，因此，其具有较好的塑性和韧性，再加上它的易加工性、工程可靠性及价格低等特点，为其在工程中的应用创造了有利的条件，它是金属基复合材料中应用最广泛的一种基体金属。制造铝基复合材料通常并不是使用纯铝而是使用各种铝合金。这主要是因为铝合金具有更好的综合性能，至于选择哪种铝合金材料，要根据实际中对复合材料的性能要求而定。

铝基复合材料
镁基复合材料
基体 — 钛基复合材料
镍基复合材料
铜基复合材料

图 6-19　金属基复合材料基体的合金体系

（2）镁基复合材料。镁基复合材料集超轻、高比刚度、高比强度于一身，该类型材料比铝基复合材料更轻，具有更高的比强度和比刚度，将是航空航天方面的优选材料。镁基复合材料多数以陶瓷颗粒、纤维或晶须作为增强体。石墨纤维增强镁基复合材料与碳纤维、石墨纤维增强铝基材料相比，密度和热膨胀系数更低，强度和模量也较低，但具有较高的导热/热膨胀比值，在温度变化环境中，是一种尺寸稳定性极好的宇宙空间材料。

（3）镍基复合材料。镍基复合材料是以镍及镍合金为基体制造的。由于镍的高温性能优良，因此，这种复合材料主要用于制造在高温下工作的零部件。人们研制镍基复合材料的一个重要目的是希望用它来制造燃气轮机的叶片，从而进一步提高燃气轮机的工作温度。

（4）钛基复合材料。钛比其他的结构材料具有更高的比强度。另外，钛在中温的时候相较铝合金能更好地保持其强度。因此，对飞机结构来说，当速度从亚音速提高到超音速时，钛比铝合金表现出更大的优越性。为了速度的进一步加快，还需要改变飞机的结构设计，采用更细长的机翼和其他翼型，因此，需要高刚度的材料，而纤维增强钛恰好可以满足这种对材料刚度的要求。钛基复合材料中最常用的增强（韧）体是硼纤维，这是由于钛与硼的热膨胀系数比较接近，见表 6-2。

表 6-2　基体和增强（韧）体的热膨胀系数一览表

基体	膨胀系数 / $(10^{-6} \cdot ℃^{-1})$	增强（韧）体	膨胀系数 / $(10^{-6} \cdot ℃^{-1})$
铝	23.9	硼	6.3
铁	8.4	涂 SiC 硼	6.3
钛	11.7	碳化铝	4.0
镍	13.3	氧化铝	8.3

2. 按增强（韧）体分类

（1）增强（韧）体概述。增强（韧）体材料可以是非连续纤维或添加到金属基体的第二相，其将导致一些性能的改善，通常是强度和/或刚度的提高。MMCs 中最常用的增强（韧）体材料有陶瓷（氧化物、碳化物和氮化物等）。其特性是在室温和高温环境下均具有高强度和高刚度。常用的金属基复合材料的增强（韧）体材料有 SiC、Al_2O_3、TiB_2、B_4C 和石墨，金属增强（韧）体则不常用，具体如图 6-20 所示。

（2）金属基复合材料的增强（韧）体特性。

1）能明显提高金属基某种所需特性的性能：如高的比强度、比模量、高导热性、耐热性、耐磨性、低热膨胀性等。

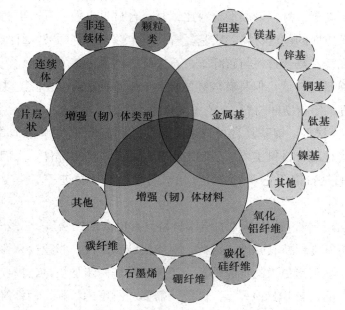

图 6-20　金属基复合材料的增强（韧）体材料

2）良好的化学稳定性：在金属基复合材料制备和使用过程中其组织结构与性能不发生明显的变化及退化，与金属基体有良好的化学相容性，不发生严重的界面反应。

3）与金属有良好的润湿性：通过表面处理能与金属基体良好润湿、复合和分布均匀。

（3）金属基增强（韧）体的类别与作用。增强（韧）体可分为颗粒或晶须和纤维两大类。纤维状增强（韧）体还可细分为连续和非连续。纤维增强了其铺设方向上的强度，但在垂直于纤维铺设方向上的强度低是连续纤维增强复合材料的特征（图 6-21）。另外，非连续增强的 MMCs 表现出更多各向同性特征。在一些 MMCs 体系中，两种或多种增强体的存在会使复合材料表现出特定的性能。

增强体的作用取决于其在 MMCs 中的形态。颗粒或晶须增强 MMCs 中，基体是主要的承载组分。增强体的作用是通过机械约束作用阻止基体变形来使复合材料增强增硬。这种约束通常是颗粒之间间距与颗粒直径比值的函数。在连续纤维增强 MMCs 中，增强体是主要的承载组分。金属基体的作用是将增强体结合到一起并且传递和分配荷载。非连续纤维增强 MMCs 则显示出介于连续纤维增强和颗粒增强复合材料之间的特征。通常，增强体的加入提高了材料的强度、刚度和热容，但降低了所得 MMCs 的热膨胀系数。当与高密度的金属基体结合时，增强体还可降低复合材料的密度，从而可以提高某些性能，例如比强度。

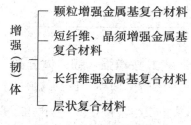

图 6-21　金属基增强体

6.2.4　金属基复合材料制备工艺及方法

金属基复合材料的复合制备工艺复杂、技术难度较大，但制备技术研究是决定该类材料迅速发展和广泛应用的关键问题。所以，研究开发实用有效的制备方法一直是金属基复合材料的重要问题之一。目前，虽然已经研制出不少复合工艺，但都存在一些问题。按照制备过程中基体的温度，可将其工艺分为固态法、液态法、喷涂喷射沉积法和原位复合法等工艺。金属基复合材料的常规制备工艺如图 6-22 所示。

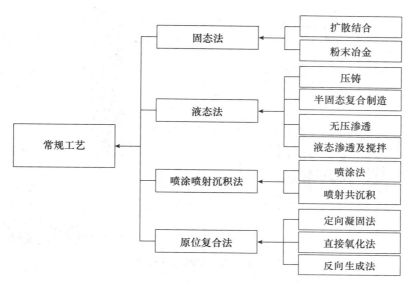

图 6-22　金属基复合材料的常规制备工艺

1. 原位自生法

原位自生法（In-situ Synthesis）是指通过金属盐与液态金属的高温化学反应原位生成特定陶瓷增强体的制备方法。基体金属常见的有铝合金、镁合金、钛合金及钢铁合金等。原位自生法的优点是陶瓷相与基体合金界面结合好，增强相尺寸可以控制到纳米级别，在提高基体合金强度的同时塑性损失不大。制备的金属基复合材料可以后期轧制成型，或重熔铸造成型，增强体的体积分数较低，通常在 10% 以下时可获得较好的性价比，民用市场潜力很大。

2. 搅拌铸造法

搅拌铸造法（Stirring Casting）是将颗粒状的陶瓷增强体加入熔融态或半熔融态的金属中，然后借助机械搅拌或超声搅拌使增强体颗粒均匀分散并随后凝固成型的方法。为保证金属熔体的流动性，增强体体积分数一般不超过 20%。搅拌铸造工艺装备简单，成本低，可制备大体量复合材料胚体，并且可以重熔铸造成型。

3. 粉末冶金法

粉末冶金法（Powder Metallurgy）是将粉末状的增强体与粉末状的金属基体按照一定比例混合，先在模具中冷压成型，然后真空除气，再热压烧结成型的方法，这是目前国内外普及程度最高的技术。粉末冶金法是最早用来制备金属基复合材料的一种固态制备法，可以制备复合材料坯锭以供挤压、轧制、锻压和旋压而最终成型，又可以直接近终成型形状复杂的复合材料零件。为了保证复合材料组织中基体的连续性，目前批量化应用的复合材料体积分数通常在 20% 左右。制备材料经过后期的真空热等静压、轧制及热挤压成型，可以获得较高的力学性能。图 6-23 所示为粉末冶金过程中应用广泛的真空热等静压设备。

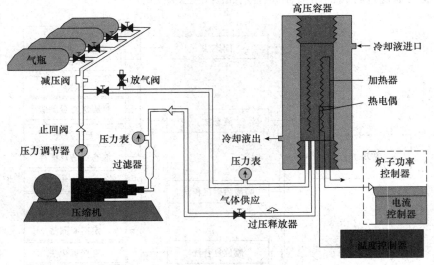

图 6-23　真空热等静压设备

4. 压力浸渗法

作为液态法制备技术，压力浸渗法（Pressure Infiltration）又称挤压铸造法，将液态金属通过外界压力强行突破表面张力浸渗到增强（韧）体预制件中，随后凝固成型获得金属基复合材料。压力浸渗法的优势是适用于纤维、晶须、粉末、纳米颗粒等各类增强（韧）体，适用于各类基体合金，可获得较好的界面强度，材料可设计性强。通常颗粒增强复合材料的体积分数为 40% ～ 70%。根据工艺环境不同，压力浸渗可分为真空压力浸渗和大气环境下压力浸渗两大类。真空压力浸渗法为保证在较低压力下克服浸渗阻力，通常颗粒尺寸较大（比表面积较小）；为保证毛细管作用的必要间隙，体积分数较高（60% 左右）。这种方法易于获得高刚度、高导热、低膨胀等特殊性能的金属基复合材料，可以实现复杂构件的免加工一次成型，广泛应用于大功率电子器件热沉。

6.2.5　常见的金属基复合材料

1. 铝基复合材料

铝基复合材料主要有纤维增强铝基复合材料和颗粒（晶须）增强铝基复合材料。

（1）纤维增强铝基复合材料。纤维增强铝基复合材料包括长纤维增强铝基复合材料和短纤维增强铝基复合材料。长纤维又称连续纤维。一般情况下，短纤维增强铝基复合材料的力学性能不如连续纤维增强铝基复合材料，但其价格低。

1）长纤维增强铝基复合材料。在连续增强金属基复合材料中，增强纤维主要有硼纤维、碳纤维（石墨纤维）、SiC 纤维、Al_2O_3 纤维等。其基体主要有铝、镁、钛、铜、镍及其合金。目前，长纤维增强铝基复合材料主要有硼 / 铝复合材料、碳 / 铝复合材料、碳化硅／铝基复合材料、氧化铝／铝基复合材料和不锈钢丝／铝基复合材料。几种典型连续纤维增强金属基复合材料的力学性能见表 6-3。可见，纤维连续增强复合材料的性能具有各向异性，纵向明显高于横向；复合材料的纵向强度、模量显著高于基体合金。另外，很多资料表明沿纤维方向（纵向）加拉伸荷载的连续纤维增强金属基复合材料的疲劳抗力优于未增强的基体合金，使疲劳极限一般可成倍增加。合金的抗蠕变性能往往可因连续纤维的加入而大大改善。在这方面的典型例子是碳化硅连续纤维增强钛基复合材料在航空涡轮发动机上的应用，以此来弥补钛合金蠕变抗力低的缺陷。由于低膨胀纤维的加入，复合材料的线膨胀系数显著减小，典型的例子就是石墨烯镁基 Gr/Mg 材料在哈勃太空望远镜天线支撑杆的应用，使在反复出入日照的条件下保持尺寸稳定件。

表 6-3　连续纤维增强金属基复合材料的力学性能（纵向）

复合体系	纤维体分 /%	材料密度 /(g·cm⁻³)	拉伸强度 /MPa	弹性模量 /GPa
硼纤维 – 铝	45 ～ 50	约 2.6	1 250 ～ 1 550	200 ～ 230
碳纤维 – 铝	50	2.1	760	140
高模石墨纤维 – 铝	38	1.8	510	300
碳化硅纤维 – 铝	45 ～ 50	约 3.0	1 250 ～ 1 600	210 ～ 240
碳化硅纤维 – 钛	35	3.9	1210	260

①硼铝复合材料。硼纤维是由钨或碳丝经化学气相沉积而形成的，直径较粗，具有较高的力学性能，单丝制造工艺成熟。随着硼纤维体积分数增加，铝基复合材料的抗拉强度和弹性模量增高。硼／铝复合材料中纤维直径、纤维方向和铺层方式对材料的性能有很大影响。硼／铝复合材料的热膨胀系数主要取决于硼纤维的热膨胀性。由于纤维的纵向热膨胀系数与基体的热膨胀系数差别较大，因此，在界面会产生较高的残余应力。

②碳铝复合材料。碳纤维密度小，具有优异的力学性能，是目前作为增强物的高性能纤维中价格最低的一种。但在制备复合材料过程中，界面会不可避免地产生 Al_4l_3，严重影响复合材料的性能。所以，为了减少界面反应，人们采取了多种方法，如在碳纤维上进行涂层处理，起阻碍作用，一般 SiC 涂层的效果最好，TiN 次之，或在碳纤维表面镀铬、铜或镍等。

2）短纤维增强金属基复合材料。短纤维的增强效果介于颗粒和连续纤维之间。由于短纤维的性能明显低于晶须，尺寸明显大于晶须，所以，短纤维的增强效果不如晶须的增强效果。短纤维增强金属基复合材料的制备方法主要有粉末冶金法、压力浸渗法、挤压铸造法等。

短纤维增强铝基复合材料是目前研究最多的。氧化铝短纤维增强铝基复合材料的室温拉伸强度与基体合金相比提高不太明显（表 6-4），但它们的高温强度保持率明显优于基体，弹性模量在室温和高温都有较大的提高，热膨胀系数有所降低（表 6-5），耐磨性能得到改善（图 6-24）。

表 6-4　多晶氧化铝纤维增强铝基复合材料的室温及高温性能

V_f/%	屈服强度 /MPa				拉伸强度 /MPa				弹性模量（室温）/GPa
	室温	250 ℃	300 ℃	350 ℃	室温	250 ℃	300 ℃	350 ℃	
0	210	70	—	35	297	115	70	55	71.9
5	232	112	79	54	282	134	88	63	78.4
12	251.5	—		68	273	—	—	74	83.0
20	282.5	186	164	110	312	98	155	112	95.2

表 6-5　氧化铝纤维增强铝基复合材料的热膨胀系数和热导率

基体	纤维	V_f/%	热膨胀系数 /（$10^{-6} \cdot K^{-1}$）		热导率 /［W/（m·K）］	
			0°	90°	0°	90°
2024T5	氧化铝	5	23.9	23.6	158	140
	莫来石	5	22.3	23.8	152	128
	氧化铝	15	18.9	22.3	134	98
6061T5	氧化铝	10	18.0		119	
		20	16.4		99	

（表中 24.5、176、20.4、144 为跨行合并数据）

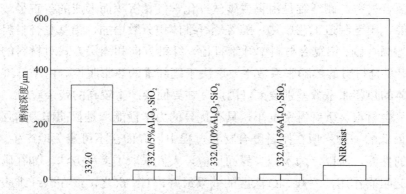

图 6-24　氧化铝纤维增强铝基复合材料的磨损性能及与基体和高镍耐磨铸铁的比较

（2）颗粒和晶须增强金属基复合材料。这类复合材料的增强材料包括陶瓷颗粒（如碳化硅颗粒、氧化铝颗粒和碳化硼颗粒）和晶须（如碳化硅晶须、氮化硅晶须和碳化硼晶须等）。其典型的复合材料有碳化硅颗粒增强铝基、镁基和钛基复合材料等，以及碳化钛颗粒增强钛基复合材料和碳化硅晶须增强铝基、镁基和钛基复合材料等。这类复合材料中增强材料的承载能力尽管不如连续纤维，但复合材料的强度、刚度和高温性能往往超过基体金属，尤其是在晶须增强情况下。由于金属基体对复合材料性能起较大作用，故通常选用强度较高的合金，且一般均进行相应的热处理。这类复合材料既可以作为结构材料，也可以作为结构件中的耐磨件使用。

晶须增强金属的试验最早采用的是 Al_2O_3 晶须，但由于其成本高，而且要使晶须在金属基体中均匀分布也较困难，因而发展缓慢。但低价的 SiC 晶须的加入，明显提高了复合材料的弹性模量和强度，促进了晶须增强金属研究的发展。用来增强的基体主要是 Al、Mg 及其合金。

2. 钛基复合材料

钛基复合材料以其高的比强度、比刚度和耐高温性能在宇航与航天领域具有广泛的应用前景。钛基复合材料于 20 世纪 70 年代开始研究，20 世纪 80 年代中期开始得到美国航天飞机和整体高性能涡轮发动机技术发展的推动，图 6-25 所示为钛基复合材料在波音飞机上的使用情况，具体应用结构零件如图 6-26 所示。目前，钛复合材料用以代替传统钛合金和不锈钢、高温合金，可取得减重 40% 的效果，除在军用发动机压气机应用外，还可以在低压涡轮和尾喷口应用，应用前景见表 6-6。此外，钛基复合材料作为结构材料，还可以应用于酸、碱、高温、高压等条件，被认为是可以进一步提升钛基复合材料性能和扩大其应用范围的新型材料。

表 6-6　钛基复合材料应用前景

材料	制造公司	使用部位
10%TiC/Ti-6A1-4V	Payment	导弹壳体、尾翼
20%TiC/Ti-6A1-4V	Cermet	发动机部件
35%SCS-6/Ti-6A1-4V	R.R	风扇叶片、整体叶环、涡轮轴
SiC_p/Ti-6A1-4V	R.R	瑞达轴、风扇轮子叶片、支柱、壳体、减重 40%
15%TiC/Ti-6A1-4V	A.R.C	F-119 扩散喷管作动器活塞，减重 40%

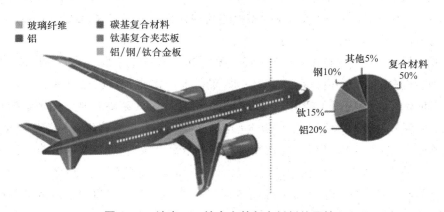

图 6-25　波音 787 钛合金基复合材料使用情况

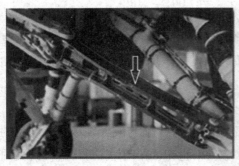

图 6-26　钛基复合材料 TMC 齿轮用于空军 F-16 战机和新型发动机 TMC 叶片

F-119 发动机的 3 级风扇叶片采用的是 SiC 纤维 /Ti，是一种超塑成型扩散连接工艺制造的宽弦叶片，由复合材料制造的叶片减重 14%。F-22 战斗机上的第一个钛基复合材料零件是发动机扩散喷管的作动器活塞，采用的是 SiC 纤维 /Ti，用其代替不锈钢活塞，可减重 40%，承载能力相比预计的使用荷载高出一倍。

3. 镁基复合材料

在同类金属基复合材料中，镁基复合材料具有最高的比强度与比刚度，同时有优秀的尺寸稳定性，在某些介质中有相当强的抗蚀性，具有不错的应用前景，但由于其加工成型性能不如铝合金，而且价格较高，所以其应用受到一定限制，主要应用于航空航天器、交通运输装备、国防军工器械、电子器件等部门。

含硼纤维 40%～45% 的硼 / 镁复合材料的抗拉强度 R_m=1 100～1 200 MPa，弹性模量 E=220 GPa，伸长率为 0.5%，泊松比为 0.25。向镁及镁合金加入少量的 SiC 或 Al_2O_3 颗粒，可以显著提高其抗磨性。近些年，镁基复合材料在导弹、火箭中获得较多的应用。为了满足航天器减重及高精零件如导弹控制系统对材料高尺寸稳定性需求，发展高强度、高刚度、低膨胀镁基复合材料是兵器工业的重要技术途径之一。美国陆军已用碳化硼颗粒增强材料弹托取代 XM829 型 120 穿甲弹的铝合金弹托，以减轻弹托重量，提高穿甲威力。这种新的镁基复合材料的热膨胀系数为 $1.28\times10^{-5}K^{-1}$，抗拉强度 R_m=506 MPa，抗压强度为 696 MPa，可用于制造兵器制导控制系统的高精元件，如光学系统万向支架、导弹控制零件、反射镜、陀螺仪等。

镁基复合材料（镁基 MMC）被应用于各种功能，包括航空航天飞行器的发动机组件、制动元件和运动轴，如图 6-27 所示。在 F16 飞机上，铝制入口已被用 SiC 颗粒增强的镁基复合材料取代，从而提高了疲劳寿命。燃气轮机叶片尤其需要能够承受高温的材料。极轻的复合材料涡轮叶片在大约 1 050 ℃的涡轮排气温度下保持其强度。SiC 增强镁基 MMC 制造的螺旋桨，如图 6-28 所示。在汽车和航空航天领域，制动技术是目前研究的一个关键领域。在飞机上，刹车机构根据流经圆盘 (转子和定子) 的液压进行调整，产生摩擦，将陶瓷复合材料部件的外部温度提高到 1 500 ℃～3 000 ℃。在商用客机制动系统中采用这种材料可以减少经济重量。波音公司正在为商用飞机开发复合材料 Nextel610/ 铝硅酸盐排放喷嘴和声学结构。GE 航空在陶瓷复合材料方面投入了大量资金，F414 发动机的分流排气密封最初就采用了陶瓷 Ox/Ox 复合材料。

图 6-27　镁基 MMC 制造的尾翼

图 6-28　SiC 增强镁基 MMC 制造的螺旋桨

6.2.6　金属基复合材料的工程应用

金属基复合材料在市场应用重可细分为陆上运输、电子 / 热控、航空航天、工业、消费产品 5 个部分。

1. 陆上运输领域

对于成本极端重视的汽车市场，唯一能接受的只有铝基 MMCs。MMCs 主要用于耐热耐磨的发动机和刹车部分（如活塞、缸套、刹车盘和刹车鼓），或用于需要高强度模量运动部件（如驱动轴、连杆）。

在陆上运输领域消耗的 MMCs 中驱动轴的用量超过 50%，汽车和列车刹车件的用量超过 30%（图 6-29）。

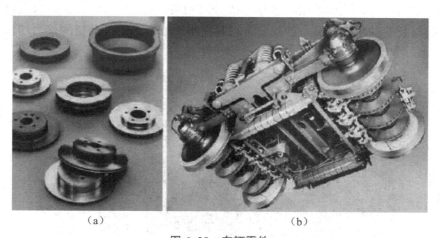

（a）　　　　　　　　　　　　　　　（b）

图 6-29　车辆零件

（a）汽车刹车鼓和刹车碟；（b）火车转向架及刹车盘

2. 电子 / 热控领域

如果以产值排序，高产品附加值的电子 / 热控领域是第一大 MMCs 市场，产值比例超过 60%。以 SiCp/Al 复合材料为代表的第二代热管理材料主要用作微处理器盖板 / 热沉、倒装焊盖板、微波及光电器件外壳 / 基座、高功率衬底、IGBT 基板、柱状散热鳍片等。其中，无线通信与雷达系统中的视频与微波器件封装构成其最大的应用领域，其第二大应

173

用领域则是高端微处理器的各种热管理组件（图6-30）。

（a）　　　　　　　　　　　　（b）

图6-30　SiCp/Al复合材料

（a）SiCp/Al微处理器盖板；（b）SiCp/Al光电封装基座

3. 航空航天领域

首先要提的是铝基MMC，它是在MMC中应用最广泛的一种。由于铝合金基体为面心立方结构，因此具有良好的塑性和韧性，再加上它所具有的易加工性、工程可靠性及价格低等优点，为其在工程上应用创造了有利条件。在制造铝基MMC时通常并不是使用纯铝而是铝合金，这是因为铝合金具有更好的综合性能。

航空航天领域应用最多的是铝基复合材料和钛基复合材料。铝基金属基复合材料应用包括风扇导向叶片、武器挂架、液压系统分路阀箱等。SiC铝基复合材料应用于波导天线、支撑框架及配件、热沉等。钛基复合材料应用于燃气涡轮发动机的接力器活塞，如图6-31所示。

图6-31　F-16的腹鳍采用铝基金属基复合材料

4. 其他领域

复合材料在其他领域的应用见表6-7。

表 6-7　复合材料在其他领域的应用

序号	MMCs 材料	应用
1	Cu 基、Ag 基	电触头材料
2	TiC 增强铁基	耐磨材料、高温结构材料
3	Saffi1 纤维增强铝基	输电线缆
4	B_4C 增强铝基	中子吸收材料
5	……	……

任务 6.3　非金属基复合材料

非金属基复合材料

【课程情境导入】

波音最大胆的尝试是号称"梦幻飞机"的 B787，复合材料用量占结构重量的 50%，机身、机翼等主承力构件都采用复合材料。曾有报道这样形容 B787："787 的结构就是一个庞大的巨分子，所有部件都是通过碳纤增强的交联化学键连接在一起。"其复合材料由世界最大的碳纤生产商 Toray Industries 公司提供。复合材料机身的优异强度使客舱内出现更高的耐压力，使客舱内温度、湿度和通风更易控制，增加乘坐舒适度。由于看到复合材料的优越性能，空中客车也表示，将把继 A380 之后的下一代商用飞机 A350XWB 的复合材料用量由最初的 37% 提高到 52%。复合材料为何如此受飞机设计师的青睐呢？

【知识学习】

聚合物基复合材料（PMC）被广泛应用于航空航天结构，与铝合金结构相比，聚合物基复合材料（以碳纤维 / 环氧树脂复合材料为例）具有以下优势：

（1）减重：由于比强度和比模量大，且结构一体化更易实现，减少了连接数量和紧固件数量，因此，聚合物基复合材料结构比铝合金结构减重 15% ～ 20%。

（2）性能提升：聚合物基复合材料结构气动外形更光滑，对服役环境的适应性增加，结构降噪性、阻燃性更好。

（3）修理费用降低：由于聚合物基复合材料的疲劳抗力更好，抗腐蚀能力更强，耐磨性更好，使维修周期更长，修理次数减少，修理费用降低。

6.3.1　增强纤维

目前，飞机结构使用的聚合物基复合材料的增强相主要为高性能纤维，纤维的品种、含量决定了结构的力学性能，在聚合物基复合材料中，常用纤维分类如图 6-32 所示。

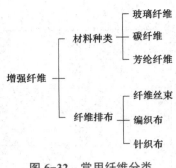

图 6-32　常用纤维分类

1. 按材料种类分类

（1）玻璃纤维。玻璃纤维以石英砂、石灰石、白云石、石蜡等组分配以纯碱等，有时也掺入 Ti_2、ZrO_2 等氧化物来制备各种玻璃后，经熔炼窑融化拉丝而成。由于其成本低，重量轻，比强度、比模量高及介电性能优良，得到广泛应用，如应用在运动飞机和通用飞机的主结构、直升机旋翼桨叶结构及民用客机的次承力或不承力结构上。

玻璃纤维的常见等级主要是"C""A""E"和"S"，代表玻璃纤维中的碱金属含量，"A"代表普通，碱金属含量为 15%；"C"代表中碱，碱金属含量为 11.5%～12%；"E"代表无碱，碱金属含量小于 0.5%；"S"代表高强，碱金属含量微量。其中，E-玻璃纤维的比强度高、耐疲劳性好、介电性能优异，在 320 ℃下可保持 50% 的拉伸强度，耐化学、耐腐蚀及耐环境性能好，因此，被广泛应用于飞机的次要结构；S-玻璃纤维的性能较 E-玻璃纤维更加优异，特别是耐强酸性，但其成本也略有提高。玻璃纤维的主要性能参数见表 6-8。

表 6-8　玻璃纤维的主要性能参数

性能	E-玻璃纤维	S-玻璃纤维
密度 /（$g \cdot cm^{-3}$）	2.54	2.48
拉伸模量 /GPa	72.4～76	86
拉伸强度 /GPa	3.6	4.6
断裂伸长率 /%	2.0	—
线膨胀系数	5.0	2.9～5.0

（2）碳纤维。碳纤维由于其性能好、纤维类型和规格多、成本适中等因素，在飞机结构上应用较广泛。根据制造原材料可分为聚丙烯腈基（PAN）碳纤维、沥青基碳纤维和人造丝碳纤维。根据性能可分为通用级碳纤维（拉伸强度＜1.4 GPa，拉伸模量＜140GPa）、高性能碳纤维，包括中模量（IM）、高模量（HM）、高强度（HS）、超高强（UHS）、超高模（UHM）。常见碳纤维品种的性能参数见表 6-9。

表 6-9　常见碳纤维品种的性能参数

纤维品种	拉伸模量 /GPa	拉伸强度 /MPa	断裂伸长率 /%	密度 /（$g \cdot cm^{-3}$）	纤维直径 /μm
T300	230	3 530	1.50	1.76	7
AS4	248	4 070	1.65	1.80	7
HTA	235	3 600～4 300	1.5～1.8	1.76	7

纤维品种	拉伸模量 /GPa	拉伸强度 /MPa	断裂伸长率 /%	密度 / (g·cm⁻³)	纤维直径 / μm
T700S	230	4 900	2.10	1.80	7
IM6	300	5 100	1.75	1.75	5
IM7	300	5 400	1.85	1.80	5
T800H	294	5 490	1.90	1.81	5
HM63	441	4 600	1.0	1.83	—

碳纤维发展方向主要有两个，即中模量高强度碳纤维 T800、T1000 和高模量碳纤维 M50J、M60J，T800 的价格为 T300 的 3～5 倍，因而制约了其应用范围。目前，"飞机"结构广泛应用的增强纤维仍然是 T300，主要代表品牌有 T300（日本，Toray 公司）、AS4（美国，Hercules 公司）、HTA（日本，Besfight 公司）等。我国碳纤维产业化起步晚，落后于日本等国家 30 年，面对关键技术问题，国家从"十一五"后投入大量资源进行攻关，在 21 世纪初，实现 T300 碳纤维的规模生产，打破了发达国家对国内碳纤维市场的长期垄断，在 2017 年，国家科技进步一等奖颁发给"干喷湿纺千吨级高强 / 百吨级中模碳纤维产业化关键技术及应用"，意味着我国 T700/T800 中模量高强度碳纤维实现批量化生产，目前，我国自主研制的 T700 与 T800 级碳纤维产品已经应用到航空航天、碳芯电缆等领域。

（3）芳纶纤维。芳纶纤维是芳香族酰胺纤维的总称，也是一种轻质、高强度的高性能有机纤维，具有代表性的是聚对苯二甲酰对苯二胺纤维，其代表商品有凯芙拉（Kevlar）纤维及聚间苯二甲酰间苯二胺纤维，其代表商品有 Nomex 纤维。芳纶纤维韧性特别高，能量吸收性能好，拉伸强度与刚度高，但压缩强度低，与碳纤维一起制成混杂纤维，有明显的增韧作用。

芳纶纤维一般可分为高强型、高模型。目前，世界上主要的芳纶纤维力学性能见表 6-10。

表 6-10　芳纶纤维主要力学性能参数

纤维类型	密度 / (g·cm⁻³)	拉伸强度 /GPa	拉伸模量 /GPa	断裂伸长率 /%
Nomex	1.38	0.66	17.4	22
Kevlar	1.43～1.44	3.22	64.8	1.43～1.44
Kevlar–29	1.44	2.82	63.2	3.6
Kevlar–49	1.44	3.82	126.6	2.4

2. 按纤维排布分类

增强材料的基本形式有纤维丝束（单向带）、编织布（织物）和针织布。

（1）纤维丝束（单向带）。纤维丝束（单向带）是增强材料的最基本形式。纤维丝束一般预浸渍树脂基体，按同一方向（经向）平行排列成纤维束条带，即单向带，如图6-33所示。为了改善单向带工艺性能，将纤维丝束用少量维持纤维丝束经向排列的非承载作用的纬向纤维织成一种特殊的单向织物，又称无纬布或无纺布。无纬布浸渍树脂也称为单向带，其纤维增强作用效果与纤维丝束单向带基本相同，但其铺覆工艺性大为改善。

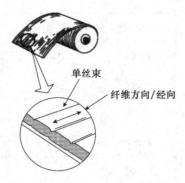

图6-33 单向带示意

（2）编织布（织物）。编织布（织物）是由经向纤维与纬向纤维编织而成的，根据经向纤维与纬向纤维的分布和编织方式的不同，可分为平纹布、斜纹布和缎纹布，如图6-34所示。平纹布的经向与纬向纤维比例为1∶1，布形稳定，不易弯折。缎纹布按经线与纬线相交编织时所间隔的纬线数目的不同，可分为4综缎、5综缎、8综缎等缎纹布，它们各有各的特点。例如，8综缎布浸渍树脂后体现了单向带特点，且整体性好，易铺贴。不同纤维混合编织物为设计选材提供了更多的便利，织物可制成预浸料使用。

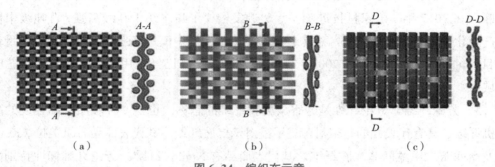

（a） （b） （c）

图6-34 编织布示意

（a）平纹布；（b）斜纹布；（c）缎纹布

（3）针织布。针织布是在织机上用增强纤维（机线）按照某种规则编织在一起形成的织物，通常用于制造三维织物或管状的预成型件。通过控制 X、Y、Z 三向的纤维比例，可以控制各方向的性能，如图6-35所示。针织布通常价格高，制造过程复杂，主要用来制作预成型体，后续用于树脂传递模塑和其他液态成型技术。

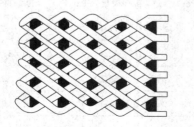 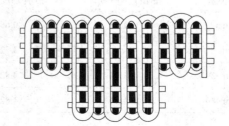

图6-35 三维针织布举例

6.3.2 树脂基体

树脂基体是聚合物基复合材料的重要组分，树脂基体的性能直接决定了结构的使用温度、压缩性能、层间剪切强度、耐湿热性能和抗冲击能力等重要性能指标。飞机结构用复合材料树脂基体的研究与开发有 60 多年的历程，有很多类型与品种。

树脂基体通过固化反应成型，在加热过程中，树脂从流体状态因固化反应转变为固态，在固化过程中的反应参数是复合材料固化工艺的制定依据，其中包括：

（1）凝胶时间。凝胶时间是指液态树脂在规定的温度下由能流动的液态转变成固体凝胶所需的时间。

（2）固化度。固化度是指树脂基体的固化反应程度，即树脂中已经参与固化反应的活性官能团占应该参与固化反应的活性官能团的百分比。

目前，通常按照固化特性可将树脂分为热固性树脂和热塑性树脂。它们的性能特点见表 6-11。

表 6-11　热固性树脂和热塑性树脂性能特点

树脂类别	特性	优点	缺点
热固性树脂	1. 固化时发生化学反应； 2. 工艺过程不可逆； 3. 黏度低，流动性高； 4. 固化时间长	1. 工艺温度相对较低； 2. 纤维浸润性好； 3. 可成型为复杂形状； 4. 黏度低	1. 工艺过程时间长； 2. 储存时间受限制
热塑性树脂	1. 无化学反应，无固化要求； 2. 有后成型能力，可再加工； 3. 黏度高，流动性低； 4. 工艺时间可能较短	1. 韧性优于热固性树脂； 2. 废料可重复利用； 3. 成束低； 4. 储存没有限制，不须冷藏； 5. 抗分层能力强	1. 耐化学溶剂性低； 2. 工艺温度较高； 3. 释放的气体有污染； 4. 工艺不成熟

1. 热固性树脂

（1）环氧树脂。环氧树脂是分子中含有两个或两个以上集团的一类高分子化合物，是最早应用于飞机复合材料结构中的树脂基体，目前在飞机结构中应用最广泛。它的性能特点如下：

1）在 93 ℃下使用，力学性能好。

2）与各种纤维匹配性好。

3）耐化学腐蚀性、耐湿热性能较好。

4）成型工艺性优良、种类丰富、固化温度范围广、铺覆性好、树脂黏度适中、流动性好、固化收缩率较小，可做成多种预浸料。

5）属于脆性材料，但增韧环氧经过改性后，抗损伤能力有所提高。

6）机械加工性，制孔、切削性良好，易维护、修理。

7）价格低。

（2）聚酰亚胺树脂基体。聚酰亚胺树脂是一种芳香杂环新型树脂，是目前高性能树脂基复合材料中耐热性很高的树脂基体之一，可在 250 ℃～ 300 ℃长期使用，350 ℃短期使用，已在航空领域的耐高温部位得到推广应用，它还具备耐辐射、电性能较好等优点，但其成型温度与成型压力高，韧性差，呈脆性，给制件成型带来困难。目前它已成功地应用于飞机发动机的外涵道、中介机匣、导向叶片、尾喷口区域的热端等部位。

（3）双马来酰亚胺树脂基体。双马来酰亚胺树脂基体（BMI，双马树脂）是一种特殊的聚酰亚胺体系，其最高使用温度为 230 ℃，具有很高的强度和刚度，但脆性较大，通过改性，韧性得到提升，能很好地适应新一代战斗机对复合材料树脂基体提出的使用温度要求，但不能用于主承力件。

目前，常用的 BMI 树脂有美国 Cytec 公司生产的 5245C、5250 系列，北京航空工艺研究所开发的 QY8911 系列、西北工业大学与北京航空材料研究院研制的 5405 系列。

（4）聚酯树脂。聚酯树脂是用于复合材料基体的热固性非饱和聚酯树脂，可在室温及大气压力下固化，可用于与玻璃纤维复合，形成雷达波穿透性非常好的结构材料，应用于飞机雷达罩。其主要优点如下：

1）黏度低，流动性好。

2）价格低。

3）成型过程对操作者技术要求较低。

4）可根据特定应用要求进行改性。

5）具有优异的环境耐久性。

缺点如下：

1）固化时放热较大，收缩率较大。

2）脆性大。

3）耐化学性差。

2. 热塑性树脂

热塑性树脂基体在飞机结构工业中的应用已有多年历史，主要用于飞机机身内装饰和其他非结构性零件。与热固性树脂相比，热塑性树脂具有较高的层间断裂韧性和冲击后压缩强度，韧性吸湿量也要小得多，其高温力学性能也较好。航空航天复合材料结构中常用的热塑性树脂见表 6-12。

表 6-12　航空航天复合材料结构中常用的热塑性树脂

种类	代表商品	施工温度 /℃	玻璃化转变温度 /℃	特性
聚醚醚酮（PEEK）	Victrex	400	145	1. 具有优异的力学性能和韧性； 2. 具有耐腐蚀、耐摩擦、耐辐射等优异性能； 3. 对飞机流体的损伤有高阻抗； 4. 使用温度高达 160 ℃
聚醚砜（PES）	Victrex	400	230	1. 工艺性能良好； 2. 耐溶剂性好

种类	代表商品	施工温度 /℃	玻璃化转变温度 /℃	特性
聚苯硫醚（PPS）	Ryton	340	90	1. 工艺温度低； 2. 使用温度低
聚酰亚胺（PI）	Kapton	390	320	1. 耐温性最好； 2. 黏度高，加工难度大
聚醚酰亚胺（PEI）	Ultem	370	215	1. 耐温性好； 2. 成本低

6.3.3 树脂基复合材料在航空中的应用

从 20 世纪 50 年代中期开始，聚合物基复合材料在军用飞机上开始得到应用，经过多年的发展，已成为与铝合金、钛合金、钢并驾齐驱的四大结构材料。聚合物复合材料（特别是树脂基复合材料）的用量已成为飞机先进性的一个重要标志。

1. 在军机中的应用

战斗机是高新技术的综合试验场，各国战斗机上的复合材料结构的应用，代表了飞机复合材料结构技术发展水平的现状。JAS-39、Rafale、EF-2000 和 F/A-18E/F、F-22 等先进高性能战斗机上的复合材料结构质量已占结构质量的 23% ～ 30%，B-2 隐形战斗机上的复合材料用量达到了惊人的 37%，并采用了复合材料结构实现了其隐身功能，充分体现了复合材料的优异性能，通过合理的设计不仅能够满足结构需求且能够实现功能性。国内外军用飞机的复合材料用量及应用部位见表 6-13。

表 6-13 国外军用飞机的复合材料用量及应用部位 %

机种	首飞时间（年）	复合材料	铝合金	钛合金	复合材料种类（应用部位）
F-14	1969	1	39	17	硼/环氧（水平安定面面板）
F-15	1972	1.2	37.3	5.5	硼/环氧（尾翼安定面面板、方向舵面板）
F-16	1976	2	64	3	碳/环氧（垂尾等）
F/A-18	1978	12.1	50	12.6	碳/环氧（机翼、尾翼壁板等）
AV-8B	1982	26	47	15	碳/环氧（机翼、前机身、尾翼壁板等）
F-22	1996	24	15		碳/双马（机翼、前机身、尾翼壁板等）
F/A-18E/F	1998	22	27		碳/双马（机翼、前机身、进气道等）
B-2	1989	37	27		碳/双马（机翼、中机身）
JAS-39	1988	30			碳/环氧（机翼、垂尾、鸭翼等）

机种	首飞	复合材料	铝合金	钛合金	复合材料种类（应用部位）
Rafale	1991	24			碳/双马（机翼、尾翼、鸭翼等）
EF 2000	1994	30	25		碳/双马（机翼、机身、尾翼蒙皮）
Mig 29	1977	7			垂尾
S-37	1997	26			前掠翼、尾翼
Mig 1.42	1994	16			鸭翼、机翼、机身蒙皮
Mig 1.44	2000	30	35		鸭翼、机翼、机身蒙皮、进气道

我国五代战机歼-20通过多次关键技术攻关，复合材料的用量达到了27%，应用在鸭翼、垂尾和进气道部位，实现了战机的轻量化、功能化。

2. 在民机中的应用

目前，树脂基复合材料已经在现在民用客机中得到了广泛应用，从雷达罩、整流罩、起落架舱门等次承力结构，发展到中央翼盒、机身、地板梁、垂尾等承力结构，现已经成为民用客机制造的主流材料。以波音（Boeing）、空客（Airbus）公司为例，从波音747（1%的复合材料用量）发展到"梦幻飞机"波音787，复合材料的用量增长到了50%，空客公司也从A300的5%复合材料用量发展到A380的25%复合材料用量，并且应用位置也由单一的水平安定面发展到多个部位，见表6-14，如图6-36所示。

表6-14　民用客机结构材料用量及应用部位　　　　　　　　　　　　　%

机型		铝合金	钢	钛合金	复合材料	复合材料应用部位
波音	B747	81	13	4	1	水平安定面壁板
	B757	78	12	6	3	方向舵和升降舵
	B767	80	14	2	3	副翼、内侧扰流板、方向舵和升降舵
	B777	77	10	7	10	发动机舱、起落架舱门、平尾、垂尾、襟副翼、扰流板
	B787	20	10	15	50	发动机舱、起落架舱门、平尾、垂尾、襟副翼、机身、扰流板、整流罩
空客	A300	76	13	4	5	襟翼、平尾、垂尾
	A320	76.5	13.5	4.5	5.5	
	A340	75	8	6	8	
	A380	61	10	2	25	机翼、中央翼、垂尾、平尾、尾锥、后增压舱、起落架舱门、整流罩等
	A350	19	6	14	53	机翼、机身、垂尾、平尾、中央翼、后增压舱、尾锥、起落架舱门、整流罩等

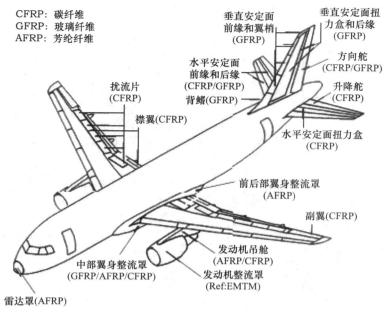

CFRP: 碳纤维
GFRP: 玻璃纤维
AFRP: 芳纶纤维

垂直安定面前缘和翼梢(GFRP)
垂直安定面扭力盒和后缘(GFRP)
水平安定面前缘和后缘(CFRP/GFRP)
方向舵(CFRP/GFRP)
扰流片(CFRP)
背鳍(GFRP)
升降舵(CFRP)
襟翼(CFRP)
水平安定面扭力盒(CFRP)
前后部翼身整流罩(AFRP)
副翼(CFRP)
发动机吊舱(AFRP/CFRP)
中部翼身整流罩(GFRP/AFRP/CFRP)
发动机整流罩(Ref:EMTM)
雷达罩(AFRP)

图 6-36　空客 A320 飞机的复合材料应用部位

　　国内飞机复合材料用量及复合材料的使用情况见表 6-15。我国自主研发的 ARJ21 飞机复合材料用量低于 2%，而新一代国产大型客机 C919 的实际复合材料用量达到 15% 左右，其外部蒙皮、水平安定面、副翼、各类梁腹板均采用层合板结构，如图 6-37 所示。图 6-38 所示为 C919 蒙皮层合板壁板实物。

表 6-15　国内飞机复合材料用量及复合材料的使用情况

机型	复合材料用量	复合材料层合板应用部位
ARJ21	＜ 2%	垂尾前缘、垂尾整流罩等
C919	15%	平尾、垂尾、方向舵、升降舵、后压力框、后机身等
C929（设计）	50%	机身：蒙皮、长桁、普通隔框、窗框、起落架舱门；地板梁、客 / 货舱门等。 中央翼：蒙皮、长桁、梁。 机翼：翼盒、襟翼、缝翼、副翼、扰流板、翼梢小翼。 尾翼：垂直安定面、水平安定面、方向舵、升降舵。 短舱 / 吊挂：短舱壁板等

　　据悉，在 C919 的"皮肤"上，第三代铝锂合金材料、先进复合材料的用量分别达 8.8% 和 12%。用复合材料制成的零件在飞机结构中应用的比例越来越大，如图 6-36 所示。因此，C919 大型客机被认为"在中国材料领域具有里程碑式的意义"。

　　（1）碳纤维树脂基复合材料。C919 大型客机是中国首个使用 T800 级高强度碳纤维复合材料的民机型号。相比 T300 级材料，T800 级材料强度、模量更高，韧性更强，具备更好的抗冲击性，C919 大型客机上受力较大的部件，如后机身和平垂尾等都使用了 T800

级碳纤维复合材料。其发动机风扇叶片也采用碳纤维复合材料。

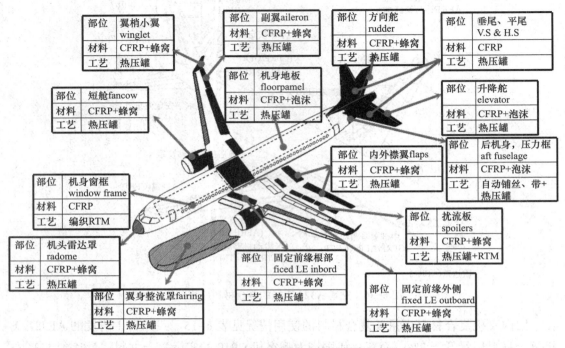

部位	翼梢小翼 winglet
材料	CFRP+蜂窝
工艺	热压罐

部位	副翼aileron
材料	CFRP+蜂窝
工艺	热压罐

部位	方向舵 rudder
材料	CFRP+蜂窝
工艺	热压罐

部位	垂尾、平尾 V.S & H.S
材料	CFRP
工艺	热压罐

部位	短舱fancow
材料	CFRP+蜂窝
工艺	热压罐

部位	机身地板 floorpamel
材料	CFRP+泡沫
工艺	热压罐

部位	升降舵 elevator
材料	CFRP+泡沫
工艺	热压罐

部位	内外襟翼flaps
材料	CFRP+蜂窝
工艺	热压罐

部位	后机身，压力框 aft fuselage
材料	CFRP+泡沫
工艺	自动铺丝、带+ 热压罐

部位	机身窗框 window frame
材料	CFRP
工艺	编织RTM

部位	扰流板 spoilers
材料	CFRP+蜂窝
工艺	热压罐+RTM

部位	机头雷达罩 radome
材料	CFRP+蜂窝
工艺	热压罐

部位	固定前缘根部 ficed LE inbord
材料	CFRP+蜂窝
工艺	热压罐

部位	翼身整流罩fairing
材料	CFRP+蜂窝
工艺	热压罐

部位	固定前缘外侧 fixed LE outboard
材料	CFRP+蜂窝
工艺	热压罐

图6-37　C919大型客机的复合材料应用部位

C919 大飞机的
复合材料

图6-38　C919蒙皮壁板（CFRP）实物

C919 大型客机上使用的 T800 材料采用增韧环氧树脂基体，增强纤维为 T800 碳纤维，拉伸强度和拉伸模量较 T300 提高 50% 左右，也是目前国际上民机主承力结构应用最为广泛的复合材料。

（2）玻璃纤维复合材料。相比碳纤维复合材料，玻璃纤维复合材料的力学性能稍低，但由于碳纤维介电常数较高，会影响雷达工作，C919 大型客机的雷达罩使用了玻璃纤维复合材料。

另外一些受力较小的部件，如襟翼也使用了玻璃纤维复合材料。因为玻璃纤维复合材料成本比碳纤维复合材料低，在受力较小的部件上应用，既可以达到设计要求，又可以降低制造成本。

（3）芳纶蜂窝材料。C919 大型客机的舱门和客货舱地板使用了芳纶蜂窝材料，这是一种采用酚醛树脂浸渍的芳纶纸制成的轻质高强非金属仿生芯材制品，如图 6-39 所示。

它模仿蜜蜂的蜂巢设计，具有稳定、轻质的结构和很高的比强度，与泡沫芯材相比，它具有更高的剪切强度；与金属蜂窝相比，它更加耐腐蚀。

C929 的复合材料的计划使用量将会达到 50%，机身、中央翼、机翼部位将会采用层合板结构。

图 6-39　C919 飞机用的芳纶蜂窝结构材料

3. 在直升机中的应用

直升机主要应用环境为湿 / 热、干 / 寒、沙尘 / 雨淋等恶劣环境条件，具备优良的耐候性、耐蚀性的复合材料是直升机环境适应性设计的必然选择。在先进直升机的旋翼系统、机身结构中均有复合材料的应用，复合材料的用量现已成为衡量新一代直升机技术先进水平的重要标志。国外直升机复合材料的用量逐年提升，到 20 世纪 80 年代已占到结构质量分数的 35% ～ 50%。作为全复合材料机体直升机的典型代表，NH90 复合材料用量占总质量的 95%，仅动力舱平台及其隔板采用金属件，其带来的优点是零件数量减少了 20%，重量减轻了 15%；空客直升机公司研制的 H160 直升机是世界首架采用全复合材料制造的民用直升机，极大降低了机身重量，提升了飞机的整体性能。贝尔公司研制的 V-280 倾转旋翼直升机也在 V-22 基础上大量应用了包括热塑性材料在内的复合材料，主要结构件均为复合材料（图 6-40）。

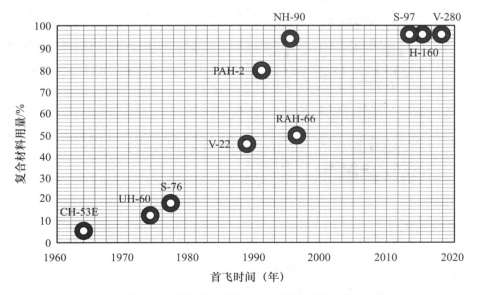

图 6-40　国外直升机复合材料结构占比示意

国内直到20世纪60年代才开展碳纤维复合材料研究，1980年，引进法国SA365"海豚"直升机并对其进行国产化改造，从而完成了直9型直升机的研制。直9型直升机的复合材料用量达到结构重量的34%左右，其旋翼、涵道垂尾、尾桨叶、机身等部件均由复合材料制造。随着树脂基复合材料国产化工作的开展，国内逐渐建立起完整的复合材料产业链，摆脱了原材料不能自给的困境。材料的设计、制造及无损检测技术的迅速发展，直接推动了树脂基复合材料在国产直升机上的应用。目前，国内直升机的复合材料用量已接近50%，斜梁、整流罩、蒙皮、尾梁、舱罩等结构都选择使用了复合材料。

【学习小结】

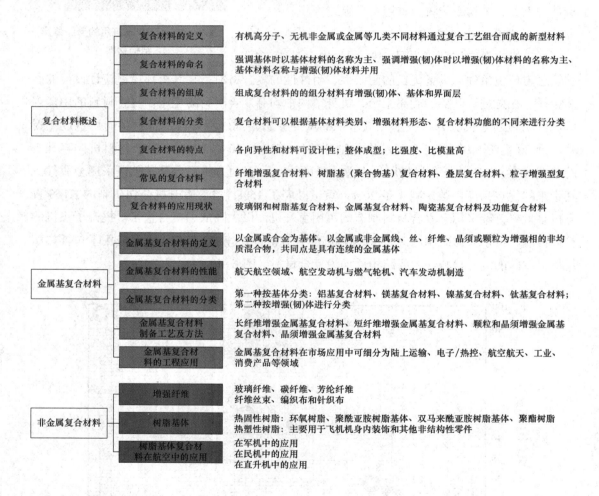

【拓展知识】

波音787飞机机身采用了近50%的碳纤维/聚合物复合材料进行制造，由图6-41可见，机身、平尾、垂尾、发动机舱等结构都采用了复合材料。与传统的铝合金结构相比，其具有以下优势：

（1）减轻了 20% 的重量，因此可以实现 20% 的节能目标。

（2）机身等大型部件采用复合材料结构共固化技术，减少了连接件的使用，进一步降低了机身质量和制造成本。

（3）复合材料的机身厚度较薄，机身更为宽敞。

（4）复合材料机身的抗裂纹扩展能力也有所提升，因此可以在机身上采用更大的舷窗开孔。

■ 碳纤维层合板
■ 碳纤维夹层结构
■ 其他复合材料

图 6-41　波音 787 复合材料使用情况示意

（5）复合材料结构有一定的吸振、隔声功能，能提升舱内乘坐舒适度。

（6）复合材料具有很好的防腐蚀性能，因此可以在机舱内使用更高湿度的空气。

【学习自测】

1. 填空题

（1）组成复合材料的组分材料有 _____、_____ 和 _____。

（2）复合材料的基体材料可选用 _____、_____ 和 _____。

（3）复合材料可以根据基体材料类别可分为 _____、_____ 和 _____。

2. 选择题

（1）金属基复合材料的使用温度范围为（　　）。

　A. 低于 300 ℃ 　　　　　　　　　　　B. 350 ℃ ～ 1 100 ℃

　C. 低于 800 ℃ 　　　　　　　　　　　D. 高于 1 000 ℃。

（2）玻璃钢是（　　）。

　A. 玻璃纤维增强 Al 基复合材料 　　　　B. 玻璃纤维增强塑料

　C. 碳纤维增强塑料 　　　　　　　　　　D. 氧化铝纤维增强塑料

（3）功能复合材料（　　）。

　A. 是指由功能体和基体组成的复合材料 B. 包括各种力学性能的复合材料

　C. 包括各种电学性能的复合材料 　　　 D. 包括各种声学性能的复合材料

（4）混杂复合材料（　　）。

A. 仅指两种以上增强材料组成的复合材料

B. 是具有混杂纤维或颗粒增强的复合材料

C. 总被认为是两向编织的复合材料

D. 通常为多层复合材料

（5）金属基复合材料通常（　　　）。

A. 以重金属作基体　　　　　　　　B. 延性比金属差

C. 弹性模量比基体低　　　　　　　D. 较基体具有更高的高温强度

（6）复合材料界面的作用（　　　）。

A. 仅仅把基体与增强体黏结起来

B. 将整体承受的荷载由基体传递到增强体

C. 总是使复合材料的性能得以改善

D. 总是降低复合材料的整体性能

（7）材料的比模量和比强度越高（　　　）。

A. 制作同一零件时自重越小、刚度越大

B. 制作同一零件时自重越大、刚度越大

C. 制作同一零件时自重越小、刚度越小

D. 制作同一零件时自重越大、刚度越小

3. 简答题

（1）简述增强材料［增强（韧）体、功能体］在复合材料中所起的作用，并举例说明。

（2）复合材料为何具有可设计性？简述复合材料设计的意义。

（3）如何设计防腐蚀（碱性）玻璃纤维增强塑料？

（4）简述复合材料制造过程中增强材料的损伤类型及产生原因。

（5）简述复合材料增强体与基体之间形成良好界面的条件。

（6）玻璃纤维为何具有高强度？试讨论影响玻璃纤维强度的因素。

（7）举例说明碳纤维的应用。

（8）复合材料的界面具有怎样的特点？

（9）试述影响复合材料性能的因素。

（10）简述复合材料的界面结合类型及其特点。

（11）简述碳／碳复合材料的性能。

航空用非金属材料

【学习目标】

【知识目标】

1. 了解航空用非金属材料概述、类型及特点；

2. 熟悉高分子材料的概念、分类、结构、物理状态及性能特点；

3. 熟悉陶瓷材料的类型、特点及常见陶瓷材料的性能和应用；

4. 了解非金属材料在飞机上的应用。

【技能目标】

1. 能够根据对主要非金属材料的组成、性能特点等进行分类；

2. 能够根据非金属材料性能指标针对具体航空零部件进行初步选材。

【素质目标】

1. 培养科学、诚信、敬业、严谨的工作态度；

2. 培养较强的安全、质量、效率及环保意识，使学生具有良好的职业道德素质；

3. 培养学生逐步实现"敬业爱岗、诚信务实、认真负责、吃苦耐劳、团结协作"精神。

【学习任务】

当前，金属材料在航空领域的应用温度已接近其理论极限，很难再满足航空发动机的设计要求。因此，科研工作者们也早已转变了传统的材料设计观念，不再以金属材料作为设计的基础，而是转向或接近新型材料。根据目前国内外的应用现状及发展前景来看，今后航空发动机的材料将会以非金属材料为主体。

任务 7.1 非金属材料概述

非金属材料概述

【课程情境导入】

随着科学技术的飞速发展，越来越多的高科技领域不断涌现，如人工智能、纳米科技、航空航天等领域的发展，促使 20 世纪以前由金属材料为主导的工程领域，逐渐向新型非金属材料和新型复合材料的转变。

就航空工业而言，航空材料的发展一直作为该领域的基础和先导，"一代材料，一代飞行器"是航空工业发展的生动写照，也是航空材料带动相关领域发展的真实描述。可以说，航空材料反映了材料科学发展的前沿，代表了一个国家材料科学技术的最高水平。在航空、航天技术发展对材料高性能的迫切要求下，非金属材料的研究与开发已成为材料科学家亟须突破的重要方向。

【知识学习】

非金属材料通常是以无机非金属材料为主体的水泥、玻璃、陶瓷、岩石、石墨，以及以有机高分子材料为主体的塑料、木材、橡胶等一类材料。非金属材料无金属光泽，可分为晶体或非晶体，是热和电的不良导体（石墨除外）。通常情况下，非金属材料的机械性能较差，但这些非金属材料具有很多优异的性能。非金属材料在工业革命的推动下，从 18 世纪直到 20 世纪实现了高速发展，其被大量应用在计算机、航空航天等众多新领域和行业中，也实现了非金属材料更深层次的发展。同时，也使一些在理化性能方面具有一定优势的材料得到了发展，如变色玻璃、绝缘陶瓷、光导纤维等，在很大程度上弥补了有机材料和金属材料的不足。所以，对非金属材料的研究有着非常重要的现实意义和价值。

7.1.1 非金属材料的发展

材料是人类生活和生产的物质基础，是人类认识自然和改造自然的工具。人类文明曾被划分为旧石器时代、新石器时代、青铜器时代、铁器时代等。由此可见，材料的发展是人类社会进步与变革的重要标志。

人类出现以前其实就有材料存在了，每一代新材料的出现其实都伴随着人类文明发展变革。通常，人们认为材料大致经历了以下 5 个发展阶段：

（1）纯天然材料的阶段：旧石器时代，人类只能使用天然材料（如树木、草叶、兽皮、石块、泥土、甲骨、羽毛等），后来也都只是纯天然材料的简单加工而已。

（2）冶炼材料的阶段：新石器时代、铜器时代和铁器时代是人类利用火来对天然材料进行煅烧、冶炼和加工的时代，此时材料主要包括陶土、青铜、铁。

（3）合成材料的阶段：20 世纪初，由于物理和化学等学科理论在材料技术中的不断应用，从而出现了材料科学理论。在此基础上，人类进入人工合成材料的新阶段。此时材料主要包括合成塑料、合成橡胶及合成纤维等合成高分子材料，加上已有的金属材料和陶瓷材料（无机非金属材料）构成了现代材料。

（4）材料的复合化阶段：20 世纪 50 年代，金属陶瓷的出现标志着复合材料时代的到来。人类已经可以利用新的物理、化学方法，根据实际需要设计独特性能的复合材料（凡是由两种不同物相组成的材料都可以称为复合材料）。

（5）材料的智能化阶段：如形状记忆合金、光致变色玻璃等都是近年研发的智能材料（自然界中的材料普遍具有自适应、自诊断和自修复的功能，而目前研制成功的智能材料还只是一种智能结构）。

随着化学工业的发展，合成纤维的发明被称为人类改造天然材料的又一里程碑。目前，各类有机合成材料应用到人类日常生活的方方面面。高性能陶瓷材料及各种复合材料支撑了航空航天事业的不断发展，使人类的文明走向太空。以单晶硅、激光材料、光导纤维及石墨烯等材料为代表的新材料的出现，为人类短时间就能进入信息时代提供了必要的物质（材料）基础。因此，非金属材料对人类社会文明的进步发挥着不可替代的作用。

在现代科学技术的推动下，材料科学发展迅速，材料的种类日益增多，不同功能的新材料不断涌现，原有材料的性能不断得到改善与提高，以满足人类未来的各种使用需求，因此，材料（特别是品种繁多的新型非金属材料）是未来高科技的基石、先进工业生产的支柱和人类文明发展的基础。

7.1.2　非金属材料的分类及应用

1. 非金属材料的分类

目前，非金属材料根据其组成成分不同，一般可分为无机非金属材料、有机高分子材料及复合材料三大类。

（1）常见无机非金属材料：陶瓷、水泥、玻璃。

（2）常见有机高分子材料：塑料、橡胶、纤维。

（3）常见复合材料：陶瓷基复合材料、高聚物基复合材料、金属基复合材料。

2. 非金属材料的应用领域

（1）建筑工程领域。非金属材料在建筑工程领域中的应用包括了水泥、陶瓷、涂料等，这些材料的应用范围和频率非常高，在很大程度上推动了建筑领域的高速发展。首先，在建筑领域中，传统水泥会消耗大量的能量，对工业废渣进行重新特殊的加工，便可形成一种新型的水泥材料，其有着很强的性能特点，同时，还有很强的透水性，所以，常常被应用在海绵城市的建设中。另外，新型陶瓷材料的应用，可以将新型陶瓷材料制作成颗粒状的形态，以粗集料的形式应用在建筑工程中，更好地提高建筑的保温性能和隔热性，同时还可以大大提升建筑结构的荷载能力，尤其是在建筑工程外墙建设中的应用，可以很好地减少建筑室内的能量损耗，提高建筑工程的生态环保性。另外，涂料在建筑领域中的应用，只需要进行一层比较薄的涂料即可，在很大程度上减少了涂料的应用成本，同时，还不会出现流痕滴落的问题，并且，如果与硅藻土结合使用，还可以提高吸附性，避免涂料出现发霉，其在比较潮湿的建筑领域中得到了广泛应用。

（2）智慧工业领域。非金属材料在医学领域、航天领域和电子工业领域中也得到了非常广泛的应用，并且也取得了非常明显的效果。首先，在以往的微电子生产加工过程中，常常需要借助丝网印刷的方式来实施电子线路的刻磨处理，非金属材料的性能特点将会对集成电路的实际应用情况产生很大影响。非金属材料中的玻璃陶瓷材料可以更好地提升电子设备在高温环境中的导电性能，使电子产品的稳定性更强、使用寿命更长。其次，复合氧化无机材料的应用还可以作为传感探测的零部件，对一些比较敏感的变化和有害气体产生精准的反应，可以起到警报探测的作用。再次，在医学修复领域中的应用，树脂材料有着更好的稳定性和耐磨性，进入人体之后，可以减少各种排异问题。再加上非金属材料中高分子材料的强度比较高，铸造性比较强等优势，在医学修复中的应用效果更加突出，例如，LiKO 材料被广泛应用在口腔领域中，取代了铸铁材料，使其抗磨性和生物适应性更强。另外，在航空航天领域中的应用，主要是利用了无机非金属材料的延展性、精细度、耐高温性、稳定的理化特性等，可以应用在一些弹头、外罩等保护材料中。最后，在工业领域发展中，非金属材料的耐磨性、导电性和柔性化优势，提升了工业加工设备的密封性效果。

（3）国防装备领域。在我国的现代化国防建设中，非金属材料也得到了广泛的应用，如人工晶体、先进的陶瓷和无机纤维等，这些都是国防建设的基础物质材料。首先，人工晶体可以应用在通信、弹道制导、电子对抗、潜艇通信、激光武器等方面。其次，先进陶瓷材料因为具有比较强的耐高温性和韧性优势，可以在航空航天的卫星遥感、发动机中进行应用。同时，其高硬度和质量轻等优势还可以将其应用在防御系统方面，也可以作为汽车、防弹衣和飞机制造生产的基础材料。最后，石英玻璃和稀土材料的联合使用，可以应用在宇宙飞船、卫生自控系统、航空玻璃及军用飞机关键部件中。

任务 7.2　常用高分子材料

常用高分子材料

7.2.1　高分子材料概述

高分子材料也称为聚合物材料，是以高分子化合物为基体，再配合其他添加剂（助剂）所构成的材料。此类材料因重量轻、高强度、耐温、耐腐蚀等优异性能，广泛应用于高端制造、电子信息、交通运输、建筑节能、航空航天、国防军工等诸多领域。高分子材料既是国民经济的重要基础性产业，也是一个国家先导性的产业，既属石化行业内的战略性新兴产业，也是电子信息、航空航天、国防军工、新能源等战略性新兴产业的重要配套材料，不仅自身技术含量高、附加值高，而且是石化产业转型升级的重要方向。

1. 高分子材料的组成

高分子材料是一类以高分子化合物为主要组成部分的材料。高分子化合物的分子量特别大，一个高分子化合物中可能包含成千上万个原子，原子之间以共价键连接起来。其相对分子质量一般在 5 000 以上，有的可达几万到几十万，如聚乙烯、聚苯乙烯的相对分子质量在几万到几百万之间。高分子化合物通常称为聚合物或高聚物，自然界中存在的天然橡胶、纤维素、蛋白质和淀粉都是由高分子化合物组成的。人工合成的各种橡胶、塑料和纤维也都是由高分子化合物组成的。

2. 高分子化合物的组成和分类

（1）高分子化合物的组成。高分子化合物（聚合物或高聚物）由一种或几种简单的低分子化合物通过共价键重复连接（形成大分子链）而成。如由乙烯合成的聚乙烯，就是由数量足够多的小分子乙烯，打开双键连接成大分子链，然后由众多大分子链聚集在一起组成的：

$$CH_2{=}CH_2{+}CH_2{=}CH_2{+}\cdots \rightarrow -[CH_2{-}CH_2{-}CH_2{-}CH_2]{-}\cdots$$

可简写成 $n\,(CH_2{=}CH_2) \rightarrow [CH_2{=}CH_2]_n$

凡是可以聚合生成大分子链的低分子化合物都叫作单体。如聚乙烯的单体是乙烯（$CH_2{=}CH_2$）。

（2）高分子化合物的分类。

1）按用途可分为塑料、橡胶、纤维、高分子、胶粘剂、高分子涂料和高分子基复合材料等。

2）按来源可分为天然高分子材料和合成高分子材料。

3）按聚合物的热行为可分为热塑性聚合物和热固性聚合物。

4）按主链上的化学组成可分为碳链聚合物、杂链聚合物和元素有机聚合物。

5）按材料应用功能可分为通用高分子材料、特种高分子材料和功能高分子材料三大类。

6）按聚合物反应类型可分为加聚物和缩聚物。

3. 高分子化合物的性能特点

高分子材料具有重量轻、塑性好、强度较高、耐腐蚀性好及绝缘性好等优良性能。材料的结构决定其性能，对高分子材料的结构进行控制和改性，可获得所需特性的高分子材料。高分子材料独特的结构和易加工、易改性等特点，使其拥有其他材料不可比拟的优异性能，从而广泛用于航空工业、国防科技和国民经济等各大领域，并已成为人们衣、食、住、行、用等现代社会生活中不可缺少的材料。

4. 常用高分子材料

高分子化合物包括作为生命和食物基础的生物大分子（如纤维素、蛋白质、DNA、生物胶等）和工程高聚物两大类，而工程高聚物又包括人工合成的材料（如塑料、合成纤维和合成橡胶等）和天然的材料（如天然橡胶及天然纤维素等）。

7.2.2 工程塑料

工程塑料是一类可以作为结构材料，在较宽的温度范围内承受机械应力，在较为苛刻的物理化学环境中使用的高性能高分子材料。工程塑料作为重要的一类化工新材料，具有良好的综合性能，刚性大、蠕变小、力学强度高、耐热性好、电绝缘性好，能在较宽的温度范围内承受机械应力，是当今世界发展最为迅速的工程结构材料。被广泛应用于高端制造、航空航天、国防军工、交通运输、电子信息、建筑节能等诸多领域，是全球重点科技攻关的领域。其发展不仅对国家支柱产业和现代高新技术产业起到支撑作用，同时，也推动了传统产业改造和产品结构的调整。

1. 塑料的组成

绝大多数塑料是以各种合成树脂为基础，再添加一些用来改善使用性能和工艺性能的添加剂而制成的。

（1）树脂。树脂包括天然树脂和合成树脂。在塑料生产中，一般采用合成树脂。树脂是塑料中最重要的成分。它决定了塑料的类型和基本性能，如热性能、物理性能、化学性能、力学性能等。

（2）添加剂。添加剂包括填充剂、增塑剂、稳定剂、润滑剂、着色剂和固化剂等。

1）填充剂。填充剂又称填料，是塑料中重要的但并非每种塑料都必不可少的成分。填充剂与塑料中的其他成分机械混合，它们之间不起化学作用，但与树脂牢固黏结在一起。

填充剂在塑料中的作用有两个方面：一是减少树脂用量，降低塑料成本；二是改善塑料的某些性能，扩大塑料的应用范围。在许多情况下，填充剂所起的作用是很大的，例如，聚乙烯、聚氯乙烯等树脂中加入钙质填料后，便成为低价的具有足够刚性和耐热性的钙塑料。

用玻璃纤维作为塑料的填充剂，能使塑料的力学性能得到大幅度提高，而用石棉做填充剂则可以提高塑料的耐热性。有的填充剂还可以使塑料具有树脂所没有的性能，如导电性、导磁性、导热性等。常用的填充剂有木粉、纸浆、云母、石棉、玻璃纤维等。塑料中的填充剂含量一般为 20% ～ 50%。

2）增塑剂。有些树脂（如硝酸纤维、醋酸纤维、聚氯乙烯等）的可塑性很小，柔韧性也很差。为了降低树脂的熔融黏度和熔融温度，改善其成型性能，改进塑件的柔韧性、弹性等，通常加入某些能与树脂相溶、不易挥发的高沸点液态或低熔点固态的有机化合物，这类物质称为增塑剂。增塑剂的作用是提高塑料的可塑性和柔软性，但增塑剂的加入会降低塑料的稳定性、介电性能和机械强度，因此，在塑料中应尽量减少增塑剂的含量。常用的增塑剂有邻苯二甲酸二丁酯、邻苯二甲酸二辛酯等。

3）稳定剂。稳定剂的作用是抑制或防止塑料在储存、加工和使用过程中产生降解，使加工顺利并保证塑件具有一定的使用寿命。所谓降解是指塑料在热、力、氧、水、光、射线等作用下，导致大分子断链或分子结构发生有害变化。

稳定剂可分为热稳定剂、光稳定剂、抗氧化剂等。使用热稳定剂的塑料主要有聚氯乙烯；使用光稳定剂的塑料有聚乙烯、聚丙烯、聚苯乙烯、聚碳酸酯等；使用抗氧化剂的塑料有聚乙烯、聚丙烯、ABS 等。常用的稳定剂有硬脂酸盐、铅的化合物、环氧化合物等。稳定剂用量一般为塑料量的 0.3% ～ 0.5%。

4）润滑剂。润滑剂的作用是防止塑料在成型过程中发生粘模，同时，还能改善塑料的流动性，便于成型加工，并提高塑件表面光泽程度。常用的润滑剂有硬脂酸、石蜡和金属皂类（硬脂酸钙、硬脂酸锌）等。其加入量通常小于1%。常用的热塑性塑料如聚乙烯、聚丙烯、聚氯乙烯、聚苯乙烯、聚酰胺和 ABS 等往往都要加入润滑剂。

5）着色剂。着色剂主要起美观装饰作用。着色剂的品种很多，但大体可分为有机颜料、无机颜料和染料三大类。对着色剂的要求：着色力强；与树脂有很好的相溶性；不与塑料中其他成分发生化学反应；成型过程中不因温度、压力变化而分解变色；在塑料的长期使用过程中能够保持稳定。要使塑料具有特殊的光学性能，可在塑料中加入珠光着色剂、磷光着色剂和荧光着色剂等。

6）固化剂。固化剂又称硬化剂、交联剂。它的作用是促使合成树脂进行交联反应，由线型结构转变为体型结构，或者加快交联反应速度。固化剂一般多用在热固性塑料中，如在酚醛树脂中加入六次甲基四胺、在环氧树脂中加入乙二胺、三乙醇胺等。另外，在注射成型热固性塑料时加入氧化镁可促使塑件快速硬化。

塑料的添加剂还有发泡剂、阻燃剂、防静电剂、导电剂和导磁剂等。并不是每种塑料都要加入全部的添加剂，而是根据塑料品种和塑件使用要求，按需要有选择地加入某些添加剂。

2. 塑料的分类

塑料的品种较多，分类的方式也很多。常用的分类方法有以下两种：

（1）根据塑料中合成树脂分子结构和在受热后所表现的性能不同来划分，一般可分为热塑性塑料和热固性塑料两大类。

1）热塑性塑料。热塑性塑料具有在特定温度范围内能反复加热软化和冷却硬化的特性，其在塑料加工中产生的边角料和废品可以回收粉碎成颗粒后重新利用，应用最为广泛。聚乙烯、聚丙烯、聚氯乙烯、聚苯乙烯、ABS、聚酰胺、聚甲醛、聚碳酸酯、聚甲基丙烯酸甲酯（有机玻璃）、聚砜、氟塑料等都属于热塑性塑料。其优点是成型工艺简单，力学性能较好；缺点是耐热性和刚性差。

2）热固性塑料。热固性塑料在受热或一定条件下能固化并成为不溶性物质的塑料，因此，加工中的边角料和废品不可回收再生利用。其是以热固性树脂为主要成分，配合以各种必要的添加剂，通过交联固化过程成型成制品的塑料，特点是成型后成为不熔的高分子材料。酚醛塑料、氨基塑料、环氧塑料、有机硅塑料、硅酮塑料等都属于热固性塑料。

（2）若按塑料的性能及用途分类，又可分为以下几类：

1）通用塑料。通用塑料是指产量大、用途广、价格低的塑料，主要包括聚乙烯、聚氯乙烯、聚苯乙烯、聚丙烯、酚醛塑料和氨基塑料六大类。它们可用于日常生活用品、包装材料、机械零件等，其产量约占塑料总产量的80%，构成了塑料工业的主体。

2）工程塑料。工程塑料常指在工程技术中用作结构材料的塑料。与通用塑料相比，其产量较小、价格较高，但具有优异的力学性能、电性能、化学性能及耐热性、耐磨性、耐腐蚀性、自润滑性和尺寸稳定性等。

它们具有某些金属特性，因而现在越来越多地代替金属来做某些机械零件。目前，常用的工程塑料包括聚酰胺、聚甲醛、聚碳酸酯、ABS、聚砜、聚苯醚、聚四氟乙烯等。

3）耐高温塑料。耐高温塑料的特点是耐高温，通常用于宇宙飞船、火箭、导弹、原子能等国防工业。这类塑料有氟塑料、硅塑料等。

4）增强塑料。在塑料中加入玻璃纤维、布纤维等填料，以进一步改善塑料的力学性能，这种新型的复合材料通常称为增强塑料。它具有优良的力学性能，比强度和比刚度高。增强塑料分为热塑性增强塑料和热固性增强塑料，热固性增强塑料又称为玻璃钢。

5）特殊用途塑料。特殊用途塑料是指具有某些特殊性能、适合某种特殊用途的塑料，如医用塑料、光敏塑料、导电塑料、导磁塑料、导热塑料、耐辐射塑料等。

3. 常见工程塑料及用途

（1）聚酰胺。聚酰胺又称尼龙或锦纶，是以线形晶态聚酰胺树脂为基的塑料，是最早发现的能承受荷载的热塑性塑料，也是目前机械工业中应用较广泛的一种工程塑料。由于它具有抗拉强度高、耐磨、自润滑性好、冲击韧性优异等刚柔兼备的性能而赢得人们的关注，加之其加工简便、效率高、相对密度小、可以加工成各种制品来代替金属，广泛用于汽车、航空航天及交通运输业。典型的制品有泵叶轮、风扇叶片、阀座、衬套、轴承、各种仪表板、汽车电器仪表、冷热空气调节阀等零部件（图 7-1）；其缺点是尼龙吸水性较强、尺寸稳定差，需要长期使用时，使用温度一般在 100 ℃以下，当承受较大荷载时，使用温度还应降低。

（2）聚甲醛（POM）。聚甲醛是继尼龙之后，1959 年投入工业生产的一种高强度工程塑料，在国外有"超钢"之称（图 7-2）。POM 具有类似金属的硬度、强度和钢性，在很大的温度和湿度范围内都具有很好的自润滑性、良好的耐疲劳性，并富于弹性，另外它还有较好的耐化学品性。POM 以低于其他许多工程塑料的成本，正在替代一些传统上被金属所占领的市场，如替代锌、黄铜、铝和钢制作许多部件。自问世以来，POM 已经广泛应用在电子电气、机械、仪表、日用轻工、汽车、建材、农业等领域。在很多新领域的应用，如医疗技术、运动器械等方面，POM 也表现出较好的增长态势。其缺点是热稳定性差、易燃，长期在大气中暴晒会老化。

图 7-1　聚酰胺齿轮　　　　　　　　　　　　图 7-2　聚甲醛

（3）聚四氟乙烯。聚四氟乙烯（PTFE）也称为塑料王、特氟龙（图 7-3）。特氟龙是一种高分子材料，很耐高、低温，使用温度为 -180 ℃～ 260 ℃，摩擦系数极小，与钢材料产生摩擦可达 0.04，与滚动摩擦接近，也是世界上最耐腐蚀的材料之一，可以抵抗任何的有机溶物。该材料较软，不易加工，易变形，无法加工高精度零件，一般在机械设计中用于耐磨损零件，如链条导轨、W 形密封圈等。

（4）ABS 塑料。ABS 塑料是 3 种单体 [A（丙烯腈）、B（丁二烯）、S（苯乙烯）]制作成的树脂（图 7-4）。3 种单体含量不同可以做成各种树脂。ABS 塑料在工业上应用极为广泛，可制作收音机、电视机及其他通信装置的外壳，汽车的转向盘、仪表盘，机械中的手柄、齿轮、泵叶轮，各类容器、管道，飞机舱内装饰板、窗框、隔声板等。ABS 塑料也是 3D 打印的一款主要的，也是最稳定的材料之一，因此，ABS 塑料已成为一种"质坚、性韧、刚性大"的优良工程塑料，其缺点是耐高温、耐低温性能差、易燃、不透明。

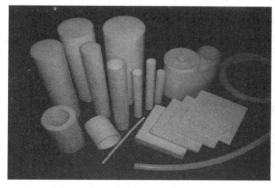

图 7-3　聚四氟乙烯

图 7-4　ABS 塑料

（5）聚碳酸酯（PC）。聚碳酸酯最大的特点就是有金属般的强度，并且还有很好的延展性和韧性，其看起来十分像玻璃，透光度十分好，有良好的耐热性和耐寒性，可在 -100 ℃～130 ℃下长期使用（图 7-5）。因此，其广泛用于机械、仪表、电信、交通、航空、光学照明和医疗机械等工业。如波音 747 上就有约 2 500 个零件用聚碳酸酯制造，其总度量达 2 t，是目前运用十分广泛的一种工程塑料之一。

（6）聚甲基丙烯酸甲酯。聚甲基丙烯酸甲酯俗称有机玻璃（PMMA），其密度小、高度透明、较高的强度和韧性、耐紫外线和大气老化，易于成型加工。但其硬度不如普通玻璃高，耐磨性差，易溶于极性有机溶剂，耐热性差，一般使用温度不超过 80 ℃，导热性差，膨胀系数大（图 7-6）。有机玻璃主要用于制作有一定透明度和强度要求的零件，如飞机座舱盖、窗玻璃，仪表外壳，灯罩，光学镜片，汽车风窗玻璃等。在眼科医疗中，常用其制作人工晶状体。由于其着色性好，也常用于各种装饰品和生活用品。

图 7-5　聚碳酸酯

图 7-6　聚甲基丙烯酸甲酯

7.2.3 橡胶材料

橡胶是以高分子化合物为基础的具有显著高弹性的材料，其主要特征是分子量大，一般都在数十万，甚至达到上百万左右。橡胶具有多分散性，即橡胶的分子是大小不等的，有一个分布范围，这是决定橡胶成为工程材料的内在原因。

1. 橡胶的组成

工业用橡胶是由生胶（或纯橡胶）为基础，加入适量的胶配合剂组成的。生胶是橡胶制品的主要成分，是未加配合剂或未经硫化的天然或合成的橡胶统称，也是橡胶特性形成的主要原因。生胶按原料来源可分为天然橡胶和合成橡胶。天然橡胶综合性能好，但产量不能满足工业的需要，也不能满足某些特殊性能要求，因此，合成橡胶应用较多。

生胶性能随温度和环境变化很大，如高温发黏、低温变脆且极易被溶剂溶解。因此，必须加入各种不同的橡胶配合剂，以提高橡胶制品的使用性能和加工工艺性能。

橡胶中常加入的配合剂有硫化剂、硫化促进剂、防老剂、填充剂、发泡剂和补强剂等。

2. 橡胶的性能特点

（1）具有高弹性。橡胶的弹性模量小，一般为 $1 \sim 9.8$ MPa。伸长变形大，伸长率高达 100% 时，仍表现有可回复的特性，并能在很宽的温度（$-50\ ℃ \sim 150\ ℃$）内保持弹性。

（2）具有黏弹性。橡胶是黏弹性体，由于分子间作用力的存在，橡胶受到外力作用，产生形变时受时间、温度等条件的影响，表现出明显的应力松弛和蠕变现象，在振动或交变应力等周期作用下，产生滞后损失。

（3）具有缓冲减振作用。橡胶对声音及振动的传播有缓和作用，可利用这一特点防除噪声和振动。

（4）具有电绝缘性。橡胶和塑胶一样是电绝缘材料。例如，天然橡胶和丁基橡胶的体积电阻可达到 $10^{15}\ \Omega \cdot cm$。

（5）具有温度依赖性。高分子材料一般都受温度影响，橡胶在低温时处于玻璃态而变硬变脆，在高温时则发生软化、熔融、热氧化、热分解以至燃烧等。

（6）具有老化现象。与金属腐蚀、木材腐朽、岩石风化一样，橡胶也会因环境条件变化而发生老化，造成性能变差，使用寿命缩短。

（7）必须进行硫化。橡胶必须加入硫磺或其他能使橡胶硫化（或交联）的物质，使橡胶大分子交联成空间网状结构，才能得到具有使用价值的橡胶制品。但是热塑橡胶可不必硫化。

除此之外，橡胶密度低，属于轻质材料，其硬度低，柔软性好、透气性较差，可做气密性材料，还具有较好的防水性等，使橡胶材料和橡胶制品的应用范围特别广泛。

3. 常用橡胶材料

（1）天然橡胶（NR）。天然橡胶是从橡胶树上流出的胶乳制取的。它是一种以橡胶烃（聚异戊二烯）为主要成分的天然高分子化合物，其中还有含少量蛋白质、水分、树脂酸、糖类和无机盐等。

1）优点：天然橡胶弹性大，定伸强度高，高弹性；高伸长率；弹性模量和剪切模量低；高强度、未补强的天然橡胶拉伸强度为 25～30 MPa；耐寒性较好，玻璃化温度在 -72 ℃；密度小，生胶密度小于 1 g/cm³；抗撕裂性和电绝缘性优良，耐磨性和耐旱性良好，加工性佳，天然橡胶易与其他材料粘合，在综合性能方面优于多数合成橡胶。

2）缺点：耐氧和耐臭氧性差，耐热性差，长期使用温度不超过 70 ℃，在主链上有一个侧甲基，容易发生重排；主链含有双键，容易受到攻击，不耐老化；耐油性、耐化学品（除碱外）性能不好；低抗酸碱的腐蚀能力低；耐热性差。

3）使用温度范围：-60 ℃～+80 ℃。

4）用途：制作轮胎、胶鞋、胶管、胶带、电线电缆的绝缘层和护套及其他通用制品。天然橡胶特别适用于制造扭振消除器、发动机减震器、机器支座、橡胶 - 金属悬挂元件、膜片、模压制品。

（2）合成橡胶。

1）丁苯橡胶（SBR）。丁苯橡胶是丁二烯和苯乙烯的共聚体。性能接近天然橡胶，是目前合成橡胶中产量最大、应用最广泛的通用橡胶，约占合成橡胶的 80%。

①优点：它的耐磨性、耐热性、耐油性和抗老化性等均比天然橡胶好，高温耐磨性好，适用于乘用胎。同时，丁苯橡胶很容易与其他不饱和通用橡胶并用，尤其是与天然橡胶和顺丁橡胶并用，经配方调整可以克服丁苯橡胶的缺点。

②缺点：丁苯橡胶强度低，成型性较差、自粘性差、生胶强度低、不耐油，抗老化性能差、粘着性能差等，限制了它的独立使用。但其价格低，并能以任意比例与天然橡胶混合，因而主要与其他橡胶混合使用。

③使用温度范围：-50 ℃～+100 ℃。

④用途：丁苯橡胶主要用以代替天然橡胶制作轮胎、胶板、胶管、胶鞋及其他通用制品。

2）顺丁橡胶（BR）。顺丁橡胶由丁二烯聚合而成，来源丰富、成本低。它的弹性是合成橡胶中唯一高于天然橡胶的，而且是目前各种橡胶中弹性最好的品种。

①优点：弹性与耐磨性优良（比一般天然橡胶高 30% 左右），耐老化性好，耐低温性优异，在动态负荷下发热量小，易于金属粘合。

②缺点：加工性不好，强度较低，抗撕裂性差、自粘性差，通常与其他橡胶混合使用。

③使用温度范围：约 -60 ℃～+100 ℃。

④用途：顺丁橡胶广泛地用于轮胎制造，所制出的轮胎胎面，在苛刻的行驶条件下，如高速、路面差、气温很低时，可以显著地改善耐磨耗性能，其寿命可高出天然橡胶轮胎寿命的两倍。顺丁橡胶还可以用来制造其他耐磨制品，如耐热胶管、三角皮带、减振器刹车皮碗、胶鞋、胶管、胶带、胶辊等，以及各种耐寒性要求较高的制品。

3）氯丁橡胶（CR）。氯丁橡胶是由氯丁二烯做单体乳液聚合而成的聚合体，其分子中含有氯原子，机械性能与天然橡胶相似。

①优点：氯丁橡胶具有优良的耐油、耐溶剂、耐酸碱及耐老化、气密性好，优异的机

械强度，高的耐臭氧和耐候性，好的耐老化性，低的可燃性，好的耐化学药品性，适度的耐油性和耐燃性，可以黏覆在许多基质上；氯丁橡胶物理机械性能也比天然橡胶好，故既可用作通用橡胶，也可用作特种橡胶。

②缺点：耐寒性较差、相对密度较大、相对成本高，电绝缘性差，加工时易粘滚、易焦烧及易粘模。另外，生胶稳定性差，不易保存。

③使用温度范围：−45 ℃～+100 ℃。

④用途：氯丁橡胶主要用于制造要求抗臭氧、耐老化性高的电缆护套及各种防护套、保护罩；耐油、耐化学腐蚀的胶管、胶带和化工衬里；耐燃的地下采矿用橡胶制品，以及各种模压制品、密封圈、垫、胶粘剂等。还可用于制作石油化工中输送腐蚀介质的管道、输油胶管及各种垫圈。由于氯丁橡胶与金属、非金属材料的黏着力好，可用作金属、皮革、木材、纺织品的胶粘剂。

4）丁腈橡胶（NBR）。丁腈橡胶是丁二烯和丙烯腈的共聚体。

①优点：耐汽油和脂肪烃油类的性能特别好，仅次于聚硫橡胶、丙烯酸酯和氟橡胶，而丁腈橡胶优于其他通用橡胶。耐热性好，气密性、耐磨及耐水性等均较好，黏结力强。

②缺点：丁腈橡胶的缺点是耐寒及耐臭氧性较差，强力及弹性较低，耐酸性差，电绝缘性不好，耐极性溶剂性能也较差。

③使用温度范围：−30 ℃～+100 ℃。

④用途：丁腈橡胶主要用于制造各种耐油制品，如胶管、密封制品等。

5）氟橡胶（FKM）。氟橡胶是以碳原子为主链，由含氟单体共聚而成的有机弹性体。

①优点：具有优异的耐高温性能，是橡胶行业中最好的耐高温材料，普通氟橡胶能耐 250 ℃左右高温，特殊的氟橡胶耐受的温度可高达 327 ℃。另外，氟橡胶具有优异的气密性、较好的耐磨性能，适用于各种油缸的动态密封环境。同时，由于其含有键能很高的碳氟键，氟橡胶具有很高的化学稳定性，能耐各种液压油，强酸强碱的腐蚀，特殊氯橡胶（KALREZ）能耐 1 500 多种化学介质，可以应用于王水的密封，是橡胶行业的万能胶。

②缺点：氟橡胶缺点是加工性差、耐寒性差、弹性透气性较低、价格高，限制了其使用。

③使用温度范围：−20 ℃～+200 ℃。

④用途：氟橡胶制成的密封制品，氟橡胶可应用于国防工业制造中的耐真空、耐高温、耐化学腐蚀的高级密封件和化工设备的衬里，如神舟号系列飞船均需要使用氟橡胶密封。另外，氟橡胶可应用于强酸强碱环境中，特殊橡胶可以用于王水的密封。

6）硅橡胶（SIL）。硅橡胶为主链含有硅、氧原子的特种橡胶，硅橡胶中起主要作用的是硅元素。

①优点：硅橡胶是既具有极佳的耐低温（最低 −100 ℃）性能又具有极高的耐高温（最高 300 ℃）性能，是目前最好的耐高寒和耐高温橡胶。同时，硅橡胶电绝缘性优良，对热氧化和臭氧的稳定性很高，化学惰性大。特种硅橡胶还具有耐辐射、耐燃和耐油等性能。

②缺点：硅橡胶的缺点是机械强度较低，耐油、耐磨性和耐酸碱性低，较难硫化，价格较高。

③使用温度范围：−60 ℃～+200 ℃。

④用途：硅橡胶主要用于制作耐高低温制品（胶管、密封件等）、耐高温电线电缆绝缘层，由于其无毒无味，硅橡胶还用于食品及医疗工业。

7.2.4 胶粘剂

胶粘剂是一类通过物质内聚和界面黏附作用，使两固体表面紧密地结合在一起，并在胶接面上有一定强度的物质。胶粘剂通常是以橡胶、树脂、淀粉等高分子材料为基料，添加增塑剂、稳定剂、固化剂、偶联剂、填料、溶剂、着色料、稀释剂等辅料而制成的。

1. 胶粘剂的分类

（1）按化学成分分类。

1）有机胶粘剂：分为天然胶粘剂和合成胶粘剂两大类。其中，天然胶粘剂包括骨胶、鱼胶、虫胶等动物胶和树胶、淀粉、松香等植物胶；合成胶粘剂包括树脂型胶粘剂、橡胶型胶粘剂和混合型胶粘剂。

2）无机胶粘剂：按化学组分可分为磷酸盐型、硅酸盐型、硼酸盐型、玻璃陶瓷及其他低熔点物等。

（2）按固化形式不同分类。

1）溶剂挥发型。溶剂挥发型是溶剂从粘合面挥发或被粘物自身吸收溶剂而形成粘合膜、发挥粘合力的一种全溶剂蒸发型胶粘剂。它的固化快慢与环境的温度、湿度，被粘物的疏松程度、含水率及加压方法等有关，即与溶剂挥发速度快慢有关。常用的品种有酚醛树脂、聚醋酸乙烯酯、聚丙烯酸酯、丁苯橡胶、氯丁橡胶胶粘剂。

2）化学反应型。化学反应型胶粘剂是由不可逆的化学变化引起固化而产生粘结力，接配制方法有单组分、双组分甚至三组分等，使用时按要求用量混合。

3）热熔型。热熔型胶粘剂是将固体聚合物加热熔融后粘接，随后冷却固化而发挥粘合力。常用的品种有皮胶、骨胶、沥青质、松香、石蜡、聚苯乙烯、丁基橡胶等。

2. 常用胶粘剂

（1）环氧树脂胶粘剂。环氧树脂胶粘剂是指以环氧树脂作为基料，通过加入固化剂和其他助剂组成的胶粘剂，由于具有良好的耐酸、耐碱及粘结性能被称为"万能胶"和"大力胶"。环氧树脂胶粘剂是一种高附加值的结构胶粘剂，具有粘结力大、黏结强度高、化学稳定性优异、收缩率低、易于加工成型、无环境污染等优点。近几年，随着高新技术行业的不断发展，环氧树脂胶粘剂应用到许多新兴领域，对它的性能提出了更高的要求。对环氧树脂进行改性，出现了如环氧－聚硫，具有较高的韧性，环氧－酚醛具有较高的耐热性，环氧－缩醛具有较高的耐热性和韧性，可用于纤维、织物、皮革和竹木之间的黏结，也可用于金属、玻璃、陶瓷、橡胶等物品之间的黏结和修补。

（2）酚醛树脂胶粘剂。酚醛树脂主要是酚和醛缩聚脱水制成的。酚和醛的用量比例和催化剂不同，可制成热固性酚醛树脂和热塑性酚醛树脂两大类。以酚醛树脂为主要原料制得的胶粘剂有很多优点，具有良好的抗蠕变性能、绝缘性能，酚醛树脂中含有大量苯环，又能连成交联型结构，所以，它有较大的刚性和优异的耐热性能。但韧性低，固化收缩率大，常加其他树脂改性后使用。改性后的酚醛树脂胶粘剂具有较好的耐热性，可较好地用于金属、陶瓷、玻璃、塑料的黏结，也可用于玻璃纤维层压板的黏结（图7-7、图7-8）。

图7-7　环氧树脂胶粘剂

图7-8　酚醛树脂胶粘剂

（3）聚氨酯胶粘剂。聚氨酯胶黏剂主要由异氰酸铵、多元醇、含烃基的聚醚、聚酯和环氧树脂、填料、催化剂和溶剂组成（图7-9）。这种材料具有初黏性大、耐冲击、常温下触压即可固化，反应活性高、低温和超低温性能等优异的性能。聚氨酯胶一般分为单组分和双组分两种基本类型，单组分为湿气固化型，双组分为反应固化型。单组分胶施工方便，双组分有固化快、性能好的特点，但使用时需要配制，工艺较为复杂。两者各有发展前途。聚氨酯胶黏剂黏结强度略小，容易黄变，但是耐磨性及韧性比较高。单组分聚氨酯胶粘剂可以室温湿固化，要求的条件较低。

图7-9　聚氨酯胶粘剂

（4）α-氰基丙烯酸酯胶粘剂。α-氰基丙烯酸酯胶粘剂是常温快速固化胶粘剂，市场上的502胶和三秒胶就属于这类胶粘剂，因其黏度低、透明性好、黏结速度极快等特点，使用方便，深受大家喜爱。

（5）聚醋酸乙烯乳液胶粘剂。聚醋酸乙烯乳液胶粘剂即白乳胶，无毒、黏度小、价格低、不燃，但耐水性和耐热性较差，主要用于黏结木材、纤维、纸张、皮革、混凝土、瓷砖等。

3.胶粘剂的选用

胶粘剂的选用应综合考虑胶粘剂的性能，被胶接材料、使用条件、胶接工艺、经济性等方面的因素，合理选用。

（1）胶粘剂的性能。胶粘剂是进行黏结的基础。选用胶粘剂，其性能是重要依据。不同类型的胶粘剂，具有不同的性能，决定它们的各种用途，只有熟悉胶粘剂的性能，才能得心应手地选用。胶粘剂的性能不仅与基料的性能有关，还与填料、稀释剂、增韧剂、固化剂、防老剂等添加剂的性能和数量有关。

（2）被胶接材料。被胶接材料种类很多，性质迥异，而每类材料的性质也各不相同，必须根据材料的不同特性去选择合适的胶粘剂。被胶接材料包括金属、陶瓷、玻璃、塑料、橡胶、皮革、竹木、织物、软质材料等各类材料。不但同一种胶粘剂对不同材料的粘合力各不相同，而且不同材料对胶粘剂的性能要求各不相同。例如，就胶接强度而言，当橡胶与橡胶或橡胶与其他非金属材料胶接时，主要考虑剥离强度；当橡胶与金属胶接时，不仅考虑剥离强度，还要考虑扯裂（劈裂）强度；当金属与金属胶接时，应主要考虑抗拉强度和抗剪强度。因此，对不同被胶接材料所选用的胶粘剂不可能完全相同，必须考虑被胶接材料的种类和性质。

（3）用途与使用目的。黏结具有多种用途，能够实现多重目的，包括连接、紧箍、密封、堵漏、填充、定位、防腐、阻燃、导电、导热、灌注、修补等。任何一种胶粘剂的选用都会同时达到几个目的，应以其中之一为主选择胶粘剂。对于大面积的黏结和大批量的生产，选用的胶粘剂固化速度不能太快，要有比较长的适用期，不能选用 502 胶或室温快固环氧胶。

（4）使用条件。被胶接件要在一定的条件下使用，条件因素对黏结性能有重要影响，因此，在选用胶粘剂时不能忽视使用的条件因素。如果用于一般性胶接或机械设备的修补，则可选用非结构型胶粘剂：如氯丁橡胶胶粘剂、聚醋酸乙烯酯胶粘剂等。如果用于受力结构件的胶接，应选用强度高、韧性好、抗蠕变性能优良的结构型胶粘剂：如酚醛 – 缩醛胶粘剂、酚醛 – 缩醛 – 环氧胶粘剂。如果用于在特定条件（如导热、导电、导磁、高温、低温等）下使用的被胶接件的胶接，应选用特种胶粘剂如有机硅胶粘剂等。

7.2.5　航空涂料

航空涂料是用于飞机上的专用涂料。与普通涂料不同，除传统的保护、装饰功能外，其重要性更大程度是体现在其特殊功能性，航空涂料形成的涂层必须具有良好的耐腐蚀、耐高温、耐烧蚀、耐磨、隔热、隐身等，还应有良好的附着力，要经得住飞机在飞行过程中的气流冲刷。所以，航空涂料的技术水平在一定程度上代表着一个国家航空工业的发展水平。

1. 航空涂料的性能要求及分类

（1）航空涂料的性能要求。随着航空领域技术的飞速发展，对航空涂料产品的技术水平提出了新的要求。飞机由于飞行速度快、飞行高度高，其飞行环境是相当恶劣的，其表面壳体和气流快速摩擦产生大量气动热能，使飞机表面产生 100 ℃～ 300 ℃及以上的高温；在高空飞行时其环境温度急剧降为 –45 ℃，这种快速的冷热变换，对涂在飞机表面的涂料就提出了更高的要求。

1）涂层重量要轻、涂刷要方便、干燥要快。

2）涂膜要光滑，要具有足够大强度和硬度，能抵抗含有杂质的气流的侵蚀。

3）涂膜要能紧密地与金属黏结，要有良好的耐高温、高耐寒性和足够的弹性，以便在飞机振动时不产生脱落和龟裂。

4）涂膜要有足够的致密性和化学稳定性，以防止空气和电解质的腐蚀。

5）其他特殊要求，如用于"隐形"的吸波涂料

（2）航空涂料的分类。航空涂料可根据用途分为飞机蒙皮涂料、飞机零部件涂料、飞机发动机涂料、特殊专用涂料等。

1）飞机蒙皮涂料。飞机蒙皮涂料包括底漆和面漆。底漆的主要品种有环氧底漆、有机硅聚氨酯底漆、环氧聚酰胺底漆等；而面漆有丙烯酸、有机硅聚氨酯、醇酸改性有机硅、脂肪族聚氨酯（聚酯聚氨酯、丙烯酸聚氨酯）等。

但对于飞机有些部位，如主翼上、下面及水平稳定区上、下面修理不易，需要高的防腐蚀要求，底漆采用聚硫化物，面漆仍采用脂肪族聚氨酯。而一些军用飞机（如水上飞机和舰载飞机）表面还要求有优良的耐海水和耐盐雾性，故采用的涂料品种需要防腐蚀性较高的如环氧聚酰胺和环氧胺加成物底漆及丙烯酸聚氨酯面漆等。在机身外形材料中还有非金属（玻璃钢、碳纤维复合材料等）类，用于飞机机翼蒙皮结构及前机身骨架、襟翼导流罩等处，为了防止这些非金属材料表面吸水和树脂老化，以及防止发生静电作用，故采用环氧聚酰胺清漆做底漆，并补以环氧聚酰胺或聚酯腻子，外用聚氨酯面漆，其含防静电作用的导电颜料（如炭黑、导电氧化物等）。

2）飞机零部件涂料。对于形状复杂的飞机零部件，最重要的是将尽量薄的涂料均匀地涂布，从而节省材料和减轻飞机重量。一般的喷涂底漆不可能实现这种均匀性，因此，电泳漆的使用更为广泛。如 PPG Aerocron 电泳漆底漆不含铬、VOC 含量低，还可以减轻飞机重量。

3）飞机发动机涂料。现代航空发动机金属材料多采用镁合金、铝合金、钛合金等，国外针对镁合金、铝合金的耐高温、防腐蚀涂料研究较为充分，如美国 Teleflex 公司牌号为 SERMETEL 的产品系列，耐温及防护性能十分优异，是罗 – 罗、波音、空客等国外企业指定唯一的发动机金属材料防护涂料；钛合金除在其表面进行标注外通常不采用涂料进行防护。

中昊北方涂料院针对 Teleflex 公司牌号为 SERMETEL 的产品进行了针对性研究，研制的 TW–7 涂料满足了我国型号任务的需要，成功应用于多种型号发动机的金属防护，替代进口产品。

传统的航空用铝合金与处理工艺中所用的六价铬盐对人体不安全，对施工工艺相关的毒害材料的控制、处理及管理带来严重危害和不必要的麻烦。从 1982 年世界环境保护组织就提出限制使用铬酸盐和其他铬酸盐化合物。因此，研制无铬、有效、价格低、环境友好的铬酸盐及缓蚀剂替代品和环境友好的转变层处理工艺是航空涂料界所迫切需要解决的问题，也是我们面临的新课题。

4）特殊专用涂料。特殊专用涂料包括隔热涂料、防火涂料、示温涂料和隐形涂料。

隐形涂料包括可同时应付多种频谱的多层或多功能隐身涂料和新型的导电涂层、放射

性同位素涂层等涂料。其"隐身"原理是用涂料吸收入射的电磁波，减少反射，以逃避雷达的监测。国际上通常认为隐身涂料的技术水平是五代飞机技术水平的重要标志之一。另外，还需要用涂料将细小缝隙填满以减少雷达波的反射。因此，隐形飞机每翻修一次就要重新刷一遍涂料。据称，涂料成本占了隐形飞机生产维护成本的20%。

2. 航空涂料的应用现状

（1）国际航空涂料应用情况。

1）国外民机应用情况。目前，国际上使用的大部分民用客机均由美国波音（Boeing）公司和法国空客（Airbus）公司制造，其飞机所用的"三防"涂料产品主要被国外几大著名涂料公司垄断，如PPG、阿克苏诺贝尔（Akzo Nobel）、Deft、德索托等公司。其中，最具代表性的为Akzo Nobel和PPG。这几家公司生产的飞机蒙皮涂料产品种类多样，性能稳定。国际上航空涂料有大量产品已经实现商品化，多年以来被各大飞机制造商、航空公司广泛选用。综合考察各大航空涂料生产商的相关产品，可以清晰地发现其性能主要体现在涂层体系高性能化、涂层体系薄膜化和量化、涂料绿色环境友好化等方面。在航空涂料高性能化方面，国际上知名航空涂料生产厂家在20世纪80年代就开展了研发及应用工作，主要分析并考察飞机在飞行过程中涂层系统的抗腐蚀性能、使用寿命等，用于飞机飞行环境的复杂多样性，提高飞机蒙皮涂层在极端条件下涂层的各项性能，如耐悬性、耐油品性、耐擦拭性、重涂性、耐冲击性等；20世纪90年代就推出了相关产品并获得应用，涂膜的耐高低温、耐冲击性能、柔韧性能优异，与金属基材具有优异的附着力和抗振动性能，可以保证飞机在剧烈的飞行过程中，蒙皮涂层与基材不会因应力变化而产生开裂。为降低飞机的整体重量，增加航行距离，航空涂料体系薄膜化、轻量化变得越来越重要，在满足现役航空涂层体系防护性能不变的前提条件下，要求涂层厚度下降20%～30%。PPG公司新开发的底色漆清漆系统，与传统的涂层系统相比能大幅度减轻涂层的重量而不损失涂层的防护性能。在国际燃油价格日益上涨的今天，该技术的推广和成功应用将大大降低飞机的燃油使用费，为航空公司创造可观的经济效益。

在涂料绿色环境友好化方面，欧、美等发达国家因其政策法规限定，成功开发出多个高固含量、无铬化、水性化、无溶剂品种，大部分涂膜性能与传统溶剂型涂料水平相当。其中，高固体分涂料发展速度最快，PPG和Akzo Nobel的航空涂料产品均以高固体分涂料为主，施工状态下涂料的体积固体分高达70%，VOC排放量小于420 g/L，满足欧盟及美国的环保法规要求。

在底漆无铬化方面，PPG公司成功开发了多个品种。在水性涂料方面，PPG和Akzo Nobel近年来也相继开发了Eco Prime系列和Aerowava系列水性航空涂料，产品涵盖了飞机蒙皮底面漆及零部件防护涂料等，在波音和空客飞机上获得了成功应用。拜耳（Bayer）公司和Deft公司联合开发了采用UV固化方式的无溶剂的飞机蒙皮涂料，该涂料具有固化速度快、低VOC含量等特点，性能上与传统的聚氨酯飞机蒙皮涂料相当。这些绿色涂料已成功应用于多型号飞机，如波音737、747、757、767和空客380等，在满足实际飞行环境的使用要求的同时，立足于低碳化、环保化，符合政策法规的要求。

2）国外军机应用情况。由于涉及军用特种涂料，国外对这部分涂料的具体牌号、性能等方面采取了严格的保密措施，人们无法判断军用涂料的实际应用情况。但是从一些文献资料中，还是能够侧面了解。PPG 和 Akzo Nobel 公司均有相应的军用涂料产品，具体性能不详。Indestructible Paint INC 公司是一家生产飞机专用涂料的厂家，其有很多品种用于不同型号的飞机上，但大多数涂料无法通过正常渠道购买。

（2）国内航空涂料的应用情况。

1）国内民机应用情况。民航飞机均有适航认证的要求，而目前国内的涂料生产厂家均不具备该资质。因此，在国内的民机方面，波音公司、空客公司使用的是 PPG 和 Akzo Nobel 的航空涂料产品。西飞公司生产的新舟 60 已经取得了欧洲的适航认证，按照适航要求，该型号飞机上使用的也是 PPG 和 Akzo Nobel 的航空涂料产品。虽然 ARJ21 和 C919 目前没有取得国际适航认证，但是考虑到后期的出口需求，涂层体系依然选用了以上两个公司的产品。目前，据了解，只有民用直升机上使用了中海油常州涂料化工研究院有限公司的蒙皮涂料产品。

纵观国内所有成熟飞机蒙皮涂料产品，其飞机蒙皮涂料种类与国外产品种类相当，但在性能上与国外产品相比还是有明显差距，主要表现在涂层使用寿命、防护年限、涂料有机挥发物含量、施工性能、环保等方面。目前，国内尚无符合波音《航空用保护磁漆》标准规范的"绿色"涂料产品，主要问题在于这些产品的施工固含量、施工性能达不到规范要求或耐介质性能通过的情况下不能同时满足物理机械性能等要求。在涂料轻量化和薄膜化研究方面仍然处于技术空白。出现上述问题的主要原因是，目前国内没有适合制备高性能飞机蒙皮涂料的专用树脂，防腐蚀颜料品种选择也比较单一。在涂层系统的抗疲劳、高耐腐蚀、高耐候、涂层表面特性（耐摩擦、低阻力、防污、防覆冰等）、极端温度下涂层的适用性、涂料环境友好等方面的研究一直是薄弱环节，而目前国内涂料生产企业在这些研究方面的分析测试能力不足，传统的分析测试手段检测周期长、可靠性低，不能为涂料及特种树脂的研发提供可靠的依据，这已成为限制高性能飞机航空涂料发展的瓶颈。因此，制备符合要求的高性能特种专用树脂及新型防腐蚀颜料体系是我国航空涂料发展的主要方向之一。

2）国内军机应用情况。中华人民共和国成立后，我国航空、航天工业的建立和发展基本完全引进苏联模式，当时国内除飞机蒙皮涂料可以自给外，其他特殊性能的航空航天涂料基本全部从苏联进口。到 20 世纪 60 年代中后期，由于国际局势发生变化，我国航空航天工业完全依赖苏联的局面才得以改善，在短短几年内就完成了完全自主化的转变，并取得世人瞩目的成就。1958—1965 年，我国经济经历了不平凡的发展过程，涂料工业也与全国的经济形势相同，经历了"马鞍型"的发展过程。

经过多年的发展，我国涂料的研究、生产和应用日趋成熟与完善，再加上改革开放以来，涂料行业以国有企业为主展开了技术引进和合资，国外大公司的先进技术转让和资金的进入，大大缩短了国内技术与国外技术的差距。目前，中国已成为世界第一大涂料生产和消费大国。

伴随着改革开放，我国涂料工业取得了非凡成绩。虽已成为涂料大国，但还不是涂料强国，当前国家一系列的宏观政策，为涂料行业的产业升级、行业整合、结构调整、战略转型提供了更多的空间。

中国航空业发展起步较晚，与西方发达国家存在着一定的差距。近年，随着我国改革开放，国民经济飞速发展，工业技术水平得到大幅度提升，我国的航空武器装备也进入一个全新的发展阶段。伴随着我国国防事业的稳步推进，配套材料也获得了更大的发展空间。

3. 航空涂料的未来发展趋势

（1）底漆清漆系统。底漆－清漆系统不仅有利于改善光泽度、色泽稳定性，而且可以使涂层的使用寿命更长、重量更轻及晾干时间缩短，如 Akzo Nobel 公司的 Aerodur/Aerobase 产品就属于这类产品，其寿命是传统航空涂料的 2 倍；再如 PPG 公司的 Aerocronj 产品比单层涂料轻 30%，也就是说整架飞机使用这种涂层后重量可减轻 453.59 kg。底漆－清漆系统的优势恰好与航空公司希望通过光鲜的飞机机体色彩等提升品牌价值的想法，以及 OEM 希望通过持续缩短涂层晾干时间而提升生产速率的目的相契合，因此，底漆－清漆系统的特性必将成为涂层行业的技术标准。

（2）气动性能优化。随着化石能源的不断枯竭，燃油价格逐步提升，飞机设计的中心也在转向燃油效率的提升，所以，当前热点的涂层技术主要围绕提升飞机的气动性能进行。例如，Akzo Nobel 公司正在与一些高校和 OEM 合作开发一些能够提升飞机性能的涂层技术，减少飞行阻力，从而减少 1%～2% 的燃油消耗。

（3）无铬化趋势。制造商和其他企业越来越重视环保，强烈要求减少铬含量。铬，尤其六价铬长期以来都被用于防腐蚀，但是其致癌性对喷涂工人和环境产生很大威胁。PPG 公司认为，无铬涂层产品正在加速研发，但其抗腐蚀性还要进一步评估附着力、柔韧性和保护性是涂层的关键属性，Akzo Nobel 正在大力投资无铬涂层。据悉，其提供的无铬涂层的关键性能指标将比含铬产品更好。该公司认为，产品开发的关键是确定可以准确试产品性能的方法，这也是无铬涂层产品开发及应用进程延缓的关键所在。

（4）涂层速干技术。飞机在经历退漆后，其机翼、发动机及复合材料区域在喷砂前需要进行遮盖；然后进行电动研磨洗；再采用底喷涂覆盖；随后使用基础颜色；最后是喷涂条纹和标识、维修和紧急通告、注册号等。喷涂的周转时间和价格是喷涂企业考虑的关键因素。在喷涂工程竞标中，一个合同项目存在 5～7 个竞标者的现象屡见不鲜。因为喷涂周转时间受喷漆固化时间影响较大，所以涂层制造商在加速喷漆固化方面也进行了相当多的研究。例如，底漆、清漆系统中结合了速干面漆。此项技术使飞机 OEM 和维修企业都很有好处。另外，维修企业还利用加热机库加速涂层固化速度。

任务 7.3　航空用陶瓷材料

航空用陶瓷材料

陶瓷作为人类最先使用的材料之一，因其具有硬度高、绝缘性好、耐腐蚀、耐高温、密度小、弹性模量大，以及在声、光、电、磁、热等方面存在特殊效应的优良性能，在人类发展的历史进程中，陶瓷材料始终都占据着不可替代的作用。随着近代航空、航天工业等高科技领域的发展，航空用陶瓷材料飞速发展并得到了广泛的应用。

7.3.1　陶瓷概述

1. 陶瓷的类型

陶瓷为陶器和瓷器的总称，是由金属元素和非金属元素组成的无机非金属材料。陶瓷材料发展至今种类繁多，根据不同的分类标准也产生了一系列陶瓷材料。

（1）按陶瓷原料分类，陶瓷可分为普通陶瓷（传统陶瓷）和特种陶瓷（高温陶瓷）。普通陶瓷是将天然硅酸盐矿物，如黏土、石英、长石等作为原料，通过原料加工、成型和高温烧制而成的，主要可分为日用陶瓷和普通工业陶瓷；特种陶瓷是以高纯超细的人工合成化合物，以氧化铝、氧化锆、碳化硅、氮化硅等为原料，利用精密控制工艺成型烧结而成，主要用于航空航天、机械工程、电子工程和医学工程等尖端领域。

（2）按陶瓷化学成分分类，陶瓷可分为氧化物陶瓷、碳化物陶瓷、氮化物陶瓷、硼化物陶瓷、金属陶瓷及复合瓷等。特种陶瓷具有声、光、电、磁、热、力等一些独特的性能，可满足工程结构的特殊需要。

（3）按陶瓷用途分类，陶瓷可分为结构陶瓷、日用陶瓷等。

（4）按陶瓷性能分类，陶瓷可分为高温陶瓷、高强度陶瓷、耐磨损陶瓷、耐腐蚀陶瓷、压电陶瓷、光敏陶瓷、生物陶瓷等。

2. 陶瓷的特点

（1）陶瓷的结构特点。陶瓷材料是由电负性差距较大元素形成的多相固体材料，主要以离子键和共价键结合的形式存在，其结构比金属晶体复杂得多，通常是由原料、组成及制造工艺决定的。陶瓷材料为多相多晶体材料，一般由晶体相、玻璃相和气相三部分组成（图7-10）。

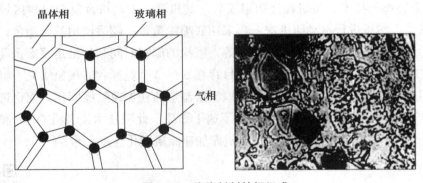

图7-10　陶瓷材料的相组成

1）晶体相：为陶瓷材料的主要组成相，其决定陶瓷材料的物理、化学性能；在陶瓷的晶体相结构中，主要有硅酸盐结构和氧化物结构两类。硅酸盐是传统陶瓷的主要原料，也是陶瓷材料的重要晶体相。陶瓷材料是多晶体，与金属一样有晶粒和晶界。在一个晶粒内，也有线缺陷和点缺陷，这些晶体缺陷的作用类同金属晶体中的缺陷，但陶瓷在常温下基本没有塑性。

2）玻璃相：是一种非晶态低熔点固体相，它是在陶瓷烧结过程中，各组成相与杂质发生化学反应，之后冷却凝固产生的，为陶瓷材料中必不可少的组成相。其作用是将分散的晶相黏结在一起，降低烧结温度，抑制晶相的晶粒长大和填充气孔。

3）气相：是指陶瓷孔隙中的气体，它是在陶瓷生产过程中不可避免地形成并保留下来的。气孔对陶瓷性能有显著影响，有利的是，它能使陶瓷密度减小，并吸收振动；不利的是，它使陶瓷强度降低，介电损耗增大，电击穿强度下降，绝缘性降低。

（2）陶瓷的性能特点。陶瓷材料主要存在共价键和离子键及其混合键，导致其键合能量很高，这样就使陶瓷材料具有耐高温、耐腐蚀、抗氧化、硬度高、化学稳定性和热稳定性好等特点。同时，陶瓷材料的特有的键合特点还使其具有良好的绝缘和绝热的性能，甚至有些功能陶瓷还有特殊的物理性能和能量转换功能。但不可否认的是，由于陶瓷结构中气相的存在，陶瓷材料具有脆性很大、塑韧性不高、安全可靠性不能保障的致命缺点。

7.3.2 传统陶瓷

1. 传统陶瓷材料的分类

传统陶瓷是以黏土、长石、石英等天然硅酸盐矿物为主要原料，经配制、烧结而成的，不同的原料配合比可得到各种性能的陶瓷。根据应用情况，传统陶瓷也可分为普通日用类陶瓷和普通工业用陶瓷。

（1）普通日用陶瓷主要用作日用器皿和瓷器，通常有较好的光泽度、透明度，热稳定性和较高的机械强度。

（2）普通工业陶瓷按用途可分为建筑陶瓷、电工陶瓷和化工陶瓷等。建筑陶瓷像陶瓷、卫生间用具等通常尺寸较大，要求强度和热稳定性好。电工陶瓷主要是指电器绝缘用瓷，也称高压陶瓷，要求力学性能高、介电性能和热稳定性好。化工陶瓷用于化工、制药和食品等工业及实验室中的管道设备、耐蚀容器及试验器皿等，通常要求耐各种化学介质腐蚀的能力要强。

2. 传统陶瓷材料的性能特点

普通陶瓷具有质地坚硬、不氧化、不导电、耐腐蚀、加工成型性好、成本低的优点。但其强度低，耐高温性能低于其他陶瓷，使用温度为 1 200 ℃。

3. 传统陶瓷材料的应用

生活中常用的各类陶瓷制品，电瓷绝缘子，耐酸、碱的容器和反应塔管道，纺织机械中的导纱零件等，可以用于受力不大、工作温度在 200 ℃ 以下的结构零件。

7.3.3 高温陶瓷

高温陶瓷是指在高温条件下，在某些装置或设备中，能够承受一定机械负荷的陶瓷。其具有高熔点、高的高温强度、较小的高温蠕变性能、较好的耐热震性及抗腐蚀、抗氧化和结构稳定性。更重要的是，陶瓷材料密度小，仅是高温合金的 1/3 ~ 1/4，极大地降低了构件的重量和应力，有效提高热效率，降低能耗，从而极大地提高了航空发动机的推重比和使用性能。因此，高温陶瓷主要用于燃气轮机、航空发动机等的高温零件。

1. 氧化铝陶瓷

氧化铝陶瓷是一种以 Al_2O_3 为是主晶相的陶瓷材料，根据 Al_2O_3 含量不同，可分为 75 瓷（$w_{Al_2O_3}$=75%，又称刚玉－莫来石瓷）、95 瓷和 99 瓷，后两者称为刚玉陶瓷。陶瓷中 Al_2O_3 含量越高，玻璃相越少，气孔也越少，其性能越好，但工艺越复杂，成本越高。氧化铝陶瓷的强度高于普通陶瓷 2～3 倍，甚至 5～6 倍，抗拉强度可达 250 MPa。它的硬度很高，仅次于金刚石、碳化硼、立方氮化硼和碳化硅而居第五，有很好的耐磨性。耐高温性能好，刚玉陶瓷可在 1 600 ℃ 的高温下长期工作，有较高的蠕变抗力，在空气中最高使用温度为 1 980 ℃。它的耐腐蚀性和绝缘性好；缺点是脆性大，抗热震性差，不能承受环境温度的突然变化。氧化铝陶瓷主要用于制作内燃机的火花塞，火箭、导弹的导流罩，石油化工泵的密封环，耐磨零件，如轴承、纺织机上的导纱器，合成纤维用的喷嘴等，做冶炼金属用的坩埚，因为其具有较高的热硬性，所以可用于制造各种切削刀具和拉丝模具等。

2. 氮化硅陶瓷

氮化硅陶瓷是以 Si_3N_4 为主要成分的陶瓷，共价键化合物 Si_3N_4 为主晶相。按生产工艺不同，氮化硅陶瓷可分为热压烧结氮化硅陶瓷和反应烧结氮化硅陶瓷。热压烧结是以 Si_3N_4 粉为原料，加入少量添加剂，装入石墨模具中，在 1 600 ℃～1 700 ℃ 高温和 20 265～30 398 kPa 的高压下成型烧结，得到组织致密、气孔率接近零的氮化硅陶瓷。但由于受石墨模具限制，只能加工形状简单的制品。反应烧结是用硅粉或硅粉与 Si_3N_4 粉的混合料，压制成型后，放入渗氮炉中进行渗氮处理，直到所有的硅都形成氮化硅，得到尺寸相当的氮化硅陶瓷制品。但这种制品中有 20%～30% 的气孔，故强度不及热压烧结氮化硅陶瓷，而与 95 瓷相近。氮化硅陶瓷的硬度高，摩擦因数小（0.1～0.2），并有自润滑性，是极优的耐磨材料；蠕变抗力高，热膨胀系数小，抗热振性能在陶瓷中是最好的；化学稳定性好，除氢氟酸外，能耐各种酸、王水和碱溶液的腐蚀，也能抗熔融金属的侵蚀。另外，氮化硅是共价键晶体，既无自由电子也无离子，因此具有优异的电绝缘性能。反应烧结氮化硅陶瓷易于加工，性能优异，主要用于耐磨、耐高温、耐腐蚀、形状复杂且尺寸精度高的制品，如石油化工泵的密封环、高温轴承、热电偶套管、燃气轮机转子叶片等；热压烧结氮化硅陶瓷用于制造形状简单的耐磨、耐高温零件和工具，如切削刀具、转子发动机刮片、高温轴承等。近年来，在 Si_3N_4 中添加一定数量的 Al_2O_3 制成新型陶瓷材料，称为赛纶陶瓷。它可用常压烧结法达到接近热压烧结氮化硅的性能，是目前强度最高，具有优异化学稳定性、耐磨性和热稳定性的陶瓷，可发展为重要的工程结构陶瓷。

3. 碳化硅陶瓷

碳化硅陶瓷的主晶相是 SiC，也是共价晶体。与氮化硅陶瓷一样，其可分为反应烧结碳化硅陶瓷和热压烧结碳化硅陶瓷两种。碳化硅陶瓷共价键性极强，在高温下仍保持高的键和强度，强度降低不明显，且膨胀系数小，耐蚀性优良，可用作高温结构零部件。在 1 400 ℃ 时，其抗弯强度仍保持在 500～600 MPa，工作温度可达到 1 600 ℃～1 700 ℃，导热性好。其热稳定性、抗蠕变能力、耐磨性、耐蚀性都很好，而且耐放射元素的辐射。碳化硅是良好的高温结构材料，主要用于制作火箭尾喷管的喷嘴，浇注金属的浇道口、热电偶套管、炉管、燃气轮机叶片、高温轴承、热交换器及核燃料包封材料等。

4. 氮化硼陶瓷

氮化硼陶瓷的主晶相是 BN，也是共价晶体，其晶体结构与石墨相似，为六方结构，故有白石墨之称。氮化硼陶瓷具有良好的耐热性和导热性，其热导率与不锈钢相当，膨胀系数比金属和其他陶瓷低得多，故其抗热振性和热稳定性好；高温绝缘性好，在 2 000 ℃ 仍是绝缘体，是理想的高温绝缘材料和散热材料；化学稳定性高，能抗铁、铝、镍等熔融金属的侵蚀；其硬度较其他陶瓷低，可进行切削加工；有自润滑性，耐磨性好。氮化硼陶瓷常用于制作热电偶套管，熔炼半导体、金属的坩埚和冶金用高温容器与管道，高温轴承，玻璃制品成型模具，高温绝缘材料。由于 BN 中 $w_B = 43\%$，有很大的吸收中子截面，可做核反应堆中吸收热中子的控制棒。另外，还有氧化镁陶瓷、氧化锆陶瓷、氧化铍陶瓷等。特种陶瓷不同种类，各有许多不同的优异性能，在工程结构中应用日益增多。但作为主体结构材料，陶瓷的最大弱点是塑性、韧性差，强度也低，需要进一步研究，扬长避短，增强增韧，为其在工业中的应用开辟更广阔的前景。

任务 7.4 非金属材料在飞机上的应用

非金属材料在
C919 大飞机上
的应用

与金属相比，非金属材料具有耐磨、耐腐蚀、密度小、比强度高、电绝缘性好、隔热、透光、吸振和消声等优点，在航空航天领域应用广泛。

7.4.1 塑料在航空航天中的应用

（1）聚甲基丙烯酸甲酯（俗称有机玻璃）（PMMA）：具有优良的透光性（99% 以上太阳光可被透过）和着色性，有一定强度、耐紫外线、不易老化、耐腐蚀，电绝缘性能好，可在 –60 ℃～ 100 ℃使用，可用来制作航空透明件，如飞机座窗等。

（2）苯乙烯 – 二丁烯 – 丙烯腈共聚体（ABS）：具有高的强度、硬度、韧性和弹性，耐油、耐腐蚀、耐冲击，并具有良好的着色性、绝缘性和成型加工性，可以制作飞机舱内的装饰板、窗框等。

（3）聚碳酸酯（PC）：透明度高达 86%～ 92%，使用温度为 –100 ℃～ 130 ℃，韧性好、耐冲击、硬度高、抗蠕变、耐热、耐寒、耐疲劳、吸水性好，可制作飞机座舱罩等。

（4）聚酰胺芳香尼龙（PA）：具有出色的耐热、耐磨、耐辐射和电绝缘性能，相对湿度在 95% 下不受影响，能长期在 200 ℃下工作，可制作航天服。

7.4.2 工程结构陶瓷材料在航空航天中的应用

陶瓷具有比金属更高的比强度和耐腐蚀性能，是唯一可以在 1 650 ℃以上工作的低密度材料。它是理想的高温结构材料，用于先进涡轮发动机时，可以提高发动机的效率，节省能源，取消或减少发动机冷却系统，同时减轻总重量。

陶瓷材料具有高耐热性、不可燃烧性、高稳定性、不老化性及良好的耐压性和高硬度等优点，而且原料丰富。工程结构陶瓷材料在航空航天中的应用见表7-1。

表 7-1　工程结构陶瓷材料在航空航天中的应用

零部件	使用温度 /℃	可用的陶瓷举例	性能要求
涡轮叶片	1 400	SiC，Si_3N_4	热稳定性和热强度高
火焰导管	1 400	Si_3，N_4	热稳定性高
雷达天线保护罩	≥ 1 000	Al_2O_3，ZrO_2	透过雷达微波
燃烧室内壁、喷嘴	2 000 ～ 3 000	BeO，SiC，Si_3N_4	耐蚀、抗热冲击
瞄准陀螺仪轴承	800	Al_2O_3	耐磨
探测红外线窗口	1 000	透明的 MgO，Y_2O_3	高红外线穿透率
火箭、导弹的导流罩	≥ 1 600	Al_2O_3	耐高温和高强度
火箭尾喷管喷嘴	1 600 ～ 1 700	SiC	高温强度高

随着航空航天技术的发展，陶瓷材料的耐高温、抗氧化、耐化学腐蚀、硬度高、热膨胀系数小等优异性能，越来越多地为人们所重视。发动机技术的发展将使陶瓷基复合材料得到越来越多的应用。要使发动机涡轮进口温度超过 1 650 ℃，使用目前常用的 Ni 基合金叶片是不可能实现的。美国高性能涡轮发动机技术计划指出：21 世纪要发展巡航高度 21 000 m、推重比达 20、M 数为 3 ～ 4 的航天器涡轮进口温度将达 2 000 ℃～ 2 200 ℃，为此提出由陶瓷基复合材料代替高温合金材料制造火箭筒。采用陶瓷基复合材料制造叶片盘整体结构的涡轮可减重 30%。在燃烧系统中。提出需要耐 1 204 ℃和 1 316 ℃的陶瓷，用来制造燃烧室的衬套、喷嘴及火焰稳定器喷嘴架、陶瓷瓦等。在排气喷管系统中，提出需耐 -40 ℃～ 1 538 ℃或更高温度使用的陶瓷基复合材料。

近年来，碳化硅、氮化硅和氧化锆等单体材料为结构陶瓷研究的重点。与传统氧化物和硼化物材料相比，这些材料具有很高的强度、抗热震力和高的可靠性，而且拥有很好的工艺性能，可制造出形状较为复杂的零件。美国在一些航空发动机的零部件上使用了大量陶瓷材料，如反应烧结碳化硅、无压烧结碳化硅、反应烧结氮化硅等材料，最高温度可达 1 371 ℃。在 MIAI 坦克上采用陶瓷涡轮叶片，使发动机的工作温度提高到 1 200 ℃，热效率提高 45%，节省燃料 30%，并提高了坦克的机动性能。

但是陶瓷材料脆性大、加工困难、耐机械冲击和热冲击差的问题仍然尚未解决，因此，增韧、超塑性、高可靠性和提高高温断裂强度是当前发展陶瓷材料的重要研究方向。在材料科学家的不懈努力下，增韧方面已取得可喜进展，$SiCr/SiC$ 和 $SiCW/Si_3Ni_4$（热压）等复合材料的高温断裂强度也分别达到了 750 MPa 和 800 MPa，已成为提高燃气喷管和导弹喷管高温力学性能的重要材料。另外，晶须增强陶瓷也被看作目前很有希望提高陶瓷断裂韧性的材料之一。

【学习小结】

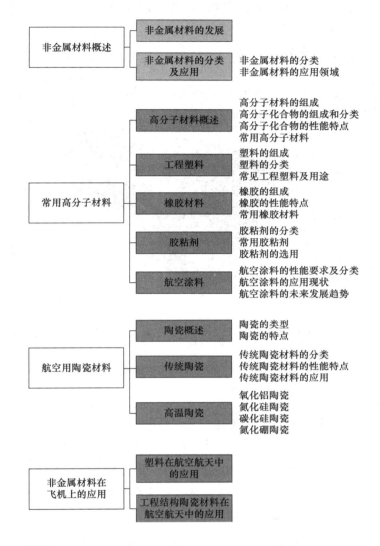

```
非金属材料概述 ── 非金属材料的发展
             ── 非金属材料的分类  非金属材料的分类
                及应用           非金属材料的应用领域

常用高分子材料 ── 高分子材料概述  高分子材料的组成
                               高分子化合物的组成和分类
                               高分子化合物的性能特点
                               常用高分子材料
             ── 工程塑料        塑料的组成
                               塑料的分类
                               常见工程塑料及用途
             ── 橡胶材料        橡胶的组成
                               橡胶的性能特点
                               常用橡胶材料
             ── 胶粘剂          胶粘剂的分类
                               常用胶粘剂
                               胶粘剂的选用
             ── 航空涂料        航空涂料的性能要求及分类
                               航空涂料的应用现状
                               航空涂料的未来发展趋势

航空用陶瓷材料 ── 陶瓷概述       陶瓷的类型
                               陶瓷的特点
             ── 传统陶瓷        传统陶瓷材料的分类
                               传统陶瓷材料的性能特点
                               传统陶瓷材料的应用
             ── 高温陶瓷        氧化铝陶瓷
                               氮化硅陶瓷
                               碳化硅陶瓷
                               氮化硼陶瓷

非金属材料在   ── 塑料在航空航天中
飞机上的应用      的应用
             ── 工程结构陶瓷材料在
                航空航天中的应用
```

【拓展知识】

军工新材料产业——特种陶瓷材料

军工新材料包括高温合金、碳纤维和特种陶瓷材料。其中，特种陶瓷材料与常规材料相比，具有巨大的优势：其密度只有高温金属合金的 1/4 ～ 1/3，强度大、耐磨，具有良好的耐高温、抗高温蠕变性能，在航空、军事和工业领域都可以得到应用，尤其在航空航天发动机的热端部件上具有优势。

特种陶瓷材料的应用如下。

（1）是发展高推重比航空发动机理想材料，有望取代高温合金。

（2）在航天领域可用于火箭发动机热结构件、飞行器的热防护系统等。

（3）在汽车工业领域，提高整车性能，减轻车身重量。

（4）在核电领域可用于核电高温部件及核燃料的包壳材料等。

（5）在兵器领域用于炮筒。

航空发动机的组成如图 7-11 所示。

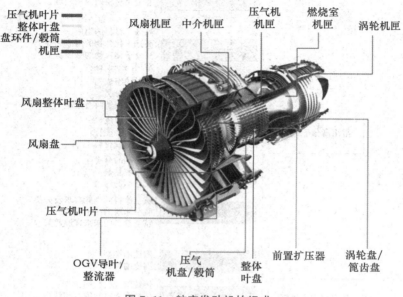

图 7-11　航空发动机的组成

1. 用于提高涡轮发动机的效率

陶瓷具有耐高温性能，可以使用陶瓷基复合材料和陶瓷热障涂层来增加涡轮发动机的效率。陶瓷可以在高于 1 100 ℃温度下工作而不需要或很少需要冷却，陶瓷基复合材料的相对密度也比目前使用的金属合金小 30% ～ 50%。复合燃烧器内衬和涡轮叶片都涂有陶瓷时，操作温度可提高到 1 650 ℃，并可在燃烧环境中保护各个部件。基于氧化铪的多组分陶瓷涂料通过 1 650 ℃连续 300 h 测试（图 7-12）。

图 7-12　涡轮发动机

2. 用于航空发动机及飞机刹车盘

对于航空发动机来说，提高涡轮前燃气温度是提高发动机推力的主要技术途径，但是目前的涡轮前燃气温度已经逐步接近高温合金自身的熔点，温度上升空间很小，因此需要有替代材料。陶瓷基复合材料具有耐高温特性，可用于热端构件。研究表明，陶瓷基复合材料可将涡轮前燃气温度在现有的基础上提高 300 K 以上。同时，陶瓷基复合材料密度小，有利于发动机轻减重量。随着民用航空业对提高燃油效率的不断追求，通用电气（GE）预计在今后 10 年陶瓷基复合材料在航空中的应用将增长 10 倍。

碳陶刹车盘与上一代刹车盘相比，静摩擦系数提高 1～2 倍，湿态摩擦性能衰减降低 60% 以上，磨损率降低 50% 以上，使用寿命提高 1～2 倍。生产周期降低 2/3，生产成本降低 1/3，能耗降低 2/3，性价比提高 2～3 倍。它是目前国际上发现唯一能在 1 500 ℃ 高温环境下，各项物理性能不发生衰减的材料。推广应用后，每年可为中国民航客机节约成本 3 亿元左右。

【学习自测】

1. 填空题

（1）非金属材料根据其组成成分不同，一般可分为_____、_____、_____。

（2）工程塑料是指_____。

（3）高分子材料按聚合物的热行为可分为_____、_____。

（4）环氧树脂胶是指_____。

（5）航空涂料的三种类型为_____、_____、_____。

（6）普通陶瓷的主要原料有_____、_____、_____。

（7）高温陶瓷通常分为_____。

2. 选择题

（1）塑料的主要组成成分是（　　）。

    A. 合成树脂   B. 合成橡胶   C. 合成纤维   D. A+B+C

（2）组成塑料的添加剂中不包括（　　）。

    A. 增塑剂   B. 填充剂   C. 催化剂   D. 润滑剂

（3）橡胶是优良的减震和摩阻材料，因其具有突出的（　　）。

    A. 塑性   B. 高弹性   C. 减摩性   D. 粘弹性

（4）合成橡胶的性能特点，下列不正确的是（　　）。

    A. 耐磨性   B. 储能性小   C. 高弹性   D. 弹性模量小

（5）胶粘剂按固化形式不同分类，不包括（　　）。

    A. 溶剂挥发型   B. 化学反应型   C. 热熔型   D. 热固型

（6）传统陶瓷材料的主要原料有（　　）。

    A. 树脂　　　　　B. 黏土　　　　　C. 生胶　　　　　D. 金属氧化物

（7）Al$_2$O$_3$ 陶瓷可用作（　　），SiC 陶瓷可用作（　　）。

    A. 火花塞　　　　B. 叶片　　　　　C. 气缸　　　　　D. 高温模具

3. 简答题

（1）何为高分子材料？高分子材料有哪些主要特性？

（2）工程塑料是怎样分类的？它们有何特点及应用？

（3）简述常用橡胶的种类、性能特点及应用。

（4）何为胶粘剂？胶粘剂是如何分类的？

（5）简述航空涂料的性能要求及特点。

（6）简述陶瓷各相组成物对其性能的影响。

（7）简述陶瓷材料力学性能、物理性能及化学性能。

（8）简述陶瓷材料的优点、缺点及在航空领域的应用。

第三部分
实践拓展篇

航空零件的选材及应用

【学习目标】

【知识目标】

1. 掌握航空零件选材原则；
2. 掌握航空零件选材的正确方法与共育路线；
3. 掌握典型航空零件（轴、齿轮、叶片等）的选材；
4. 熟悉飞机上所用的工程材料，了解飞机机翼、发动机、起落架等选材应用。

【技能目标】

能够根据"三性"正确选择航空零件材料。

【素质目标】

1. 提升爱国情怀；
2. 具备"敬畏生命、航空报国"精神。

【学习任务】

任务 8.1　零件的选材

航空机械零件选
材方法

【课程情境导入】

GE F404 发动机着火

　　1987 年 11 月，美国五角大楼宣布，在 1987 年一年内美国海军损失的 9 架 F/A18 战斗 / 攻击机中（图 8-1），有 4 架是由于 GE F404 发动机钛合金着火造成的（图 8-2）。由于 GE F404 发动机的高压压气机前几级转子和机匣均采用钛合金制造，当发动机长期工作以后，压气机叶片受到外来物的冲刷磨蚀，叶型发生变化改变了它原有的自然振动频率，在发动机某些工况下，引发第 1、3 级转子叶片折断。折断后的断片卡在转子叶尖与机匣之间，随着转子旋转而在机匣内摩擦产生大量的摩擦热，导致钛合金自燃着火，很快出现叶片烧坏、机匣烧穿现象；当火焰继续外窜后，烧穿外涵的钛合金机匣及发动机短舱，烧坏飞机其他系统的设备，最终导致飞机失事。产生事故的主要原因是选材不当。因为 F404 的高压压气机前几级工作叶片与机匣均为钛合金，内涵道流路中的空气温度、压力都很高，分别达到 300 ℃ 及 0.35 MPa 以上。在这种条件下，一旦工作叶片或其断片与机匣相碰磨时，极易引起钛合金机匣着火，且火势发展极快。GE F404 着火事故发生后，GE 公司采取了一系列措施，主要措施是将钛合金机匣改用 M152 合金钢。但是这样重量就增加了，所以又采取另一措施减重，该措施就是把外涵机匣由钛合金改为 PMR-15 复合材料，这种复合材料的防火能力很好。改了新材料后，发动机重量仅增加了 0.454 kg。这样，才最终解决了钛合金自燃着火问题。选材是否合理直接影响飞机安全运行，合理选材是产品设计的重要且关键内容，那么零件选材原则是什么？材料品种繁多，该如何合理选材？

图 8-1　着舰中的 F/A18C　　　　图 8-2　GE F404 发动机

（图片和文本来源均引用网络，版权归其所有）

【知识学习】

8.1.1　零件选材原则

机械零件是将工程材料按照一定的加工工艺方法制造而成的，由于工程材料种类繁多，性能各异，选择何种工程材料制造零件是一项十分重要的工作，尤其是关键零件的选材，将直接影响产品的使用性能、使用寿命及制造成本。为此，机械零件选材的原则是首先满足零件使用性，其次满足零件的工艺性，最后考虑零件的经济性，即"三性"原则。

1. 使用性原则

使用性原则是指所选用的材料制成零件后，能否保证其使用性能要求。使用性能是材料在服役期间表现的性能，是选材时首先满足的原则。零件因服役条件不同，所要求的使用性能是不同的，有的零件要求高强度，有的则要求耐磨性高，而另外一些甚至无严格的性能要求，仅仅要求有美丽的外观。因此，在选材时首要的任务就是根据零件的服役条件和主要失效形式准确地确定零件的主要使用性能。

表 8-1 中列举了一些常用零件的服役条件、主要失效形式及主要机械性能指标。

表 8-1 常用零件的服役条件、主要失效形式及主要机械性能指标

零件名称	服役条件	主要失效形式	主要机械性能指标
重要螺栓	交变拉应力	过量塑性变形或疲劳破坏	屈服强度、疲劳强度、硬度（HB）
重要传动齿轮	交变弯曲应力，交变接触压应力，受带滑动的滚动摩擦和冲击荷载	齿的折断，过度磨损或出现疲劳麻点	抗弯强度、疲劳强度、接触疲劳强度、硬度（HRC）
曲轴、轴类	交变弯曲应力，扭转应力，冲击荷载，磨损	疲劳断裂，过度磨损	屈服强度、疲劳强度、硬度（HRC）
弹簧	交变应力，振动	弹力丧失或疲劳破坏	弹性极限、屈强比、疲劳强度
滚动轴承	点或线接触下的交变压应力，滚动摩擦	过度磨损破坏、疲劳破坏	抗压强度、疲劳强度、硬度（HRC）

2. 工艺性原则

工艺性原则是指所选用的材料能否保证顺利地加工制造成零件。任何零件都是由不同的工程材料通过一定的加工工艺制造出来的，因此，材料的工艺性能即加工成零件的难易程度，也是选材的重要依据之一。零件的生产方法不同，将直接影响其质量和生产成本。材料的工艺性能包括以下内容。

（1）铸造性能：包含流动性、收缩性、疏松及偏析倾向、吸气性、熔点高低等。

（2）压力加工性能：指材料的塑性和变形抗力等。

（3）焊接性能：包括焊接应力、变形及晶粒粗化倾向，焊缝脆性、裂纹、气孔及其他缺陷倾向等。

（4）切削加工性能：指切削抗力、零件表面光洁度、排除切屑难易程度及刀具磨损量等。

（5）热处理性能：指材料的热敏感性、氧化、脱碳倾向、淬透性、回火脆性、淬火变形和开裂倾向等。

3. 经济性原则

经济性原则是指所选用的材料经加工而成的零件，能否做到价格低，成本低，即材料成本和用该材料制造零件成本的总成本降至最低。材料在满足使用性能与工艺性能条件下，必须考虑材料的经济性问题，同时，应考虑所选材料应符合国家的资源情况和供应情况等。

民用飞机结构设计选材时，应根据材料的性能、可获得性、易生产性和成本等权衡利弊，综合比较，合理选择。民用飞机安全结构设计选材原则：首先满足适用性原则，然后满足工艺性原则，最后才考虑经济性原则，此外还需要符合以下条件。

（1）所用材料应是已用于飞机生产的且符合经批准的标准材料。

（2）选用新材料必须经过充分的试验验证。

（3）所选用的材料需要经过试航审定部门批准认可。

8.1.2 零件的选材方法

材料的选择是一个比较复杂的决策问题。设计者需要熟悉零件的服役条件和失效形式，掌握有关工程材料的理论及应用知识、机械加工工艺知识及较丰富的生产实际经验，通过具体分析，进行必要的试验和选材方案对比，最后确定合理的选材方案。对于成熟产品中相同类型的零件、通用件和简单零件，则大多数采用经验类比法来选择材料。另外，零件的选择一般需要借助国家标准、部颁标准和有关手册。下面简单介绍零件选材的一般方法。

（1）分析零件对所选材料的性能要求及失效分析，包括分析零件的服役条件，零件的强度、刚度、稳定性等。

（2）根据工作条件需要和分析，对该零件的设计制造提出必要的技术条件。

（3）根据所提出的技术条件要求和工艺性、经济性方面的考虑，对材料进行预选择。对可供选择的材料进行筛选，现代工程材料可分为金属材料、陶瓷材料、高分子材料和复合材料四大类。将所有的工程材料都当作选择对象，根据材料的性能要求进行预选择。

（4）对预选方案材料进行计算，以确定是否能满足上述工作条件的要求。

（5）材料的二次（或最终）选择。二次选择方案也不一定只是一种方案，也可以是若干种方案。

（6）通过实验室试验和工艺性能试验，最终确定合理的选材方案。

（7）在中、小型生产的基础上，接受零件生产和使用考验。以检验选材方案的合理性。

注意继承性，减少材料的品种规格，优先选用现有几种已经采用过的材料，材料选择要结合工厂的制造能力。

任务 8.2 典型零件的选材

典型航空机械零
件的选材应用

【课程情境导入】

航空发动机是飞机必不可少的动力系统，被誉为"工业皇冠上的明珠"，其发展水平集中体现了一个国家的工业基础和科技水平，是综合国力的象征之一。先进航空发动机朝着高涡轮前温度、高推重比、长寿命和低油耗方向发展，除先进的设计技术外，发动机性能的提高强烈依赖于先进材料及制造技术的发展，齿轮、轴和叶片是航空发动机的关键件和重要件。下面学习齿轮、轴和叶片的选材方法。

【知识学习】

8.2.1 齿轮

齿轮是机械工业中应用最广泛的重要零件之一，主要用于传递动力，改变运动速度和运动方向。图 8-3 所示为手表齿轮，图 8-4 所示为航空齿轮。齿轮的选材要从齿轮的服役条件、失效形式及其对材料的性能 要求等方面综合考虑。

图 8-3 手表齿轮

图 8-4 航空齿轮

1. 齿轮的服役条件

齿轮工作时，一对啮合的齿轮面之间相互滑动，产生很大的摩擦力，易造成齿面磨损；齿轮之间的接触，产生接触应力，超过材料疲劳极限，会造成齿轮的接触疲劳破坏；而轮齿根部还承受交变的弯曲应力，易造成弯曲疲劳破坏。

2. 齿轮的失效形式

根据齿轮的服役条件，其主要失效形式是疲劳断裂、齿面接触疲劳破坏、齿面磨损及过载断裂。

3. 齿轮的性能要求

齿轮应具有高硬度、高耐磨性、外硬内韧、高疲劳强度、高抗弯曲强度等性能。

4. 选材

制造齿轮常用材料有调质钢、淬火钢、渗碳钢和渗氮钢等，航空齿轮常用渗碳钢和渗氮钢。齿轮常用材料及技术要求见表 8-2。

表 8-2 齿轮常用材料及技术要求

材料	技术要求					
	σs_b/MPa	$\sigma_{0.2}$/MPa	σ_s/%	ψ/%	α_x/（kJ·m⁻²）	HBW
	不小于					
15CrA	590	390	15	50	885	170～302
12CrNi3A	885	635	12	55	1 175	262～363
12Cr2Ni4A	1 030	785	12	55	980	293～388
14CrMnSiNi2MoA	1 080	885	12	55	980	321～415
18Cr2Ni4WA	1 030	785	12	50	1 175	321～388
38CrMoAlA	930	785	15	50	980	285～321
	980	835	15	50	880	292～302

5. 航空齿轮的工艺路线

对于荷载大的航空齿轮采用锻件毛坯，其工艺路线有以下 3 种方案。

方案一：锻件毛坯→正火或调质处理→机械加工→渗碳及渗后热处理（淬火＋低温回火）→机械加工至成品。

方案二：锻件毛坯→正火或调质处理→机械加工→镀铜（非渗碳表面）→渗碳→除铜→淬火＋低温回火→机械加工至成品。

方案三：锻件毛坯→正火或调质处理→机械加工→渗碳→机械加工→淬火＋低温回火→机械加工至成品。

渗氮钢的工艺路线：锻件毛坯→正火＋调质处理→机械加工→镀锡或镀铜→渗氮→机械加工至成品。

6. 航空齿轮的常见热处理工艺

航空齿轮的常见热处理工艺为渗碳、淬火和回火、渗氮。航空齿轮常见热处理工艺见表 8-3。

表 8-3　航空齿轮常见热处理工艺

材料	渗碳工艺或预备热处理工艺	最终热处理工艺或渗氮工艺
15CrA	渗碳：（920±10）℃保护箱冷却	一次淬火：（860±10）℃油淬 二次淬火：（780～810）℃油淬 回火：（160±10）℃空冷
12CrNi3A	渗碳：（920±10）℃保护箱冷却	一次淬火：（860±10）℃油淬 二次淬火：（780～810）℃油淬 回火：（160±10）℃空冷
12Cr2Ni4A	（1）普通渗碳工艺。（920±10）℃，渗剂：甲醇—丙酮，5～8 h，炉冷。当硬度≥38 HRC 时进行高温回火（580±20）℃×3～4 h （2）氮基渗碳工艺。≤800 ℃通入氮气＋甲醇，（840±20）℃×1.2 h 通入氮气和渗剂［w（苯）：w（甲醇）=2:1］，保持（925±10）℃，碳势 $w_{(C)}$ 为 1.15%，后期碳势 $w_{(C)}$ 为 0.8%，空冷或炉冷	一次淬火：（860±10）℃油淬 二次淬火：（790±10）℃油淬 回火：（160±10）℃空冷
14CrMnSiNi2MoA	（920±10）℃渗碳 8～12 h 渗剂为甲醇＋乙醇乙酯	淬火：（800～840）℃油淬 回火：（150～200）℃空冷
18Cr2Ni4WA	1）普通渗碳工艺。（840±10）℃×1.2 h 滴入渗剂［w（苯）：w（甲醇）=2:1］，（925±10）℃继续滴入渗剂渗碳，空冷或箱冷 2）氮基渗碳工艺。≤800 ℃通入氮气和甲醇，（840±10）℃×1.2 h 通入氮气和渗剂［w（苯）：w（甲醇）=2:1］，保持（925±10）℃，碳势 $w_{(C)}$ 为 1.15%，后期碳势 $w_{(C)}$ 为 0.8%，空冷或箱冷	淬火：（840～870）℃油淬 回火：（150～170）℃空冷
38CrMoAlA	（940±10）℃空冷正火 （930±10）℃油淬或温水淬 （600～670）℃油冷或空冷	（500～510）℃，28～30 h 通氨渗氮，氨分解率 20%～30% （525～535）℃，30～35 h 通氨渗氮，氨分解率 30%～50%

7. 航空齿轮的常见热处理缺陷

航空齿轮的常见热处理缺陷有渗层深度偏浅、渗层超深、表面硬度偏低、心部硬度超差、渗碳层出现网状碳化物、渗碳层碳化物呈块、杆及多边状、渗氮层出现鱼骨状氮化物、零件畸变和漏渗等。航空齿轮常见热处理缺陷及补救措施见表 8-4。

表 8-4　航空齿轮常见热处理缺陷及补救措施

热处理缺陷	产生原因	预防措施	补救措施
渗层深度偏浅	(1) 设备密封不好； (2) 装炉量过多； (3) 渗碳（氮）温度偏低； (4) 气氛碳（氮）势偏低； (5) 零件表面污染	(1) 渗前应检查设备密封性； (2) 控制好装炉量，注意装夹方法； (3) 维持好炉内碳势； (4) 校准温度； (5) 调整碳（氮）势到达要求； (6) 入炉前认真清洗零件	进行补渗
渗层超深	(1) 渗温超高； (2) 渗时间超长； (3) 工艺设计不当	(1) 正确制定工艺； (2) 加强仪表校验	
表面硬度偏低	(1) 表面碳（氮）势偏低； (2) 渗后冷却或淬火时表面脱碳	(1) 加强炉气碳（氮）势控制； (2) 冷却罐内加少量渗碳剂，淬火时采取保护措施	在深度允许的情况下可补渗
心部硬度超差	(1) 心部硬度偏低是因为铁素体过多； (2) 心部硬度过高是由于淬火温度偏高	(1) 降低淬火温度； (2) 渗碳后增加高温回火	(1) 重新淬火； (2) 进行冷处理
渗碳层出现网状碳化物	(1) 渗碳后冷却速度太慢； (2) 渗碳温度过高	增加渗碳后冷却速度	增加正火处理
渗碳层碳化物呈块、杆及多边状	(1) 渗碳时碳势过高，扩散时间短； (2) 原始组织晶粒粗大； (3) 渗碳温度偏高	严格控制炉温、碳势，调整渗碳与扩散时间的比例	采用高温正火
渗氮层出现鱼骨状氮化物	零件表面脱碳层未加工去除干净	协调冷却工艺，确保彻底去除脱碳层	
零件畸变	(1) 可发生在渗碳过程，也可发生在淬火过程； (2) 装炉或装夹不当； (3) 机加工应力过大； (4) 零件截面相差太大	(1) 正确装炉和装夹，必要时设计吊挂夹具； (2) 渗碳前增加消除加工应力处理	在允许情况下进行校正，校正后增加磁粉检验和回火
漏渗	(1) 保护层太薄； (2) 炉内气氛中有害介质破坏了防渗层	(1) 控制镀、涂防渗层质量； (2) 加强控制气氛	

8.2.2　轴

轴是传动系统中的最重要零件之一，主要用于支撑传动零件（如齿轮、凸轮等）、传递运动和动力。图 8-5 所示为齿轮传动系统。

1. 涡轮轴的服役条件

涡轮轴是军民用燃气涡轮发动机的主轴，是热端零件，它与压气机轴通过联轴器连接，涡轮力矩通过涡轮轴传给压气机，涡轮轴主要承受扭转力矩、轴向荷载和弯曲力矩。图 8-6 所示为燃气涡轮发动机和涡轮轴。

图 8-5　齿轮传动系统

图 8-6　燃气涡轮发动机和涡轮轴

2. 性能要求

涡轮轴应具有较高屈服强度和疲劳强度。其热端要有一定的抗氧化性能、耐腐蚀性能和蠕变强度。

3. 常用材料

涡轮轴的常用材料有 40CrNiMoA、1Cr11Ni2W2MoV、0Cr17Ni4Cu4Nb、GH901、GH4169。涡轮轴常用材料的技术要求见表 8-5。

表 8-5　涡轮轴常用材料的技术要求

材料	技术要求										
	室温性能					高温性能					
	σ_b /MPa	$\sigma_{0.2}$ /MPa	δ_s /%	Ψ /%	HBW	试验温度 /℃	σ_b /MPa	δ_s /%	Ψ /%	持久性能	
	不小于						不小于			σ/MPa	t/h(≥)
40CrNiMoA	980	835	12	55	293～341	—	—	—	—	—	—
1Cr11Ni2W2MoV	880	735	15	55	269～321	—	—	—	—	—	—
0Cr17Ni4Cu4Nb	1 000	865	13	45	31 HRC	—	—	—	—	—	—
GH901	1 130	810	9	12	302～388	575	960	8	—	—	—
						650	—	—	—	621	23
GH4169	1 270	1 033	12	15	≥346	650	1 005	12	—	—	—

4. 涡轮轴的工艺路线

方案一：锻造毛坯→正火＋退火→粗加工→淬＋回火（或固溶处理＋时效处理）→机械加工至成品。

方案二：锻造毛坯→调质（或固溶处理＋时效处理）→机械加工→消除应力退火→机械加工至成品。

5. 涡轮轴的热处理

涡轮轴的热处理有淬火＋回火、固溶处理＋时效等。涡轮轴的热处理工艺见表 8-6。

表 8-6　涡轮轴的热处理工艺

材料	热处理工艺				检验项目
	工序	加热温度 /℃	保温时间 /h	冷却方式	
40CrNiMoA	淬火 回火	850±10 650±5	— —	油淬 水冷或空冷	（1）100% 检验硬度； （2）力学性能
1Cr11Ni2W2MoV	预备热处理	1 000 ～ 1 020	—	空冷	
		700±20	—		
	最终热处理	1 000±10	—	空冷 油淬	
		660 ～ 710	—	空冷	
0Cr17Ni4Cu4Nb	固溶热处理 时效	1 040±20 580±10	— 4	水冷或空冷 空冷	
GH901	固溶热处理	1 090±10	2 ～ 3	水冷或油冷	
	一次时效	775±5	4	空冷	
	二次时效	710±10	24	空冷	
GH4169	固溶热处理分级 时效	950 ～ 980 720±5 620±5	1 8 8	油冷或水冷以 50 ℃ /min 的冷速冷至 620 ℃空冷	

6. 涡轮轴的常见热处理缺陷及补救措施

涡轮轴的常见热处理缺陷有晶粒粗大、性能不合格等缺陷。涡轮轴常见热处理缺陷及补救措施见表 8-7。

表 8-7　涡轮轴的常见热处理缺陷及补救措施

热处理缺陷	产生原因	预防措施	补救措施
40CrNiMoA 钢晶粒粗大	（1）热处理淬火温度过高； （2）高温加热时间过长	严格控制热处理工艺	重新热处理，先高温回火，再淬火回火处理

热处理缺陷	产生原因	预防措施	补救措施
GH4169 性能不合格	（1）时效时从 720 ℃冷至 620 ℃冷速过快； （2）时效不充分	严格控制时效工艺	重新时效

8.2.3　叶片

叶片是航空发动机的关键零件，它的制造量占整机制造量的 1/3 左右，是发动机中数量最多的一类零件。航空发动机叶片属于薄壁易变形零件，如何控制其变形并高效、高质量地加工是目前叶片制造行业研究的重要课题之一。航空发动机叶片按部件分为风扇叶片、压气机叶片和涡轮叶片，按功能分为工作叶片和导向叶片。图 8-7 所示为 R&R RB211 涡扇发动机钛合金空心叶片。

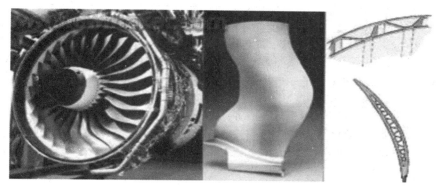

图 8-7　**R&R RB211 涡扇发动机钛合金空心叶片**

1. 叶片服役条件

不同部位叶片工作温度不同，对于风扇叶片，军用风扇温度＜ 400 ℃，民用风扇温度＜ 100 ℃；压气机叶片工作温度＜ 750 ℃；涡轮叶片的工作温度＜ 1 750 ℃；

发动机工作时导向叶片主要承受热应力；转子高速旋转，工作叶片产生很大离心力且承受热应力和振动载荷。如涡轮工作叶片在高温燃气气氛中工作，承受高温高压、离心荷载、振动载荷、热应力、燃气腐蚀及高温氧化。

2. 叶片性能要求

叶片应具有足够的强度和刚度、较高的热稳定性和抗蠕变性、较好的耐大气 / 燃气腐蚀性。工作叶片还应具有承受动荷载的性能。

3. 选材

风扇叶片常用材料有复合材料（如钛基复合材料、树脂基复合材料等）和钛合金；压气机叶片常用材料有钛合金、变形高温合金和 Ti-Al 合金，涡轮叶片常用材料有镍基铸造高温合金、镍铝基铸造高温合金、Ti-Al 合金和陶瓷基复合材料。镍基高温合金技术要求见表 8-8。

表 8-8　镍基高温合金技术要求

材料	技术要求										
	室温性能					高温性能					
	σ_b/MPa	$\sigma_{0.2}$/MPa	δ_s/%	Ψ/%	HBW	试验温度/℃	σ_b/MPa	σ/%	Ψ/%	持久性能	
										σ/MPa	t/h(不小于)
	不小于						不小于				
GH4033	885	590	13	16	255～321	700	685	15	20	430	60
GH4037	—	—	—	—	269～341	850	—	—	—	169	50

4. 涡轮叶片的热处理工艺

涡轮叶片热处理工艺为固溶处理、时效。涡轮叶片的常见热处理工艺见表 8-9。

表 8-9　涡轮叶片的常见热处理工艺

材料	热处理工艺				其他
	工序	加热温度/℃	保温时间/h	冷却方式	
GH4033	固溶处理时效	1 080±10	8	空冷	—
		700±10	16	空冷	
GH4037	一次固溶处理二次固溶处理时效	1 170～1 180	2	空冷	—
		1050±10	4	缓冷	
		800±10	16	空冷	

5. 涡轮叶片的常见热处理缺陷及补救措施

涡轮叶片的常见热处理缺陷有叶片表面严重氧化、表面合金元素贫化、叶片表面出现点腐蚀、叶片变形等。表 8-10 所示为涡轮叶片的常见热处理缺陷及补救措施。

表 8-10　涡轮叶片的常见热处理缺陷及补救措施

热处理缺陷	产生原因	预防措施	补救措施
叶片表面严重氧化	加热介质中含氧或水量过高	（1）加热采用高纯度氩气（露点在 -46 ℃以下）保护； （2）采用真空加热	有余量的可抛光去掉层
表面合金元素贫化	真空加热时表面合金元素逸出	采用适当的真空度	—
叶片表面出现点腐蚀	（1）处理的表面未清洗干净； （2）含硫物质沾污表面，使表面形成低熔点物； （3）残碱对镍基合金有强腐蚀作用	（1）加强洁洗工作，避免表面腐度蚀物沾污； （2）加强对加热设备工作室的清理； （3）清洗好的叶片禁止赤手接触	

热处理缺陷	产生原因	预防措施	补救措施
叶片变形	（1）加热速度太快； （2）第二相溶解析出造成体积效应	采用分级加热	—
渗铝件渗层过厚、漏渗、渗层不连续、氧化	（1）渗铝时间超长，温度过高； （2）不渗铝部位保护欠佳； （3）渗箱中空气排除干净	（1）准确控制渗铝时间和温度； （2）不渗部位必须保护可靠； （3）沉积和扩散过程中保证空气无法进入	退除渗层，重渗

任务 8.3 工程实例

8.3.1 飞机蒙皮的选材及热处理

飞机蒙皮是飞机的重要组成部分，是覆盖在飞机骨架外的受力构件，是形成流线型的机翼外表面，其作用是维持飞机外形，使具有良好的空气动力特性。图 8-8 所示为歼 -20 飞机。

图 8-8 歼 -20 飞机

1. 飞机蒙皮的服役条件

蒙皮承受空气动力作用，并将作用力传递给机体骨架上，受力复杂。

2. 飞机蒙皮的性能要求

飞机蒙皮应具有较高的强度、良好的延展性、较高的抗腐蚀性、较高的疲劳强度、疲劳裂纹扩展抗力和断裂韧度，蒙皮表面应光滑。

3. 飞机蒙皮的选材

采用铝合金 2A12（LY12）、7A04（LC4）、7A09（LC9）和复合材料。飞机蒙皮材料的技术要求见表 8-11。

表 8-11　飞机蒙皮材料的技术要求

材料	技术要求		
	σ_P/MPa	$\sigma_{0.2}$/MPa	δ_s/%
2A12(LY12)	390～410	255～265	≥15
7A04(LC4)	480～490	400～410	≥7
7A09(LC9)	480～490	—	≥7

4. 飞机蒙皮的工艺路线

飞机蒙皮的工艺路线：轧板→退火→清理→固溶热处理→拉伸成型→自然时效→机械加工→表面处理。

5. 飞机蒙皮的热处理

飞机蒙皮的热处理有退火、固溶处理和人工时效或固溶处理和自然时效。飞机蒙皮的热处理工艺见表 8-12。

表 8-12　飞机蒙皮的热处理工艺

材料	热处理工艺
2A12（LY12）	（495～503）℃保温 0.4 h 水冷，室温自然时效 96 h 以上
7A04（LC4）	（465～475）℃保温 0.4 h 水冷，（120±5）℃人工时效 24 h 空冷
7A09（LC9）	（465～475）℃保温 0.4 h 水冷，（135±5）℃人工时效 8～16 h 空冷
热处理后应检验力学性能、硬度、显微组织和表面状态	

6. 飞机蒙皮的常见热处理缺陷及补救措施

飞机蒙皮的常见热处理缺陷有显微组织不合格和变形严重等。飞机蒙皮的常见热处理工艺缺陷及补救措施见表 8-13。

表 8-13　飞机蒙皮的常见热处理工艺缺陷及补救措施

热处理缺陷	产生原因	预防措施	补救措施
显微组织不合格（过烧或包铝层扩散）	淬火温度偏高或保温时间过长，升温速度过慢	严格控制工艺温度，以免保温时间过长	
变形严重	（1）轧制应力过大； （2）装炉或淬火方法不当	（1）淬火后及时进行约 3%的预拉伸； （2）严格按规定挂装	（1）手工校正； （2）强制装配

8.3.2　飞机起落架外筒的选材及热处理

飞机起落架就是飞机在地面停放、滑行、起飞着陆、滑跑时用于支撑飞机重力、承受相应荷载的装置。飞机起落架外筒是飞机的关键且主要的承力锻件。图 8-9 所示为飞机起落架及外筒示意。

图 8-9　飞机起落架及外筒示意

1. 飞机起落架外筒的服役条件

飞机起落架外筒不仅要承受静荷载，而且承受很大的冲击力和疲劳荷载，特别是主起落架的外筒，在着陆瞬间承受着复杂交变的压力、拉力、扭力和弯矩。同时，飞机起落架外筒还作为减振器的一个组件，由于内部充气而承受较大的内压力。

2. 飞机起落架外筒的性能要求

飞机起落架外筒应具有较高的抗拉强度、足够的冲击韧度和抗疲劳性能、很高的比强度和良好的综合性能。

3. 飞机起落架外筒的选材

飞机起落架外筒的常用材料有超高强度钢、30CrMnSiNi2A、40CrMnSiMoVA、40CrNi2Si2MoVA、16Co14Ni10Cr2MoE。飞机起落架外筒常用材料技术要求见表 8-14。

表 8-14　飞机起落架外筒常用材料技术要求

材料	技术要求						
	σ_p/MPa	$\sigma_{0.2}$/MPa	δ_s/%	ψ/%	a_K/(kJ·m^{-2})	HRC	脱碳层/mm
30CrMnSiNi2A	$1\,667\pm100$	—	9	45	590	$45\sim50.5$	$\leqslant0.15$
40CrMnSiMoVA	$1\,865\pm100$	—	8	35	590	$50.5\sim53.5$	$\leqslant0.075$
40CrNi2Si2MoVA	$1\,965\pm100$	$1\,572\pm100$	8	30	—	$52\sim55$	$\leqslant0.075$
16Co14Ni10Cr2MoE	$\geqslant1\,620$	$\geqslant1\,480$	$\geqslant12$	$\geqslant60$			

4. 飞机起落架外筒的工艺路线

飞机起落架外筒形状复杂，结构上有台阶孔和安装槽等。其加工工艺路线：锻造→正火＋退火→机械加工→去应力退火→（焊接→去应力退火→）淬火＋回火→校正→去应力回火→精加工→去应力回火→喷丸→探伤→表面处理→探伤→喷漆。

5. 飞机起落架外筒的热处理工艺

飞机起落架外筒热处理工艺有正火、退火、淬火+回火、去应力回火等。飞机起落架外筒热处理工艺见表8-15。

表8-15 飞机起落架外筒热处理工艺

材料	热处理工艺
30CrMnSiNi2A	（1）（900±10）℃保温 1.5 h，油淬，（250～300）℃回火空冷 （2）（900±10）℃保温 1.5 h，硝盐等温（180～300）℃×1 h，热水冷却，（200～300）℃回火 3 h 空冷
40CrMnSiMoVA	（920±10）℃保温 1 h，硝盐等温（180～230）℃×1 h，热水冷却，（200～300）℃回火 3 h 空冷
40CrNi2Si2MovA	（870±10）℃保温 1 h，油淬，（200～300）℃回火 2 h，回火两次
16Co14Ni10Cr2MoE	860 ℃×1 h 油淬，−73 ℃×1 h 冷处理，510 ℃×5 h 空冷

注意：热处理过程中要防止脱碳、增碳和吸氢。热处理后检验硬度、力学性能、变形量、脱碳层及探伤。

6. 飞机起落架外筒的热处理常见缺陷及补救措施

飞机起落架外筒的热处理常见缺陷有强度、硬度超差，焊缝热影响区裂纹，淬火裂纹和校正裂纹，脱碳层深度超过要求等。表8-16 所示为飞机起落架外筒热处理常见缺陷及补救措施。

表8-16 飞机起落架外筒热处理常见缺陷及补救措施

热处理缺陷	产生原因	预防措施	补救措施
强度、硬度超差	材料化学成分波动	根据成分调整热处理参数	按调整后的参数进行重新淬火
焊缝热影响区裂纹	（1）焊后未及时放入热炉缓冷； （2）淬火时未预热	（1）严格焊接工艺操作； （2）控制升温速率或增加预热	补焊后重复热处理（限一次）
淬火裂纹和校正裂纹	（1）复杂件未预热或返淬次数超过规定； （2）冷校正时冲击应力过大或校正后未进行消除应力回火	（1）严格按照要求进行预热和返淬； （2）正确进行校正操作，校正后应及时进行消除应力回火	—
脱碳层深度超过要求	（1）涂料过期或配比不当，或施工不当； （2）保护气氛控制不当； （3）真空热处理的真空度或压升率不合理	（1）严格控制涂料质量和喷涂工艺； （2）严格控制保护气氛热处理或真空热处理工艺参数	去除超标脱碳层

8.3.3 压气机叶片的选材及热处理

压气机叶片作用是对进入内涵道的空气进行压缩，以便混合气燃烧以后能更好地膨胀，从而增大发动机的推力。随着压气机级数增多，压气机叶片工作温度升高，压力增大。

1. 压气机叶片的服役条件

当压气机转子高速旋转时，压气机工作叶片承受着很大的离心力及气体力荷载，导致叶片产生很大的拉伸、弯曲和扭转应力；由于叶片上气流的速度、压力场分布不均匀，往往还会引起叶片产生振动；因其受热不均而产生热应力。

2. 压气机叶片的性能要求

压气机叶片应具有足够的比强度和比刚度、较高的抗应力疲劳和抗热疲劳、较好的韧性和低的缺口敏感性、较好的耐大气腐蚀性等性能。

3. 压气机叶片的选材

压气机叶片的常用材料有铝合金（如 2A02）、结构钢（如 30CrMnSiA）、钛合金（如 TC1、TC6、TC11）、高强度耐热钢或高温合金。压气机叶片常用材料技术要求见表 8-17。

表 8-17　压气机叶片常用材料技术要求

材料	技术要求				
	σ_b/MPa	$\sigma_{0.2}$/MPa	δ_s/%	ψ/%	HBW
	不小于				
2A02（LY2）	432	275	10	—	—
30CrMnSiA	横向 883	736	9	45	269～320
	纵向 794	622	4.5	27	
1Cr11Ni2W2MoV	叶身 1 078	883	12	50	310～375
Cr17Ni2	叶身 834	638	12	45	254～287
1Cr12Ni2WMoVNb	叶身 932	—	13	—	283～323
GH4033	20 ℃ 883	588	13	16	254～325
	700 ℃ 687	—	15	20	
GH4169	1 270	1 033	12	15	≥346
TC1	588	—	15	30	270～365
TC6	20 ℃ 950	—	10	30	≥332
	450 ℃ 588	—	—	—	
TC11	1 030～1 225	930	9	30	270～365

4. 压气机叶片的工艺路线

压气机工作叶片的工艺路线：锻造→退火→淬火＋回火→机械加工至成品。

压气机导向叶片的工艺路线：

（1）冷轧导向叶片：板材下料→退火→第一次粗轧→退火→第二次粗轧→退火→……→第一次精轧→第二次精轧→淬火＋回火。

（2）锻造导向叶片的工艺路线与工作叶片相同。

5. 压气机叶片的热处理工艺

压气机叶片热处理工艺有退火、淬火＋回火、固溶处理＋时效、双重正火、双重退火等。压气机叶片热处理工艺见表8-18。

表8-18 压气机叶片热处理工艺

材料	热处理工艺	检验项目
2A02（LY2）	（505±5）℃保温2 h水冷；（180±5）℃时效16 h空冷	
30CrMnSiA	（880±10）℃保温3～4 h油淬，（610±30）℃回火2～2.5 h水冷	
1Cr11Ni2W2MoV	预备热处理：（730±10）℃保温3～4 h空冷；最终热处理≤850℃入炉，（1 010±10）℃保温1 h空冷，（580±20）℃回火3.5～4.5 h空冷	
Cr17Ni2	预备热处理：（700±10）℃保温3～4 h空冷；最终热处理≤850℃入炉，（1 020±10）℃保温1～1.5 h油冷，（530±10）℃回火4 h空冷	
1Cr2Ni2WMoVNB	冷轧成型（700±10）℃时效2～3 h空冷 固溶处理：≤850℃入炉，（1 080±10）℃保温8 h空冷，（700±10）℃时效空冷	（1）100%检验硬度 （2）力学性能
GH4169	固溶处理：（950～980）℃保温1 h空冷或油冷；（720±5）℃时效8 h，以50℃的冷却速度冷至（620±5）℃时效8 h	
TC1	退火：（720±20）℃保温1 h转入（600～650）℃保温2 h空冷	
TC6	双重正火：（870±920）℃保温1 h空冷，再加热到（600～650）℃保温2 h空冷	
TC11	双重退火：（950±980）℃保温1 h空冷，再加热到（530±10）℃保温6 h空冷	

6. 压气机叶片的热处理常见缺陷及补救措施

压气机叶片热处理常见缺陷有力学性能不符合技术指标、冷轧叶片表面产生麻点、叶片晶间腐蚀、变色、脆化等。压气机叶片热处理常见缺陷及补救措施见表8-19。

表8-19 压气机叶片热处理常见缺陷及补救措施

热处理缺陷	产生原因	预防措施	补救措施
力学性能不符合技术指标	（1）加热不足，温度不当或过回火； （2）锻造冷却时推冷	（1）严格控制工艺参数； （2）锻造后确保冷却充分	重新热处理
冷轧叶片表面产生麻点	（1）热处理前叶片清洗不干净； （2）热处理加热时表面产生氧化皮	（1）加强热处理前的清洗； （2）真空热处理时，确保真空度和压升率符合要求	重新热处理
叶片晶间腐蚀	热处理冷却速度过慢	确保冷却速度符合要求	
钛合金叶片真空热处理时变色	（1）真空度不足； （2）设备压升率高； （3）氢气纯度不足	提高设备真空度及降低压升率，保证氢气纯度	采用除氢处理或轻抛光
钛合金脆化	热处理时被加热介质中的氢污染	降低介质中氢含量，控制为微氧化气氛	采用除氢处理或轻抛光

8.3.4 燃烧室零件的选材及热处理

燃烧室位于压气机与涡轮之间,其功用是将高压空气与燃油充分混合燃烧,将化学能转变为热能,使气体的总焓增大,提高燃气在涡轮和喷管中的膨胀作功能力。图 8-10 所示为涡轮喷气发动机。燃烧室装置一般由内壳、外壳、火焰筒、喷嘴、导管等零件组成。

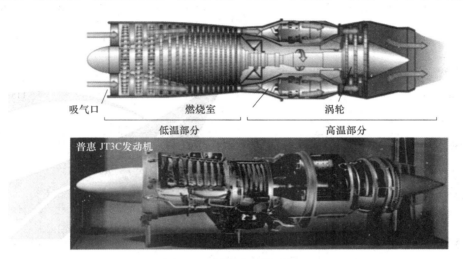

图 8-10　涡轮喷气发动机

1. 燃烧室零件的服役条件

燃烧室零件不仅承受气体压力、轴向力产生的静载荷,而且承受交变载荷和热冲击;燃烧室壁在高温下工作,温度不均匀,产生很大的热应力,容易产生挠曲、变形。

2. 燃烧室零件的性能要求

燃烧室零件应具有足够的高温强度、较高的耐燃气腐蚀性、较高的抗应力疲劳和抗热疲劳等性能。

3. 燃烧室零件的选材

燃烧室零件常用材料有高强度耐热钢、高温合金,如 1Cr18Mn8Ni5N、GH1016、GH1140、GH4099、GH163、GH3030、GH3039、GH3044、GH3128、GH5188。燃烧室零件常用材料的技术要求见表 8-20。

表 8-20　燃烧室零件常用材料的技术要求

材料	技术要求									
	室温性能					高温性能				
	σ_b /MPa	$\sigma_{0.2}$ /MPa	δ_s /%	ψ /%	HBW	试验温度 /℃	σ_b /MPa	δ_s /%	ψ /%	持久性能
	不小于						不小于			σ/MPa /h($\overset{t}{\geqslant}$)
1Cr18Mn8Ni5N	635		40							
GH1016	735		35			900	186	40		

235

材料	技术要求										
	室温性能						高温性能				
	σ_b/MPa	$\sigma_{0.2}$/MPa	δ_s/%	ψ/%	HBW	试验温度/℃	σ_b/MPa	δ_s/%	ψ/%	持久性能	
	不小于						不小于			σ/MPa	t/h(≥)
GH1140	673		40	45		800	225	40			
GH4099	1 128		30			900	373	15		118	30
GH163	1 030		15			700	785	10			
GH3030	686		30			700	294	30			
GH3039	735		40			800	245	40			
GH3044	735		40			900	196	30			
GH3128	735		40								
GH5188	850	380	45		≤ 282	815				165	

4. 燃烧室零件的工艺路线

燃烧室零件的工艺路线：板材冲压成型→中间退火→冲压成型→零部件组焊→消除应力退火→组焊→固溶处理→机械加工至成品。

5. 燃烧室零件的热处理工艺

燃烧室零件的热处理工艺为固溶处理。燃烧室零件热处理工艺见表8-21。

表8-21 燃烧室零件热处理工艺

材料	固溶处理工艺
1Cr18Mn8Ni5N	（1 070±10）℃水冷或空冷
GH1016	（1 160±10）℃空冷
GH1140	（1 150～1 090）℃空冷
GH4099	（1 120～1 160）℃空冷
GH163	（1 040～1 080）℃空冷，（750±10）℃保温 16 h 空冷
GH3030	（980～1 020）℃空冷
GH3039	（1 050～1 090）℃空冷
GH3044	（1 120～1 160）℃空冷
GH3128	（1 140～1 180）℃空冷
GH5188	（1 180±10）℃空冷

6. 燃烧室零件热处理缺陷及预防补救措施

燃烧室零件热处理缺陷有表面严重氧化、腐蚀、变形等。燃烧室零件热处理缺陷及预防补救措施见表8-22。

表 8-22　燃烧室零件热处理缺陷及预防补救措施

热处理缺陷	产生原因	预防措施	补救措施
零件表面严重氧化	（1）加热时，保护气氛量不足，或管道渗漏； （2）真空度不足，压升率高	（1）加热设备检查及检修； （2）操作时加强生产过程的检查	允许情况下可采用喷砂、喷丸清理
零件表面腐蚀	（1）热处理前未清理干净； （2）加热炉内有腐蚀介质； （3）装载夹具未清理干净	（1）应加强处理前的清洗和清理； （2）清理加热炉； （3）清理装载夹具	—
变形	（1）成型和焊接应力未消除； （2）装炉、装挂不当	（1）热处理前增加消除应力处理； （2）热处理时采用正确装挂方式	进行校正，校正后补充消除应力回火

【学习小结】

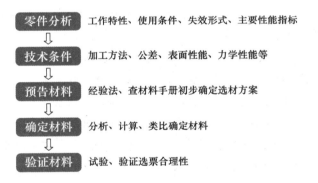

零件分析　工作特性、使用条件、失效形式、主要性能指标
⇩
技术条件　加工方法、公差、表面性能、力学性能等
⇩
预告材料　经验法、查材料手册初步确定选材方案
⇩
确定材料　分析、计算、类比确定材料
⇩
验证材料　试验、验证选票合理性

【拓展知识】

航空发动机涡轮叶片的服役环境及材料发展

1. 涡轮叶片服役环境特点

发动机是航空装备的"心脏"，发动机的性能决定了飞机的飞行速度、机动性、航程、有效载重等一系列性能。

图8-11所示为 Leap-1C 航空发动机的基本构造。发动机主要包括风扇、压缩系统、燃烧系统、涡轮系统和喷管系统等。高温燃气经过燃烧室充分燃烧后，由燃烧室排出并流经涡轮系统。一部分燃气的内能转化为机械能，推动涡轮转动，同时，带动压气机继续吸入大量空气；另一部分燃气直接从尾喷管喷出，巨大反作用力推动飞机向前飞行。在燃气

涡轮发动机中，涡轮是极其关键的部件。涡轮的设计、制造与用材水平关乎整个发动机的性能水平和使用可靠性。

图 8-11　Leap-1C 航空发动机的基本构造

涡轮转子叶片是将发动机的热能转变为机械能的重要部件，其工作环境最为苛刻。在工作过程中，转子叶片需要承受高温、高压、离心荷载、振动荷载、热应力、燃气腐蚀及高温氧化的综合作用。严苛的服役环境导致转子叶片失效的概率最高。统计表明，发动机零部件在失效事件中，转子叶片占 70% 以上。涡轮叶片的服役环境主要分为工作温度高、工作应力复杂和工作环境腐蚀性高三类。

（1）工作温度高且分布不均匀。随着涡轮发动机的发展，其推重比不断增加，航空发动机的推重比每提高 10%，涡轮进气口温度需要提高 100 ℃左右。为了不断提高发动机的推重比，涡轮前进气口温度也不断增加，目前已知的第四代军用发动机涡轮前温度已达到 1 850～2 000 K。不仅如此，叶片不同部位的温度分布还极不均匀。

（2）转速高，应力大。涡轮转子叶片工作时的转速通常在 12 000 r/min 左右。高速旋转的情况下，涡轮叶片由于自身重量的作用，会产生很大的离心力。服役过程中叶身部分可能承受大约 140 MPa 的离心拉应力，而叶根部分承受的平均离心拉应力达到 280～560 MPa。同时，服役叶片应力分布不均匀。

（3）工作环境腐蚀性强。涡轮叶片要经受高温燃气引起的氧化及热腐蚀。航空发动机即使使用高品质航空煤油，燃油中依然含有微量硫。当飞机在沿海或海洋上空飞行，发动机吸入含 NaCl 的空气，会形成 Na_2SO_4，并沉积在涡轮叶片表面。熔化状态的盐膜导致涡轮叶片遭受热腐蚀，其腐蚀程度要比纯氧化严重得多，促使叶片过早失效。

除环境因素外，涡轮叶片本身的复杂结构也增加了叶片失效的概率。目前，涡轮叶片普遍采用空心结构，内部存在很多细小的管道。高压冷空气通过这些管道流经叶片，起到强制冷却的作用。为了提高冷却效率，涡轮叶片的内腔结构越来越复杂，壁厚变得越来越薄。相较于实心叶片，空心叶片复杂的结构及较薄的壁厚，使服役叶片中温度和应力的分布更不均匀。空心结构也减少了有效承载面积，从而增加了叶片失效的风险。

2. 涡轮叶片对材料的要求

由于航空发动机涡轮叶片（包括涡轮工作叶片和导向叶片）服役环境极其恶劣，因而对所使用材料的要求也极为苛刻。自 20 世纪 40 年代以来，国内外对航空发动机涡轮叶片用材料的研究都投入了大量的人力和物力。涡轮工作叶片的材料主要需要满足以下要求。

（1）涡轮叶片材料应具有良好的力学性能，包括高温蠕变性能、机械疲劳性能、热疲劳性能和抗冲击性能，以及良好的高温塑性。

（2）涡轮叶片材料应具有良好的抗热腐蚀和抗氧化的性能，同时，其表面适合涂覆各种防护涂层，如 Al-Si 涂层、MCrAlY 涂层和热障涂层等。

（3）涡轮叶片应具有良好的工艺性能，如铸造性能、焊接性能、尽可能高的导热系数和尽可能低的热膨胀系数，以及较小的密度等良好的物理性能。

（4）涡轮叶片材料应具有较高的初熔温度，能够承受短时超温。

（5）涡轮叶片材料应具有较好的组织稳定性，在长期的使用过程中，能够保持组织相对稳定，避免析出 TCP 相等有害相。

3. 涡轮叶片用高温合金的发展

航空发动机的发展和高温合金的发展是齐头并进、密不可分的，前者是后者的主要动力，后者是前者的重要保证。图 8-12 所示为航空发动机涡轮叶片材料及工艺发展历程。自 20 世纪 40 年代以来，航空发动机涡轮叶片材料经历了变形（锻造）高温合金、普通铸造等轴晶高温合金、定向凝固高温合金和单晶高温合金四个阶段，高温合金的承温承载能力不断提升。

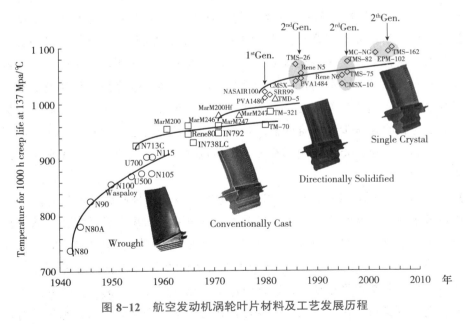

图 8-12 航空发动机涡轮叶片材料及工艺发展历程

（1）变形高温合金。为满足涡轮喷气式发动机热端部件的要求，20 世纪 30 年代末镍基高温合金开始发展。1939 年，英国 Mond 镍公司首先在 20%Cr-80% Ni 电热合金中添加了少量 C 和 Ti 研制出了镍基合金 Nimonic75，随后又研究出一种含有 Al 和 Ti 合金元素的 Nimonic80 合金，并于 1942 年将 Nimonic80 合金成功地用作涡轮发动机叶片材料，是最早应用 γ′-Ni3（Al，Ti）相强化的涡轮叶片材料。该合金与 Nimonic75 合金相比，蠕变性能在应力和持续时间相同的条件下，蠕变温度至少可以提高 50 ℃。后来，人们在合金中加入 B、Zr 合金元素，开发出了 Nimonic80A 合金。随后加入 Co 元素提高 γ′ 相固溶温度得到 Nimonic90 合金。在此基础上添加 Mo，以及添加更多的 Al 和 Ti 元素来提高固溶体强度，从而发展出 Nimonic95、Nimonic100、Nimonic115 等合金，形成了 Nimonic 系列合金。美国和苏联的高温合金发展与英国相似。美国 Halliwell 于 20 世纪 40 年代中期开发出 K42B 合金用于制造活塞式航空发动机的增压涡轮。随后，美国的 PW 公司、GE 公司和特殊金属公司于 20 世纪 50 年代分别开发出了 Waspalloy、M252 和 Udimet500 等合金，并在这些合金的基础上形成 Inconel、Mar-M 和 Udimet 等一系列牌号的合金。这些合金都是通过锻造、轧制等加工成涡轮喷气式发动机所需的涡轮叶片等部件。因此，这一阶段的合金称为变形高温合金。然而，随着航空工业的发展，叶片需要满足更高的工作温度要求和具有更高的强度，以及其结构复杂程度的增加，致使通过锻造成型的变形高温合金已无法满足人们的需求，铸造高温合金孕育而生。

（2）等轴晶铸造高温合金。20 世纪 50 年代，真空熔炼和熔模精密铸造技术的先后出现，使合金的性能和铸件的质量大幅度提高，从而使高温合金进入"铸造时代"。铸造高温合金得到迅速发展，并逐渐成为高温合金的主流，许多高性能镍基铸造合金，如 IN100、B1900、ЖС6К、MAR-M200、IN713、MAR-M002 和 René125 等相继出现。铸造镍基高温合金发展可以分为三个阶段。在镍基高温合金发展的初期，通过适当调整和添加合金成分完全能够满足涡轮叶片材料的设计要求，而铸造过程对改善叶片性能贡献不大，因此，第一阶段被认为是合金成分占主导地位的发展阶段。随着镍基高温合金的发展，仅仅依靠合金成分的发展不能适应叶片材料性能的进一步要求，于是合金的铸造过程控制也成为材料技术的一个关键，所以，第二阶段被认为是合金成分和铸造过程共同决定叶片材料性能阶段。随着镍基高温合金继续发展，高温合金的使用温度已经接近极限，通过调整合金成分的发展来调高合金的使用性能的空间已变得已非常小。因此，必须通过采用新工艺，以提高合金的使用性能，第三阶段即铸造技术占主导地位的发展阶段，如定向凝固和单晶技术。

（3）定向凝固和单晶高温合金。普通铸造高温合金在提高强度的同时，由于其自身是由多个晶粒组成的，存在多个晶界，而晶界处杂质较多、原子扩散较快、原子排列不规则，成为合金高温服役过程中的薄弱环节。在较高服役温度下，裂纹往往首先在垂直于应力方向上的横向晶界上萌生并扩展。在针对 Mar-M200 等轴晶合金的研究过程中发现，该合金中温性能尤其是中温塑性很低，出现所谓"塑性低谷"问题。为了克服横向晶界的有害作用，进一步提高叶片的高温力学性能，通过开发定向凝固技术避免了横向晶界的产生。在定向凝固技术的基础上，人们相继开发出消除横向晶界的定向凝固高温合金和消除所有晶界的单晶高温合金。目前，定向凝固高温合金发展至今已有四代，且每代定向合金的承温能力均比上一代提高近 30 ℃；而单晶高温合金已发展至第六代。一代又一代单晶高温合金的相继出现和应用，为航空发动机和燃气轮机的性能大幅度提升做出了重大贡献，成为最具潜力的先进燃气涡轮用材料。

【学习自测】

1. 填空题

（1）根据齿轮的服役条件，其主要失效形式是_____、_____、_____及过载断裂。

（2）齿轮常用材料有调质钢、_____、_____和渗氮钢，航空齿轮常用材料_____和_____。

（3）风扇叶片常用材料有_____和钛合金；压气机叶片常用材料有钛合金、_____和_____，涡轮叶片常用材料有_____高温合金、_____铸造高温合金、Ti-Al合金和陶瓷基复合材料。

2. 简答题

（1）选择航空零件材料应遵循哪些原则？

（2）简述机械零件选材方法和步骤。

参 考 文 献

[1] 原梅妮. 航空工程材料与失效分析 [M]. 北京：中国石化出版社，2014.

[2] 张琳，王仙萌. 航空工程材料及应用 [M]. 北京：国防工业出版社，2013.

[3] 张而耕. 机械工程材料 [M]. 上海：上海科学技术出版社，2017.

[4] 强小虎. 工程材料及热处理 [M]. 北京：北京理工大学出版社，2017.

[5] 方韶剑，张明远. 工程材料与热加工基础 [M]. 北京：北京理工大学出版社，2016.

[6] 王忠诚，齐宝森. 典型零件热处理工艺与规范 [M]. 北京：化学工业出版社，2017.

[7] 米国发. 金属加工工艺基础 [M]. 北京：冶金工业出版社，2011.

[8] 薄鑫涛，郭海洋，袁凤松. 实用热处理手册 [M]. 上海：上海科学技术出版社，2009.

[9] 张耀良，韩广才. 航空材料学 [M]. 哈尔滨：哈尔滨工程大学出版社，2002.

[10] 王立军，胡满红. 航空工程材料与成形工艺基础 [M]. 北京：北京航空航天大学出版社，2010.

[11] 中国航空工业集团公司复合材料技术中心. 航空复合材料技术 [M]. 北京：航空工业出版社，2013.

[12] 毛卫民. 材料与人类社会：材料科学与工程入门 [M]. 北京：高等教育出版社，2014.

[13] 范敏. 机械工程材料 [M]. 西安：西安电子科技大学出版社，2013.

[14] 常启兵. 复合材料技术 [M]. 南京：江苏凤凰美术出版社，2018.

[15] 罗红林，万怡灶，黄远. 复合材料精品教程 [M]. 天津：天津大学出版社，2019.

[16] 张金升，陈敏，甄玉花，等. 材料概论 [M]. 北京：化学工业出版社，2016.

[17] 杨晓洁，杨军，袁国良. 金属材料失效分析 [M]. 北京：化学工业出版社，2019.

[18] 李恒德. 现代材料科学与工程辞典 [M]. 济南：山东科学技术出版社，2001.

[19] 朱明. 材料热处理原理及工艺 [M]. 徐州：中国矿业大学出版社，2013.